工业和信息化普通高等教育"十二五"规划教材立项项目

21世纪高等学校计算机规划教材

21st Century University Planned Textbooks of Computer Science

Visual Basic 6.0 程序设计

Visual Basic Programming

乔平安 主编
王文浪 胡滨 周元哲 副主编

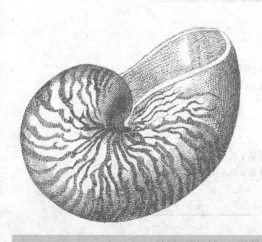

高校系列

人民邮电出版社

北京

图书在版编目（CIP）数据

Visual Basic 6.0程序设计 / 乔平安主编. -- 北京：人民邮电出版社，2013.2（2017.2 重印）
 21世纪高等学校计算机规划教材. 高校系列
 ISBN 978-7-115-28886-8

Ⅰ. ①V… Ⅱ. ①乔… Ⅲ. ①BASIC语言－程序设计－高等学校－教材 Ⅳ. ①TP312

中国版本图书馆CIP数据核字(2012)第240925号

内 容 提 要

本书是Visual Basic编程的基础教程，以Visual Basic 6.0版本为基础，集作者多年的教学实践经验编写而成。本书共11章，主要介绍了Visual Basic 6.0的集成开发环境、面向对象程序设计的基本概念、数据类型和表达式、常用内部函数、程序控制结构、常用控件、数组、过程、键盘和鼠标事件过程、菜单和对话框程序设计、文件的读/写、图形处理、数据库程序设计以及Visual Basic.NET等内容。

本书在内容的组织和编排上秉承由浅入深、循序渐进、突出重点、简捷实用的原则，在语言叙述上力求通俗易懂、结构严谨，通过大量的实例使读者更好地理解面向对象的程序设计思想和事件驱动的编程机制。

本书可以作为高等院校非计算机专业计算机程序设计课程的教材和参考资料，也可以作为广大计算机爱好者学习Visual Basic编程的自学读物。

21世纪高等学校计算机规划教材——高校系列

Visual Basic 6.0 程序设计

◆ 主　　编　乔平安
　副 主 编　王文浪　胡　滨　周元哲
　责任编辑　贾　楠

◆ 人民邮电出版社出版发行　北京市丰台区成寿寺路11号
　邮编 100164　电子邮件 315@ptpress.com.cn
　网址 http://www.ptpress.com.cn
　北京鑫正大印刷有限公司印刷

◆ 开本：787×1092　1/16
　印张：18.75　　　　　　　　2013年2月第1版
　字数：476千字　　　　　　　2017年2月北京第5次印刷

ISBN 978-7-115-28886-8
定价：38.00元

读者服务热线：(010)81055256　印装质量热线：(010)81055316
反盗版热线：(010)81055315

前　言

Visual Basic 是 Microsoft 公司推出的基于 Windows 平台的最方便、最快捷的集成开发环境，是 Microsoft Visual Studio 系列开发工具之一，是以 BASIC 语言为基础，采用面向对象的程序设计技术和事件驱动编程机制，具有简单易学、功能强大、见效快等特点，使开发 Windows 应用程序变得更迅速、更简捷。

本书是程序设计初学者的入门教材，是编者根据多年的教学经验，以 Visual Basic 6.0 中文版为背景，以非计算机专业学生为教学对象，在充分考虑非计算机专业学生特点的基础上编写而成的。本书内容的选取较为广泛，有较丰富的实例。对于重要概念和算法，在理论讲解的同时配以丰富的实例，采取由浅入深、循序渐进的方法予以介绍。内容安排与组织上，秉承突出重点、简捷实用的原则，注重培养学生分析解决问题的能力。语言叙述力求通俗易懂。全书通过大量的实例，在强化程序设计方法训练的同时使读者能够更好地理解面向对象的程序设计思想和事件驱动的编程机制，掌握 Visual Basic 程序设计的通用方法，为以后学习其他面向对象编程语言和软件的二次开发奠定基础。

本书共分 11 章。第 1 章介绍 Visual Basic 6.0 的特点及集成开发环境；第 2 章介绍可视化编程的基本概念、Visual Basic 程序设计的过程步骤以及常用控件的使用方法；第 3 章介绍 Visual Basic 语言基础，包括数据类型、表达式及内部函数；第 4 章介绍结构化程序设计的基本控制结构及几个典型算法；第 5 章介绍数组的定义、使用及相关的几个典型算法；第 6 章介绍 Visual Basic 应用程序的组成、过程、函数、参数以及变量的作用域；第 7 章介绍用户界面设计中的菜单、工具栏、状态栏、通用对话框、多重窗体和多文档界面的使用方法；第 8 章介绍文件的读／写；第 9 章介绍图形处理；第 10 章介绍 Visual Basic 数据库应用程序设计；第 11 章介绍 Visual Basic.NET。全书内容紧凑，结构严谨，注重实用。

Visual Basic 程序设计是一门实践性很强的课程，必须配合一定数量的上机实验。本书配套的《Visual Basic 程序设计实验指导书》能够帮助读者更好地掌握 Visual Basic 程序设计方法。

本书建议讲授学时为 60～70 学时，其中实验学时不少于 20 学时。

本书由乔平安主编。第 1 章、第 2 章、第 7 章、第 10 章由乔平安编写；第 3 章、第 4 章及附录由周元哲编写；第 5 章、第 8 章、第 11 章由胡滨编写；第 6 章、第 9 章由王文浪编写。最后由乔平安统编全书。

在本书的编写过程中，西安邮电大学的潘新兴老师给予了大力支持和帮助，西安邮电大学的王曙燕老师、孟彩霞老师、陈莉君老师提出了指导性意见和建议，在此表示衷心感谢。

由于编者水平有限，书中内容难免存在错误和不足之处，恳请专家和读者批评指正。

编　者
2012 年 4 月

目 录

第 1 章　Visual Basic 概述 ……………………………………………………… 1
1.1　Visual Basic 简介 …………………………………………………………… 1
1.1.1　Visual Basic 的发展 ………………………………………………… 1
1.1.2　Visual Basic 的版本 ………………………………………………… 2
1.1.3　Visual Basic 6.0 的特点及新特性 …………………………………… 3
1.1.4　Visual Basic 安装 …………………………………………………… 4
1.1.5　使用帮助功能 ……………………………………………………… 6
1.2　Visual Basic 6.0 的启动和退出 …………………………………………… 8
1.3　集成开发环境 ………………………………………………………………… 8
1.3.1　标题栏 ……………………………………………………………… 9
1.3.2　菜单栏 ……………………………………………………………… 9
1.3.3　工具栏 ……………………………………………………………… 10
1.3.4　工具箱 ……………………………………………………………… 11
1.3.5　窗口 ………………………………………………………………… 12
1.3.6　环境设置 …………………………………………………………… 14
1.4　小结 …………………………………………………………………………… 18
1.5　习题 …………………………………………………………………………… 18

第 2 章　简单 Visual Basic 程序设计 …………………………………………… 19
2.1　可视化编程的基本概念 …………………………………………………… 19
2.1.1　对象 ………………………………………………………………… 19
2.1.2　类 …………………………………………………………………… 20
2.1.3　Visual Basic 中的类和对象 ………………………………………… 20
2.1.4　属性 ………………………………………………………………… 21
2.1.5　事件 ………………………………………………………………… 21
2.1.6　方法 ………………………………………………………………… 23
2.2　Visual Basic 应用程序的构成和设计步骤 ………………………………… 23
2.2.1　Visual Basic 应用程序的结构 ……………………………………… 23
2.2.2　第一个简单的 Visual Basic 程序 …………………………………… 24
2.3　Visual Basic 中的基本控件 ………………………………………………… 27
2.3.1　概述 ………………………………………………………………… 27
2.3.2　通用属性 …………………………………………………………… 28
2.3.3　窗体 ………………………………………………………………… 32
2.3.4　命令按钮 …………………………………………………………… 37
2.3.5　标签 ………………………………………………………………… 39
2.3.6　文本框 ……………………………………………………………… 39

2.3.7 单选按钮、复选框和框架 …………………………………………………44
　　2.3.8 列表框和组合框 ……………………………………………………………46
　　2.3.9 图片框和图像框 ……………………………………………………………50
　　2.3.10 滚动条 ………………………………………………………………………52
　　2.3.11 定时器 ………………………………………………………………………53
　2.4 工程的管理 …………………………………………………………………………55
　　2.4.1 Visual Basic 中的文件 ……………………………………………………55
　　2.4.2 建立、打开及保存工程 ……………………………………………………55
　　2.4.3 在工程中添加、删除及保存文件 …………………………………………56
　2.5 小结 …………………………………………………………………………………57
　2.6 习题 …………………………………………………………………………………57

第 3 章 Visual Basic 语言基础 …………………………………………………61

　3.1 字符集和关键字 ……………………………………………………………………61
　　3.1.1 字符集 ………………………………………………………………………61
　　3.1.2 关键字 ………………………………………………………………………61
　3.2 数据类型 ……………………………………………………………………………62
　　3.2.1 数据类型概述 ………………………………………………………………62
　　3.2.2 基本数据类型 ………………………………………………………………62
　3.3 常量和变量 …………………………………………………………………………64
　　3.3.1 常量 …………………………………………………………………………64
　　3.3.2 变量 …………………………………………………………………………66
　3.4 运算符与表达式 ……………………………………………………………………67
　　3.4.1 运算符 ………………………………………………………………………67
　　3.4.2 表达式 ………………………………………………………………………70
　3.5 常用内部函数 ………………………………………………………………………72
　　3.5.1 数学函数 ……………………………………………………………………72
　　3.5.2 转换函数 ……………………………………………………………………73
　　3.5.3 字符串函数 …………………………………………………………………73
　　3.5.4 格式输出函数 ………………………………………………………………74
　3.6 小结 …………………………………………………………………………………75
　3.7 习题 …………………………………………………………………………………75

第 4 章 基本控制结构 ……………………………………………………………77

　4.1 算法 …………………………………………………………………………………77
　4.2 程序流程图 …………………………………………………………………………78
　　4.2.1 简介 …………………………………………………………………………78
　　4.2.2 程序流程图符号 ……………………………………………………………79
　4.3 顺序结构 ……………………………………………………………………………80
　　4.3.1 输入和输出 …………………………………………………………………80

4.3.2　赋值语句 ·· 84
4.4　选择结构 ·· 85
　　4.4.1　二路分支 ·· 85
　　4.4.2　多路分支 ·· 91
4.5　循环结构 ·· 93
　　4.5.1　循环语句 ·· 94
　　4.5.2　循环嵌套 ·· 99
4.6　循环结构应用举例 ··· 103
　　4.6.1　累加、累乘算法 ·· 103
　　4.6.2　枚举算法 ··· 103
　　4.6.3　递推算法 ··· 105
　　4.6.4　几个有趣的数 ·· 107
4.7　其他辅助语句 ··· 109
　　4.7.1　退出与结束语句 ·· 109
　　4.7.2　With 语句 ·· 110
4.8　小结 ··· 110
4.9　习题 ··· 110

第5章　数组及自定义类型 ·· 114

5.1　数组的概念 ·· 114
　　5.1.1　数组的概念 ·· 114
　　5.1.2　数组的分类 ·· 114
5.2　静态数组 ··· 115
　　5.2.1　数组的声明 ·· 115
　　5.2.2　数组的使用 ·· 116
5.3　动态数组 ··· 116
　　5.3.1　动态数组的声明 ·· 116
　　5.3.2　动态数组的使用 ·· 117
5.4　数组的基本操作 ·· 118
　　5.4.1　常用数组函数及语句 ·· 118
　　5.4.2　数组元素的赋值 ·· 119
　　5.4.3　数组间的赋值 ··· 119
　　5.4.4　数组元素的输出 ·· 120
　　5.4.5　求数组中极值及所在下标 ··· 120
　　5.4.6　数组元素的插入 ·· 120
　　5.4.7　数组元素的删除 ·· 121
　　5.4.8　数组中常见错误和注意事项 ·· 122
5.5　自定义数据类型 ·· 122
　　5.5.1　自定义数据类型的定义 ·· 122
　　5.5.2　自定义数据类型变量的声明和使用 ··· 123

5.5.3 自定义类型数组的应用 ……………………………………………… 124
5.6 数组应用举例 …………………………………………………………… 126
5.7 引申内容 ………………………………………………………………… 128
　　5.7.1 数组的排序 …………………………………………………………… 128
　　5.7.2 数组中的查找元素算法 ……………………………………………… 130
　　5.7.3 控件数组 ……………………………………………………………… 131
5.8 小结 ……………………………………………………………………… 132
5.9 习题 ……………………………………………………………………… 133

第6章 过程 …………………………………………………………………… 137

6.1 应用程序组成 …………………………………………………………… 137
　　6.1.1 窗体模块 ……………………………………………………………… 138
　　6.1.2 标准模块 ……………………………………………………………… 140
6.2 自定义子过程 …………………………………………………………… 140
　　6.2.1 事件过程的定义 ……………………………………………………… 140
　　6.2.2 事件过程的调用 ……………………………………………………… 141
　　6.2.3 一般子过程的定义 …………………………………………………… 143
　　6.2.4 一般子过程的调用 …………………………………………………… 143
6.3 自定义函数过程 ………………………………………………………… 145
　　6.3.1 函数过程的定义 ……………………………………………………… 145
　　6.3.2 函数过程的调用 ……………………………………………………… 145
6.4 过程调用中的参数传递 ………………………………………………… 147
　　6.4.1 实参和形参的结合 …………………………………………………… 147
　　6.4.2 传值和传地址 ………………………………………………………… 147
　　6.4.3 数组作为参数的传递 ………………………………………………… 149
6.5 过程与变量的作用域 …………………………………………………… 151
　　6.5.1 过程的作用域 ………………………………………………………… 151
　　6.5.2 变量的作用域 ………………………………………………………… 152
　　6.5.3 动态变量与静态变量 ………………………………………………… 153
6.6 综合应用 ………………………………………………………………… 155
6.7 小结 ……………………………………………………………………… 164
6.8 习题 ……………………………………………………………………… 165

第7章 用户界面设计 ………………………………………………………… 167

7.1 菜单 ……………………………………………………………………… 167
　　7.1.1 菜单简介 ……………………………………………………………… 167
　　7.1.2 菜单编辑器简介 ……………………………………………………… 168
　　7.1.3 下拉式菜单 …………………………………………………………… 170
　　7.1.4 弹出式菜单 …………………………………………………………… 171
　　7.1.5 菜单事件与菜单命令 ………………………………………………… 172

7.2 通用对话框 ………………………………………………………………… 173
   7.2.1 "打开"对话框和"另存为"对话框 ……………………………… 175
   7.2.2 "颜色"对话框 ……………………………………………………… 176
   7.2.3 "字体"对话框 ……………………………………………………… 176
   7.2.4 "打印"对话框 ……………………………………………………… 177
   7.2.5 "帮助"对话框 ……………………………………………………… 178
   7.2.6 通用对话框举例 …………………………………………………… 179
7.3 多重窗体和多文档界面 …………………………………………………… 180
   7.3.1 多重窗体 …………………………………………………………… 181
   7.3.2 多文档界面 ………………………………………………………… 183
7.4 工具栏 ……………………………………………………………………… 187
   7.4.1 通过手工方式创建工具栏 ………………………………………… 187
   7.4.2 使用工具栏控件和图像列表框控件创建工具栏 ………………… 188
7.5 状态栏 ……………………………………………………………………… 192
   7.5.1 状态栏控件相关属性 ……………………………………………… 193
   7.5.2 Panel 对象 ………………………………………………………… 193
   7.5.3 状态栏控件和 Panel 对象的其他设置 …………………………… 194
7.6 文件系统中的列表框设计 ………………………………………………… 195
   7.6.1 驱动器列表框 ……………………………………………………… 195
   7.6.2 目录列表框 ………………………………………………………… 196
   7.6.3 文件列表框 ………………………………………………………… 196
   7.6.4 综合举例 …………………………………………………………… 197
7.7 鼠标和键盘 ………………………………………………………………… 198
   7.7.1 鼠标事件 …………………………………………………………… 198
   7.7.2 键盘事件 …………………………………………………………… 200
7.8 小结 ………………………………………………………………………… 203
7.9 习题 ………………………………………………………………………… 204

第 8 章 数据文件 ……………………………………………………… 205

8.1 数据文件概述 ……………………………………………………………… 205
8.2 文件的读/写 ……………………………………………………………… 206
   8.2.1 打开文件 …………………………………………………………… 206
   8.2.2 写入文件 …………………………………………………………… 207
   8.2.3 读文件 ……………………………………………………………… 208
   8.2.4 关闭文件 …………………………………………………………… 209
8.3 文件系统控件 ……………………………………………………………… 209
8.4 引申内容 …………………………………………………………………… 211
   8.4.1 随机访问模式 ……………………………………………………… 211
   8.4.2 二进制访问模式 …………………………………………………… 211
   8.4.3 其他常用的文件操作语句和函数 ………………………………… 211

8.5 小结 ……………………………………………………………………… 213
8.6 习题 ……………………………………………………………………… 213

第9章 图形处理 ……………………………………………………………… 214

9.1 图形基础 …………………………………………………………………… 214
    9.1.1 坐标系统 …………………………………………………………… 214
    9.1.2 绘图颜色 …………………………………………………………… 217
    9.1.3 线条样式 …………………………………………………………… 219
    9.1.4 图形填充 …………………………………………………………… 221
9.2 绘图方法 …………………………………………………………………… 221
    9.2.1 当前坐标 …………………………………………………………… 222
    9.2.2 画点（PSet）方法 ………………………………………………… 222
    9.2.3 画直线或矩形（Line）方法 ……………………………………… 224
    9.2.4 画圆、椭圆等的 Circle 方法 ……………………………………… 226
    9.2.5 其他（Point 和 Cls）方法 ………………………………………… 228
9.3 图形控件 …………………………………………………………………… 228
    9.3.1 直线（Line）控件 ………………………………………………… 228
    9.3.2 形状（Shape）控件 ………………………………………………… 230
9.4 综合应用 …………………………………………………………………… 231
    9.4.1 几何图形绘制 ……………………………………………………… 232
    9.4.2 简单动画设计 ……………………………………………………… 234
    9.4.3 交通灯模拟 ………………………………………………………… 237
9.5 小结 ………………………………………………………………………… 240
9.6 习题 ………………………………………………………………………… 240

第10章 数据库应用 …………………………………………………………… 241

10.1 数据库基础 ……………………………………………………………… 241
    10.1.1 数据库系统组成 …………………………………………………… 241
    10.1.2 关系模型数据库 …………………………………………………… 242
10.2 结构化查询语言 SQL …………………………………………………… 242
10.3 Visual Basic 提供的数据库开发工具 …………………………………… 246
    10.3.1 可视化数据管理器 VisData ……………………………………… 246
    10.3.2 数据窗体设计器 …………………………………………………… 250
    10.3.3 数据环境设计器 …………………………………………………… 251
    10.3.4 报表设计器 ………………………………………………………… 254
10.4 数据控件与数据绑定控件 ……………………………………………… 256
    10.4.1 数据控件 …………………………………………………………… 256
    10.4.2 数据绑定控件 ……………………………………………………… 258
    10.4.3 记录集对象 ………………………………………………………… 258
10.5 使用 ADO 数据控件访问数据库 ………………………………………… 261

10.5.1　ADO 对象模型 …………………………………………………… 262
　　10.5.2　ADO 数据控件的主要属性、事件和方法 ………………………… 262
　　10.5.3　设置 ADO 数据控件的属性 ……………………………………… 263
　　10.5.4　ADO 数据控件访问数据库举例 …………………………………… 265
　10.6　小结 …………………………………………………………………… 267
　10.7　习题 …………………………………………………………………… 268

第 11 章　Visual Basic.NET 介绍 ……………………………………………… 269

　11.1　Visual Basic.NET 概述 ………………………………………………… 269
　　11.1.1　什么是 Microsoft.NET ……………………………………………… 269
　　11.1.2　什么是 Visual Basic .NET …………………………………………… 270
　　11.1.3　Visual Basic .NET 的新发展 ………………………………………… 270
　11.2　Visual Basic.NET 集成开发环境 ……………………………………… 273
　　11.2.1　设计器窗口 …………………………………………………………… 273
　　11.2.2　代码编辑器窗口 ……………………………………………………… 273
　　11.2.3　属性窗口 ……………………………………………………………… 274
　　11.2.4　工具箱窗口 …………………………………………………………… 274
　　11.2.5　解决方案资源管理器窗口 …………………………………………… 274
　11.3　Visual Basic.NET 帮助菜单 …………………………………………… 275
　11.4　创建应用程序 …………………………………………………………… 277
　　11.4.1　创建应用程序的步骤 ………………………………………………… 277
　　11.4.2　项目文件 ……………………………………………………………… 280
　11.5　小结 …………………………………………………………………… 280

附录 A ……………………………………………………………………………… 281

　A.1　Visual Basic 的工作模式 ……………………………………………… 281
　A.2　错误类型 ………………………………………………………………… 282
　A.3　三种调试工具 …………………………………………………………… 283
　A.4　错误处理 ………………………………………………………………… 286

附录 B ……………………………………………………………………………… 288

参考文献 …………………………………………………………………………… 289

第1章
Visual Basic 概述

　　Visual Basic 是 Microsoft 公司推出的基于 Windows 平台的最方便、最快捷的集成开发环境，是以 BASIC 语言为基础、以事件驱动为运行机制的可视化程序设计语言，采用面向对象的程序设计技术，具有简单易学、功能强大、见效快等特点，使开发 Windows 应用程序变得更迅速、更简捷。本书是以 Visual Basic 6.0 为背景，详细地介绍了利用 Visual Basic 进行程序设计的方法。

　　本章是 Visual Basic 的入门篇，主要内容包括 Visual Basic 6.0 的概念和特征、安装 Visual Basic 6.0、Visual Basic 6.0 集成开发环境、如何使用 Visual Basic 6.0 的帮助系统。

1.1　Visual Basic 简介

　　从 Internet 上 Visual Basic Script 到各种应用软件中的 Visual Basic Application 以及各种 Visual Basic 版本，现在全世界有 300 多万用户在使用微软公司的 Visual Basic 产品。微软公司以其强大的实力，将 Visual Basic 发展成当前基于 Windows 平台上最方便快捷的软件开发工具。无论是在网络应用、多媒体技术还是当前流行的 MIS 系统开发方面，Visual Basic 都得到了广泛的应用。Visual Basic 已成为了许多程序员首选的编程工具。

1.1.1　Visual Basic 的发展

　　20 世纪 60 年代，美国 Dartmouth 学院 John G. Kemeny 与 Thomas E. Kurtz 两位教授开发出了 BASIC 语言。BASIC 语言的意思是 "Beginner's All-Purpose Symbolic Instruction Code"，即 "初学者通用符号指令代码"。由于立意甚佳，BASIC 语言具有简单、易学的基本特性，很快地就流行起来，几乎所有小型、微型计算机，甚至部分大型计算机都为用户提供该语言，同时也演化出许多不同名称的版本，如：BASICA、GW-BASIC、MBASIC、TBASIC 等，微软公司也在 MS-DOS 时代推出 Quick Basic。1988 年，在 Windows 开始流行的时候，微软公司推出了 Visual Basic for Windows，成为 Windows 环境下一枝独秀的易学易用的程序设计语言。

　　Visual Basic 语言的出现使得用户在 Windows 中开发应用程序变得很容易，它强大的功能使它能够完全胜任任何大型应用程序的开发工作，并使得它获得了很广泛的普及和大多数编程人员的认可。"Visual" 的意思是 "可见的、可视化的"，是开发图形用户界面（GUI）的方法，用户不需编写大量代码去描述界面元素的外观和位置，而只要把预先建立的对象添加到屏幕上即可。Visual Basic 包含了数百条语句、函数及关键词，其中很多和 Windows GUI 有直接关系。专业人员可以用 Visual Basic 实现其他任何 Windows 编程语言的功能，而初学者只要掌握几个关键词就可以建立实用的应用程序。

微软公司在 1991 年推出了建立在 Windows 开发平台基础上的开发工具——Visual Basic 1.0。随着 Windows 操作平台的不断完善，微软公司也相继推出了 Visual Basic 2.0、Visual Basic 3.0 和 Visual Basic 4.0，这些版本主要用于在 Windows 3.x 环境中的 16 位计算机上开发应用程序。1997 年微软公司推出的 Visual Basic 5.0 可以在 Windows 9x 或者 Windows NT 环境中的 32 位计算机上开发应用程序。1998 年，微软公司又推出了 Visual Basic 6.0，使得 Visual Basic 在功能上得到了进一步完善和扩充，尤其在数据库管理、网络编程等方面得到了更加广泛的应用。随着计算机技术尤其是网络技术的发展，微软公司于 2002 年正式推出了 Visual Basic.NET（VB.NET），完全支持面向对象和 .NET 框架，既保持了原 Visual Basic 界面友好、简单易学的优点，又具有 C++ 面向对象程序设计的特性，成为未来跨平台的专业开发工具。

Visual Basic 程序设计语言包也可以应用在 Microsoft Excel、Microsoft Access 及许多其他 Windows 应用程序中的 Visual Basic Applications（VBA）。从开发个人或群组使用的小工具，到大型企业应用系统，甚至透过 Internet 的分布式应用程序（Distributed Applications），Visual Basic 都有其发挥之处。

1.1.2 Visual Basic 的版本

Visual Basic 有 3 种版本，各自满足不同的开发需要。

（1）学习版

学习版是一个入门的版本，主要针对初学的编程人员，利用它可以轻松开发 Windows 主流应用程序。该版本包括所有的 Visual Basic 内部控件、网格控件、表格控件和数据控件，但缺少一些开发专业应用程序的功能。

（2）专业版

专业版主要是为专业人员创建基于客户机/服务器的应用程序而设计的，包括学习版的全部功能、ActiveX 控件、网络信息服务器应用设计器、集成的数据库可视化设计和数据环境、动画控件按钮和动态 HTML 网页设计器以及其他许多额外功能的控件。该版本为专业编程人员提供了一整套功能完备的软件开发工具。

（3）企业版

企业版包括专业版中的全部内容，是最完整的 Visual Basic 版本。该版本的用户主要是专业软件开发人员，包括了专业版的全部功能，同时具有自动化管理、数据库、管理工具和 Microsoft Visual Source soft 面向工程版的控制系统等。该版本主要用于创建更高级的分布式、高性能的客户机/服务器或 Internet 上的应用程序。

这 3 个版本都配套提供了详细的用户手册和联机文档，联机文档上有详细的参考资料，用户可以根据联机文档学习 Visual Basic 的编程方法和技巧。根据安装版本的不同，Visual Basic 的程序界面也有一些变化，本书讨论的内容是针对 Visual Basic 6.0 企业版，大部分内容对这 3 种版本都适用。如果用户使用的是 Visual Basic 的学习版，可能一些 ActiveX 控件不能使用，需要另行添加，请读者注意。

1.1.3 Visual Basic 6.0 的特点及新特性

Visual Basic 是 Microsoft 公司推出的一种面向对象的程序设计语言，是 Windows 环境下 32 位应用程序开发工具，它继承了 BASIC 语言的简单易学特点，被众多软件开发者所青睐，以下简单介绍其主要特点及新特性。

1. 主要特点

（1）可视化编程

在用传统的程序设计语言设计程序时，开发人员都是通过编写大量代码来设计用户界面。整个设计过程中，开发人员看不到界面设计的实际效果，必须经过编译后运行程序才能观察到界面效果。而 Visual Basic 则不同，它提供了可视化设计工具，为用户提供了大量的界面元素（Visual Basic 中称为控件），例如"窗体"、"菜单"、"命令按钮"等，把 Windows 界面设计的复杂性"封装"起来，开发人员不必为界面设计而编写大量代码，只需要利用鼠标把预先建立的界面元素添加到屏幕上进行简单的拖、拉操作，设置它们的外观属性即可完成所需要的、标准的 Windows 界面设计，达到"所见即所得"的效果，简化了界面设计，提高了编程效率。

Visual Basic 还提供了易学易用的集成开发环境（IDE），在该环境中集程序的设计、运行和调试为一体，在本章后面的内容中将对集成开发环境进行详细的介绍。

（2）面向对象的程序设计思想

面向对象的程序设计是伴随 Windows 图形界面的诞生而产生的一种新的程序设计思想，与传统程序设计有着较大的区别。Visual Basic 6.0 是面向对象的程序设计语言。面向对象的程序设计方法，是指把程序和数据封装作为一个实体，如窗体以及窗体中的按钮、文本框等控件，程序的设计针对这些对象进行，不必重复编写大量的代码。使用 Visual Basic 创建应用程序，其本质就是为各个对象编写事件过程。

（3）事件驱动机制

自 Windows 操作系统出现以来，图形化的用户界面和多任务、多进程的应用程序要求程序设计不能是单一性的，在使用 Visual Basic 设计应用程序时，必须首先确定应用程序如何同用户进行交互，例如，发生鼠标单击、键盘输入等事件时，用户必须编写代码控制这些事件的响应方法，这就是所谓的事件驱动编程。Visual Basic 程序设计中对对象的操作要通过事件来完成，一个对象可以对应多个事件，一个事件要通过一段程序来执行。

（4）支持多种数据库访问

Visual Basic 6.0 具有强大的数据库管理功能。利用其提供的 ADO 访问机制和 ODBC 数据库连接机制，可以访问多种数据库，如 Access、SQL Server、Oracle、MySQL 等。有关数据库及其连接方面的知识，将在后面的章节中介绍。

（5）高度的可扩充性

Visual Basic 是一种高度可扩充的语言，除自身强大的功能外，还为用户扩充其功能提供了各种途径，主要体现在以下 3 个方面：

① 支持第三方软件商为其开发的可视化控制对象。Visual Basic 除自带许多功能强大、实用的可视化控件以外，还支持第三方软件商为扩充其功能而开发的可视化控件，这些可视化控件对应的文件扩展名为 ocx。只要拥有控件的 ocx 文件，就可将其加入到 Visual Basic 系统中，从而增强 VB 的编程能力。

② 支持访问动态链接库（Dynamic Link Library，DLL）。Visual Basic 在对硬件的控制和低

级操作等方面显得力不从心，为此 VB 提供了访问动态链接库的功能。可以利用其他语言，如 Visual C++ 语言，将需要实现的功能编译成动态链接库（DLL），然后提供给 VB 调用。

③ 支持访问应用程序接口（API）。应用程序接口（Application Program Interface，API）是 Windows 环境中可供任何 Windows 应用程序访问和调用的一组函数集合。在微软的 Windows 操作系统中，包含了 1000 多个功能强大、经过严格测试的 API 函数，供程序开发人员编程时直接调用。Visual Basic 提供了访问和调用这些 API 函数的能力，充分利用这些 API 函数，可大大增强 VB 的编程能力，并可实现一些用 VB 语言本身不能实现的特殊功能。

2. Visual Basic 6.0 的新特性

（1）数据访问

Visual Basic 6.0 数据访问技术方面比 Visual Basic 5.0 有了很大的增强。第一，它采用了一种新的数据访问技术 ADO（Active Data Object），使之能更好地访问本地和远程的数据库。第二，在数据环境方面，允许程序员可视化地创建和操作 ADO 连接及命令，为程序员操作数据源提供了很大的方便。第三，增加了 ADO 控件和集成的可视化数据库工具。

（2）Internet 功能

Internet 是当今发展的潮流，Visual Basic 6.0 在 Internet 方面的增强使得它已成为当前最强有力的开发工具之一。通过 Visual Basic 6.0，开发人员可以直接创建 IIS 应用程序及实现动态网页设计。

（3）控件、语言和向导方面

① DataGrid、DataList、DataCombo 等新增的数据控件，相当于 DB 版本的 DB Grid、OLEDBList 和 DBCombo，所不同的是它们都支持新的 ADO 控件。

② 可以创建自己的数据源和数据绑定对象。

③ 函数可以将数组作为返回值，并且可以为可变大小的数组赋值。

④ 安装向导、数据对象向导、数据窗体向导以及应用程序向导。这些新增的向导及功能增强的向导，可以使开发人员能设计出更优秀的应用程序。

（4）高度可移植化的代码

代码的可移植化是面向对象编程的一个重要特点。Visual Basic 6.0 集成了可视化组件管理器（Visual ComPonent Manager,VCM）和可视化模块设计器（Visual Modeler）。通过 VCM，可以在 Visual Basic 的工程中方便地组织、查找、插入各种窗体、模板、类模块，甚至整个工程，为代码的重新利用提供了很大的方便。而 Visual Modeler 则可以将设计器和组件转化成 Visual C++ 或 Visual Basic 的代码，它与 VCM 结合可以将 Visual Basic 中写的类，在其他工程甚至 VC 的工程中使用。

（5）创建 ActiveX 控件更加轻松方便

用 Visual Basic 6.0 创建的 ActiveX 控件，其外观和行为均和用 C 语言编写的控件一样，可以用在 Visual C++、Visual Basic、Delphi 甚至 Word 和 Access 中。

1.1.4　Visual Basic 安装

使用安装程序（Setup.exe）安装 Visual Basic 6.0。安装程序将 Visual Basic 以及其他产品部件从 CD-ROM 安装到硬盘上，它还安装必要的文件以查看 Microsoft Eeveloper Network CD 中的文档（用户可以选择只安装 Visual Basic 文档和示例程序）。需要注意的是，不能直接将 CD-ROM 上的文件复制到硬盘并从硬盘上运行 Visual Basic，必须使用安装程序将文件解压缩再安装到相应的目录中。

1. Visual Basic 6.0 的运行环境

为了运行 Visual Basic，必须在计算机上安装相应的硬件和软件系统，主要包括以下内容。

① Microsoft Windows NT、Microsoft Windows 95 或更高版本，或 Microsoft Windows NT Workstation 4.0（推荐 Service Pack 3）或更高版本。

② 486DX/66 MHz 或更高的处理器（推荐 Pentium 或更高的处理器），或任何运行于 Microsoft Windows NT Workstation 的 Alpha 处理器。

③ 一个 CD-ROM 驱动器。

④ Microsoft Windows 支持的 VGA 或分辨率更高的监视器。

⑤ 对于 Windows 95，内存不低于 16MB，对于 Windows NT Wofkstation，内存不低于 32MB。

⑥ 鼠标或其他定点设备。

在安装 Visual Basic 6.0 时要注意硬盘的剩余空间。对于不同版本的安装，磁盘空间要求不同：学习版、专业版的典型安装需要 48MB，完全安装需要 80MB；企业版的典型安装需要 128MB，完全安装需要 147MB。

2. Visual Basic 6.0 安装

从 CD 盘上安装 Visual Basic，需要按照以下步骤执行。

① 将 CD 盘放入 CD-ROM 驱动器。

② 安装程序在 Disk1 的根目录下，可以双击 Setup.exe 文件直接运行安装程序。如果用户的计算机能够在系统中运行 AutoPlay，则在插入 CD 盘时，安装程序将被自动加载。

③ 选择"安装 Visual Basic 6.0"。

④ 按照屏幕上的安装提示操作，即可完成 Visual Basic 6.0 的安装。

需要说明的是，Visual Basic 6.0 安装完成后，系统将提示"重新启动计算机"，以便进行一系列的更新及配置工作。当 Visual Basic 6.0 安装完成后，将提示用户是否安装 MSDN 帮助程序（Microsoft Developers Network，包含了 Visual Basic 的帮助文档，要在使用 Visual Basic 时获得联机帮助，则必须安装 MSDN）。如果要安装 MSDN 帮助文件，应将 MSDN 帮助文件光盘放入光驱，按提示进行安装。完成安装 MSDN 程序后，在 Visual Basic 6.0 开发环境中按 F1 键，即可打开 MSDN 帮助程序。如果用户不想安装 MSDN，则只需要在安装界面中取消 MSDN 安装选项即可。

3. 安装 Visual Basic 6.0 的 SP6 补丁

为了使安装的 Visual Basic 6.0 更加完整和全面，在安装完 Visual Basic 6.0 以后还需要安装补丁程序 SP6。该补丁程序可以到微软的网站上自行下载，下载后是一个可执行文件，双击图标即可安装，在此不再赘述。

4. Visual Basic 6.0 的更改或删除

安装完 Visual Basic 6.0 后，在程序开发的过程中，有时还需要添加或删除某些组件。具体实现步骤如下。

① 将 Visual Basic 6.0 光盘插入到光驱中。

② 双击"控制面板"中的"添加/删除程序"，打开"添加或删除程序"窗口。

③ 在"当前安装的程序"列表框中选择"Microsoft Visual Basic 6.0 中文企业版（简体中文）"选项，单击"更改/删除"按钮，如图 1-1 所示。

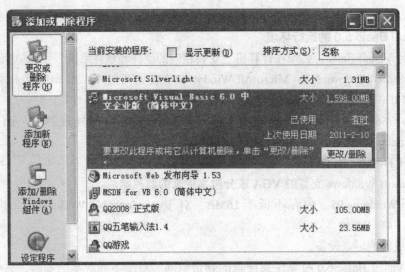

图 1-1　添加或删除程序对话框

④ 打开"Visual Basic 6.0 中文企业版 安装程序"对话框，如图 1-2 所示。

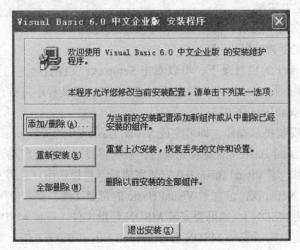

图 1-2　Visual Basic 6.0 安装对话框

⑤ 在图 1-2 所示的对话框中包括下述 3 个按钮。

"添加 / 删除"按钮：如果用户要添加新的组件或删除已经安装的组件，单击此按钮，在弹出的"Maintenance Install"对话框中选中需要添加或清除组件前面的复选框。

"重新安装"按钮：如果以前安装的 Visual Basic 6.0 有问题，可单击此按钮重新安装。

"全部删除"按钮：单击此按钮，可将 Visual Basic 6.0 所有组件从系统中卸载。

1.1.5　使用帮助功能

学会使用 Visual Basic 帮助系统，是学习 Visual Basic 的重要组成部分。从 Visual Studio 6.0 开始，所有的帮助文件都采用全新的 MSDN 文档的帮助方式。用户可以在安装 Visual Basic 的时候安装该文档，也可以从网上下载"MSDN for Visual Basic 6.0"安装文件进行安装。最新的联机版 MSDN 是免费的，用户可以从 http://www.microsoft.com/china/msdn/ 上获得。

在 Visual Basic 6.0 开发环境中，若安装了 MSDN，则可以从"帮助"菜单中选择"内容"或"索引"菜单打开 MSDN 帮助窗口，如图 1-3 所示。MSDN 是一个参考资料库，内容非常丰富，除了关于 Visual Basic 的内容之外，还有 Visual Studio 套件中其他组件甚至是 Windows 的资料。在图 1-3 中，左窗口以树形列表显示了所有帮助信息，用户可以用鼠标左键双击左窗口中的条目或在右窗口中单击相关的链接项打开 Visual Basic 文档，查阅 VB 的帮助信息。一般可以通过以下方法获得帮助信息。

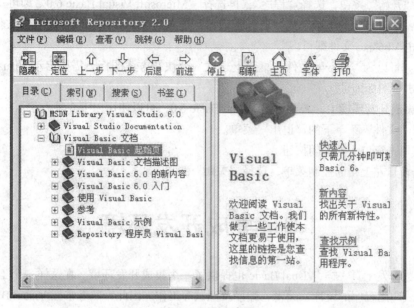

图 1-3　MSDN 帮助

① "目录"选项卡：列出一个完整的主题分级列表，通过目录树查找信息。
② "索引"选项卡：通过索引表以索引方式查找信息。
③ "搜索"选项卡：通过输入关键字从全文搜索查找信息。

另外，在 Visual Basic 集成开发环境中，经常会用到上下文相关的帮助，这是一种最直接、最好的获得 VB 帮助信息的方法。所谓上下文相关是指不必搜寻"帮助"菜单就可以直接获得有关的帮助，它可以根据当前活动窗口或选定内容来直接对帮助的内容进行定位。使用时，只需要将光标置到相关内容或用鼠标选定相关内容，然后按 F1 键，这时系统会打开帮助文档并显示相关内容的帮助信息。例如，为了获得有关 Visual Basic 语言中任何关键词的帮助，只需将插入点置于"代码"窗口中的关键词上并按 F1 键即可。

活动窗口或选定的内容如下所述。
① Visual Basic 中的每个窗口（"属性"窗口、"代码"窗口等）。
② 工具箱中的控件。
③ 窗体或文档对象内的对象。
④ 属性窗口中的属性。
⑤ Visual Basic 的关键词（声明、函数、属性、方法、事件和特殊对象）。
⑥ 错误信息。

除了使用 MSDN 获得帮助外，用户还可以使用 VB 联机方式访问 Internet 上的相关站点，获得更多更新的帮助信息。

1.2　Visual Basic 6.0 的启动和退出

Visual Basic 6.0 安装成功后，就可以启动 Visual Basic 6.0 进行程序开发了。一般情况下，启动 Visual Basic 6.0 有以下几种方法。

方法 1：安装程序自动在"开始"菜单中建立 Visual Basic 6.0 的程序组和程序项。单击屏幕左下角的"开始"按钮，选择"程序"，再选择"Microsoft Visual Basic 6.0"即可。

方法 2：通过"我的电脑"或"资源管理器"进入到 Visual Basic 6.0 所在的文件夹，在此文件夹中双击 Vb6.exe 文件即可。

方法 3：可以为 Vb6.exe 文件在桌面上建立一个快捷方式图标，需要启动 Visual Basic 6.0 时，直接双击该图标即可。

在 VB 集成开发环境中，若要退出 Visual Basic 6.0，可以使用以下 3 种方法。

① 选择"文件"菜单下的"退出"菜单。
② 直接单击窗口上的关闭按钮。
③ 单击窗口左上角的控制菜单，选择"关闭"菜单。

1.3　集成开发环境

与大多数开发工具一样，Visual Basic 也提供了一个集成开发环境。在这样一个工作平台上，用户可以完成应用程序的设计、编辑、编译及调试等工作。因此，熟练掌握 Visual Basic 集成开发环境是学习 Visual Basic 的第一步。

Visual Basic 6.0 启动后，会打开集成开发环境。默认情况下，集成开发环境上面显示一个"新建工程"对话框（如图 1-4 所示），要求选择要建立的程序类型。对于初学者来说一般选择"标准 EXE"即可，然后单击"打开"按钮。

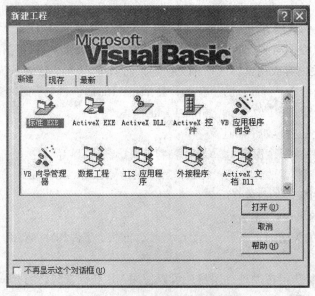

图 1-4　"新建工程"对话框

Visual Basic 使用"工程"来管理用来建立一个应用程序要使用的所有文件，所以每建立新程序，就要新建一个工程。每个工程都包含了一个以".vbp"为扩展名的"工程文件"，这个文件用来管理这个工程中所有的文件。在"新建工程"对话框中使用"现存"和"最新"选项卡，可以打开磁盘上已有的或者最近编辑过的工程。如果在单击"新建工程"对话框上的"打开"按钮之前选定了对话框左下角的"不再显示这个对话框"复选框，则以后启动 Visual Basic 时就不会显示这个对话框，而直接为用户创建一个默认的标准 EXE 类型工程。

新建工程打开后，出现图 1-5 所示的集成开发环境界面。

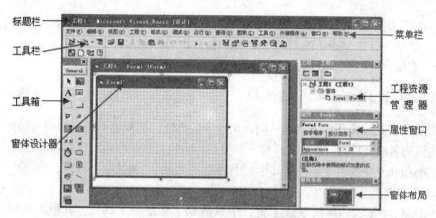

图 1-5　Visual Basic 6.0 集成开发环境

1.3.1　标题栏

标题栏是 Visual Basic 6.0 集成环境窗口顶部的水平条，在标题栏中显示了当前操作的工程名称以及 Visual Basic 6.0 的工作模式。Visual Basic 中有 3 种工作模式。

① 设计模式：在该模式下可进行用户界面的设计和代码的编写。进入设计模式时，在标题栏中显示"设计"字样。

② 运行模式：在该模式下可运行 Visual Basic 应用程序，但不可编辑代码，也不可编辑界面。进入运行模式时，在标题栏中显示"运行"字样。

③ 中断模式：在该模式下可暂时中断应用程序的执行，可编辑代码，但不可编辑用户界面。进入中断模式时，在标题栏中显示 break 字样。

在标题栏中除了显示工程的名称和工作模式之外，在标题栏的最左端还有窗口控制菜单框，在标题栏的最右边还有最大化按钮、最小化按钮和关闭按钮。

1.3.2　菜单栏

Visual Basic 集成环境窗口的第二行就是菜单栏，使用菜单栏中的菜单可以访问 Visual Basic 中的所有功能。

在菜单栏上共有 13 个菜单（文件、编辑、视图、工程、格式、调试、运行、查询、图表、工具、外接程序、窗口和帮助），每个菜单的功能如下。

"文件"菜单：包括文件的打开、删除、保存，加入窗体以及生成执行文件等功能。

"编辑"菜单：提供复制、粘贴等各种编辑功能。

"视图"菜单：提供显示或隐藏各种视图功能。

"工程"菜单:包括将窗体、模块加入当前工程等功能。
"格式"菜单:对界面设计的辅助控制,如控件对齐方式、间距的设置等。
"调试"菜单:提供对程序代码进行调试的各种方法。
"运行"菜单:执行、中断和停止程序。
"查询"菜单:实现与数据库有关的查询,如排序、分组等。
"图表"菜单:实现与图表有关的操作。
"工具"菜单:对集成开发环境进行定制、向程序代码中添加过程、激活应用程序的菜单编辑器等。
"外接程序"菜单:Visual Basic 环境下的数据管理器、外部程序管理器等。
"窗口"菜单:设置 Visual Basic 子窗口在主窗口中的排列方式。
"帮助"菜单:提供 Visual Basic 的联机帮助。

1.3.3 工具栏

工具栏提供了在编辑环境下快速访问常用命令的方法。当光标指向工具栏上的按钮时,会显示工具按钮的名称及功能,单击工具栏上的按钮,将执行该按钮所对应的功能。

Visual Basic 6.0 中提供了 4 种工具栏:"标准"工具栏、"调试"工具栏、"编辑"工具栏和"窗体编辑器"工具栏。

启动 Visual Basic 后,系统默认主窗口中只显示"标准"工具栏,其他工具栏可以通过"视图"菜单中的"工具栏"命令打开和关闭。

图 1-6 是"标准"工具栏,它列出了 Visual Basic 应用程序中最常用的命令。

图 1-6 标准工具栏

图 1-7 是"调试"工具栏,它用于调试程序。主要功能包括程序的运行、暂停和停止等。可以通过"视图"菜单中的"工具栏"命令打开和关闭。

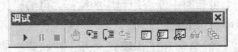

图 1-7 调试工具栏

图 1-8 是"编辑"工具栏,它用于对用户编写的程序或用户建立的各种对象进行编辑工作。可以通过"视图"菜单中的"工具栏"命令打开和关闭。

图 1-8 编辑工具栏

图 1-9 是"窗体编辑器"工具栏,它用于对控件的大小、对齐方式等的设置。可以通过"视图"菜单中的"工具栏"命令打开和关闭。

图 1-9 窗体编辑器工具栏

1.3.4 工具箱

控件是构成 Visual Basic 应用程序和用户界面的基本组成部分。工具箱中列出了 Visual Basic 的标准控件，不同的图标代表不同的控件类型。将控件添加到窗体的设计界面有两种操作方法：一种是先单击控件工具箱上的某个控件，然后使用鼠标拖动的方法将该控件在窗体表面上画出来；另一种是双击控件工具箱上的某一个控件，该控件对象就会自动出现在窗体中央，其大小是默认的。图 1-10 列出了所有 Visual Basic 标准（内部）控件。需要说明的是，图中左上角的箭头不是控件，它是指针工具，单击它可以把鼠标指针由其他形状变为箭头形状，它仅用于选择、移动窗体和控件，调整窗体和控件的大小。

图 1-10　Visual Basic 6.0 标准控件

在设计状态时，工具箱总是出现的。在运行状态下，工具箱会自动隐藏。在设计状态下若看不到工具箱，可以通过单击"视图"菜单下的"工具箱"菜单使其出现。

工具箱中除了有 Visual Basic 标准控件，还可以添加 ActiveX 控件（又称为外部控件）。这些控件被添加到工具箱中后，可以像使用标准控件一样使用它们。所谓 ActiveX 控件是指由 Visual Basic 以及第三方开发商开发的基于 ActiveX 技术的控件。目前，在 Internet 上提供下载大约有数千种 ActiveX 控件，它的扩展名为 .ocx。向工具箱中添加控件的步骤如下：

① 将鼠标指向控件窗口的任意位置，单击右键，显示快捷菜单，然后单击"部件"选项，或者选择"工程"菜单下的"部件"菜单，此时，屏幕上显示图 1-11 所示的"部件"对话框，在列表框中显示出可以使用的外部控件列表。

② 选中需要添加到工具箱的控件，然后单击"确定"按钮，选定的控件就会出现在工具箱中。若要删除添加的 ActiveX 部件，只需要在该对话框中将相应的外部控件前的"√"去掉即可。

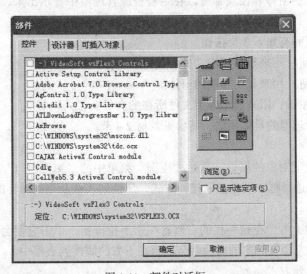

图 1-11　部件对话框

1.3.5 窗口

在 Visual Basic 集成开发环境中（参见图 1-5），还有以下几种窗口用于完成不同的功能：窗体设计器窗口、工程资源管理器窗口、属性窗口、代码编辑器窗口、窗体布局窗口和立即窗口。

1. 窗体设计器窗口

窗体设计器窗口简称窗体（Form），它是 Visual Basic 最基本的对象，提供与用户交互的窗口，每当 Visual Basic 启动时，系统会打开一个窗体，默认名称为 Form1，用户也可以通过属性窗口的 Name（名称）属性设置来改变窗体名称。如果应用程序需要多个窗体，可以选择"工程"菜单中的"添加窗体"菜单创建新窗体。

在程序设计时，程序员可根据程序界面的要求，从工具箱中选择所需要的内部控件，并在窗体中画出来，以形成程序运行时的用户界面窗口。

2. 工程资源管理器窗口

工程资源管理器是用来管理工程的，如图 1-12 所示。它的功能类似于 Windows 中的资源管理器。

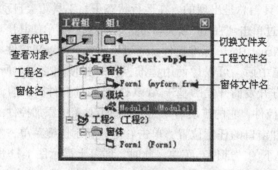

图 1-12　工程资源管理器

在工程资源管理器中，列出了当前用户所创建的所有工程，并以树形目录的形式显示所有工程的组成。新添加的窗体和模块都可以在工程资源管理器中显示出来，并且可以在该窗口中删除工程和模块。

在窗口的标题下面有如下 3 个按钮。

"查看代码"按钮：用来显示相应文件的代码。

"查看对象"按钮：用来显示相应的窗体。

"切换文件夹"按钮：用来显示各类文件所在的文件夹。

有关工程资源管理器的具体用法，请参见教材 2.4 节。

3. 属性窗口

属性窗口用于设定对象的属性，通过"视图"菜单中的"属性窗口"命令，即可打开属性窗口。该窗口由对象选择框、属性显示排列方式、属性列表框及当前属性的解释框 4 部分组成。

（1）对象选择框

位于属性窗口的上方，在这一栏的右侧有一个下拉按钮，单击它便会显示对象列表。在对象列表中选择一个对象，该对象的属性就会显示在下方的属性列表框中。

（2）属性显示排列方式

它有两个标签："按字母序"和"按分类序"，可以按字母方式排列对象属性和按对象属性分类排列对象属性。

（3）属性列表框

位于属性窗口的中间，分为左、右两栏，左边显示的是属性的名称，右边显示的是属性值。设置属性值可以使用以下3种方法：通过键盘直接输入属性值；单击属性值右边的下拉箭头，在列出的选项中选择；单击属性值右边的选择按钮，打开一个对话框来设置属性。

（4）属性解释框

位于属性窗口的底部，每选中一种对象属性，在其下方的属性解释框中就会显示该属性的名称及功能。

4. 代码编辑窗口

用来输入应用程序代码的编辑器，应用程序的每个窗体或代码模块都有一个单独的代码编辑窗口。用户可通过工程资源管理窗口自由地在窗体设计窗口或代码编辑窗口之间进行切换，双击某一个对象也可进入代码编辑窗口，如图1-13所示。

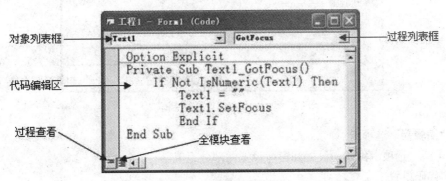

图1-13 代码编辑窗口

代码编辑器由以下几部分组成。

"对象"下拉列表框：用来选择不同的对象名称。选择对象名称后，即可自动在程序编辑区内产生一对过程头语句和过程尾语句，过程头语句中的事件名称是该对象的默认事件。

"过程"下拉列表框：用来选择不同的事件过程名称（也叫事件名称），还可以选择用户自定义过程名称。只有在"对象"下拉列表框中选择了名称后，"过程"下拉列表框内才会有事件名称。

代码编辑区：用户可以在一对过程头语句和过程尾语句之间输入程序代码。在代码编辑区域中，可以利用鼠标右键弹出的快捷菜单对代码进行复制、剪切、粘贴操作。用户可以打开多个代码编辑器，查看不同窗体中的代码，并可在各个代码编辑区之间复制代码。

"过程查看"按钮：单击该按钮，在代码编辑区内只显示"对象"下拉列表框中选中对象的过程代码。

"全模块查看"按钮：单击该按钮，在代码编辑区内显示相应窗体内所有对象的过程代码。

5. 窗体布局窗口

在窗体布局窗口中可以使用表示屏幕小图像来布置应用程序中各窗体的位置。设计时可以使用鼠标把窗体拖动到一个新的位置，运行时窗体就会定位到新位置上。

6. 立即窗口

立即窗口是为调试应用程序提供的，用户可以直接在该窗口中利用Print方法显示表达式的值。

1.3.6 环境设置

为了适应不同用户的编程习惯，在 Visual Basic 6.0 提供了多种方法来设置集成开发环境。在集成开发环境中，选择"工具"菜单中的"选项"菜单，可以打开图 1-14 所示的对话框。选择不同的选项卡，可以设置不同的选项。

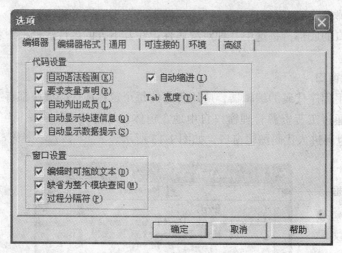

图 1-14 环境设置对话框

1．"编辑器"选项卡

"编辑器"选项卡由代码设置和窗口设置两部分组成。

（1）代码设置

自动语法检查（K）：设置完成每行的代码输入后是否自动进行语法检查。设置该选项后，若有错误则会发出警告。

要求变量声明（R）：将"Option Explicit"语句加入到每个窗体和模块代码的通用段中。设置该选项后，要求每个变量必须要先声明后使用，否则会报错。

自动列出成员（L）：该选项被选中后，当输入控件、函数时会自动提示对象的属性及方法，如图 1-15 所示。

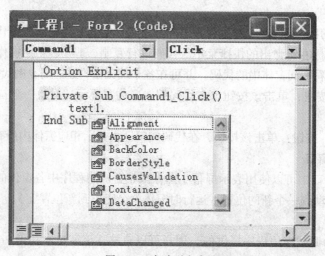

图 1-15 自动列出成员

自动显示快速信息（Q）：输入函数和过程时自动显示其参数信息。如图1-16所示。

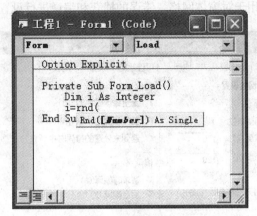

图1-16 自动显示快速信息

自动显示数据提示（S）：选中该项后，程序中断时，在代码窗口中显示放置光标的变量值或对象属性，显示的值限于在当前范围内的变量和对象。

自动缩进（I）：该选项让每行代码都与它上面一行代码自动对齐。

Tab宽度（T）：设置制表符宽度，缺省值是4，其范围是1～32。

（2）窗口设置

编辑时可拖放文本（D）：该选项可以在编写代码时进行拖放操作，可以在当前代码内，从代码窗口向立即窗口或者监视窗口内拖放部件。

缺省为整个模块查阅（M）：该选项可以在代码窗口中查看多个过程，否则只能查看单个过程。

过程分隔符（P）：该选项显示或者隐藏出现在代码窗口中的分割符条。

2．"编辑器格式"选项卡

"编辑器格式"选项卡如图1-17所示。该选项卡用于设置代码窗口的外观、字体及大小，指定不同文本代码的颜色。

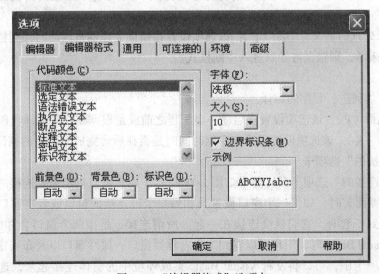

图1-17 "编辑器格式"选项卡

3. "通用"选项卡

"通用"选项卡主要用于对窗体网格、错误的捕获和编译进行设置,如图 1-18 所示。

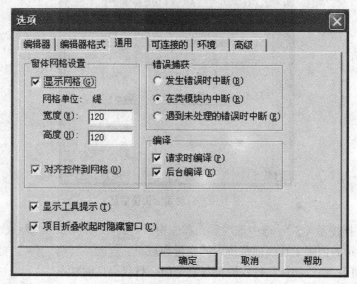

图 1-18 "通用"选项卡

(1) 窗体网格设置

显示网格(G):设置是否在窗体显示网格。

网格单位:显示窗体网格显示单位。缺省单位为缇。

宽度、高度:每个网格的宽度与高度为多少缇。

对齐控件到网格(D):设置窗体控件调节其位置,使其边缘对齐到网格线。

(2) 错误捕获

用于设置如何处理 Visual Basic 发生的错误,有 3 种可能的错误捕获方式。

① 发生错误时中断(B):该选项设置任何错误都将导致程序进入中断模式。

② 在类模块内中断(R):该选项设置在类模块中产生任何未处理的错误都导致进入中断状态。

③ 遇到未处理的错误时中断(E):该选项设置在错误处理器被激活时遇到错误不进入中断模式,若未被激活,则错误将导致进入中断模式。

(3) 编译

用于设置如何进行程序的编译。

请求时编译(P):该选项设置在启动一个工程之前或是根据需要来编译代码。

后台编译(K):该选项设置程序在空闲时间时是否在后台完成对程序的编译。

4. "可连接的"选项卡

选中"可连接的"选项卡后,显示如图 1-19 所示。用户可以指定需要连接的那些窗口。在 MDI(多文档界面)时,如果一个窗口设置为和另一个可连接的窗口或者主窗口连接时,当把两个窗口移动到一起时,它们就会连接在一起。所谓连接,是指两个窗口合并成了一个窗口。例如,启动 Visual Basic 时,用户可以看到工程管理器窗口、属性窗口以及布局窗口是连接在一起的。在该选项卡中,可以将 9 种 Visual Basic 集成环境中的窗体连接起来,这 9 种窗口如图 1-19 所示。

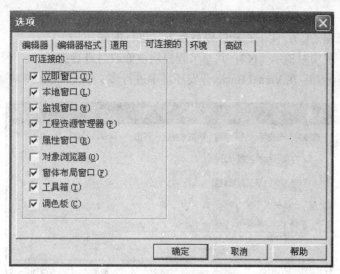

图 1-19 "可连接的"选项卡

5. "环境"选项卡

"环境"选项卡如图 1-20 所示。该选项卡用于设置 Visual Basic 开发环境中的属性。

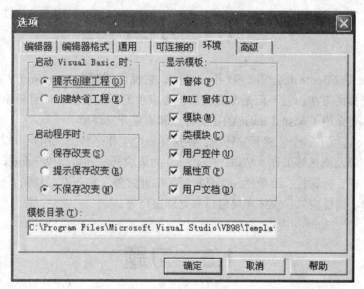

图 1-20 "环境"选项卡

启动 Visual Basic 时：用于设置 Visual Basic 启动时，打开工程按缺省项目打开，还是每次启动时让用户选择新工程。

启动程序时：该选项用于设置 Visual Basic 在启动一个新工程时，原有的工程进行保存或者提示是否保存或不保存而直接创建一个新工程。

显示模板：用于指定在工程中添加所选择的窗体或模块，它是利用 Visual Basic 的模板生成程序向窗体内添加定制的模板。

模板目录（T）：指定模板缺省时的位置。

6. "高级"选项卡

"高级"选项卡如图 1-21 所示。该选项卡用于设置有关后台加载工程、改变共享工程以及

SDI 开发环境。

在后台加载工程（L）：使工程能够以后台方式进行加载。

当改变共享工程项时提示（N）：共享工程模块被修改时进行提示。

SDI 开发环境（S）：在 Visual Basic 开发环境中进行多文档（MDI）和单文档（SDI）切换。

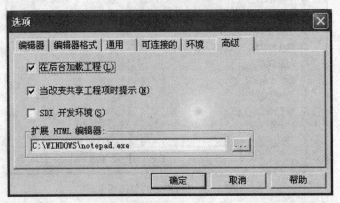

图 1-21 "高级"选项卡

1.4 小结

Visual Basic 是 Microsoft 公司 1991 年推出的，它提供了开发 Microsoft Windows 应用程序的最迅速、最简捷的方法。它不但是专业人员得心应手的开发工具，而且易于被非专业人员掌握使用。本章主要介绍了 Visual Basic 的主要特点和集成开发环境。

Visual Basic 提供了一个集成开发环境，在这样一个工作平台上，用户可以完成应用程序的设计、编辑、编译及调试等工作。Visual Basic 6.0 的集成开发环境与 Windows 环境下的许多应用程序相似，同样有标题栏、菜单栏和工具栏等。除此之外，它还有工具箱、窗体设计器窗口、资源管理器窗口、属性窗口、窗体布局窗口和立即窗口等。

1.5 习题

① 叙述 Visual Basic 6.0 的基本特点。
② Visual Basic 有哪几个版本？各有什么特征？
③ 如何启动和退出 Visual Basic 系统？
④ Visual Basic 6.0 系统集成环境包括哪几个窗口，各有什么功能？
⑤ 简述 Visual Basic 6.0 安装过程。

第 2 章
简单 Visual Basic 程序设计

Visual Basic 是面向对象的程序设计语言。在 Visual Basic 中进行程序设计，需要根据程序功能设计程序用户界面，然后编写程序代码。其中，用户界面的基本组成元素是控件。在 Visual Basic 中每个控件就是一个类，类是通过控件实现的。要掌握控件的用法，需要掌握每个控件的属性、事件和方法。

本章在介绍面向对象基本概念的基础上，对 Visual Basic 的标准控件进行了详细的介绍，并通过一个简单的实例，对 Visual Basic 的程序设计方法、步骤以及 Visual Basic 的工程管理进行了说明。

2.1 可视化编程的基本概念

在 Visual Basic 中，可视化编程是通过系统提供的大量控件对象来实现的。利用 Visual Basic 开发应用程序的过程，实际就是这些控件对象进行交互的过程。因此正确地理解和掌握对象的概念，是学习 Visual Basic 程序设计的基础。下面从使用的角度简述对象的有关概念。

2.1.1 对象

对象是指现实世界中存在的各种各样的实体。它可以是有形的具体存在的事物，如一个篮球、一个学生、一辆车；也可以是无形的、抽象的事件，如一节课、一场球赛。对象既可以是简单的对象，也可以是由多个对象构成的复杂对象，如：电脑是由主机、显示器、键盘、鼠标等对象组成；汽车是由车身和 4 个车轮等对象组成。

现实世界中，每个对象都有自己的特征、行为，并能响应发生在该对象上的外部事件。如学生作为一个对象，具有学号、姓名、性别、所学专业等特征，具有上课、说话、行走、吃饭等行为，当听到上课铃声后，学生能够对铃声这个外部事件做出响应，即走进教室准备上课。

从可视化编程的角度来看，对象是一个具有某些属性和方法并能响应外部事件的实体。

在面向对象的思想中，对于任何一个对象，都可以用属性（Property）、方法（Method）与事件（Event）3 个方面来描述它，它们被称为对象的"三要素"。

2.1.2 类

在现实世界中,具有相同性质、执行相同操作的对象,称为同一类对象。所以,类(Class)是对同一种对象的集合的概括与抽象。如,张三是一个学生、李四是一个学生、王二是一个学生……虽然是不同的学生,但是他们的基本特征是相似的,都有姓名、性别、身高、所学专业等特征,因此将他们归于"学生"这个类。

实例是一个类所描述的一个具体对象。例如,通过"学生"类定义一个具体的对象学生张明,这就是学生类的一个实例,就是一个对象。

类和对象之间的关系是抽象与具体的关系。类是对多个对象进行综合抽象的结果,是创建对象实例的模板,对象是类的个体实物,一个具体的对象是类的一个实例。例如,手工制作糕点时,先制作模子,然后将面放进模子里,再进行烘烤,这样就可以制作出外形一模一样的糕点了。这个模子就类似于"类",制作出的一个个糕点就好比是类的"实例"。

在面向对象程序设计中,类包含所创建对象属性的数据,以及对这些数据进行操作的方法定义。封装和隐藏是类的重要特性,它将数据的结构和对数据的操作封装在一起,实现了类的外部特性和类内部的隔离。类的内部实现细节对用户来说是透明的,用户只需要了解类的外部即可。比如,一台洗衣机,使用者无须关心它的内部结构、工作原理,也无法(当然也没有必要)操作洗衣机的内部电路,因为它们被封装在洗衣机里面,这对于用户来说是隐蔽的、不可见的,使用者只需要掌握如何使用洗衣机上的按键,如启动/暂停、功能选择等。这些按键安装在洗衣机的表面,人们通过它们与洗衣机交流,告诉洗衣机应该做什么。面向对象就是基于这个概念,将现实世界描述为一系列完全自治、封装的对象,这些对象通过固定受保护的接口访问其他对象。

2.1.3 Visual Basic 中的类和对象

Visual Basic 中的类可以分为两类:一类是由系统设计好的,用户可以直接使用;另一类由用户定义,用户可以根据需要定义和建立。

在第 1 章中我们提到,在 Visual Basic 集成开发环境中,工具箱中列出了 Visual Basic 中的常用控件,如命令按钮、文本框、列表框等,这些控件实际上就是系统设计好的标准控件类,是一个类的概念。当我们将一个控件添加到窗体上时,就是将控件类进行了实例化,生成了真正的控件对象,是一个对象的概念。图 2-1 表示一个控件类的实例化。

需要特别说明的是,Visual Basic 中窗体是一个特例,它既是类也是对象。当向一个工程中添加窗体时,其本质就是由窗体类创建了一个窗体对象。

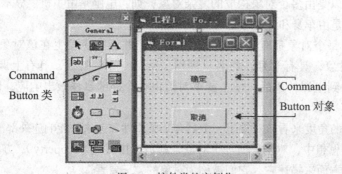

图 2-1 控件类的实例化

2.1.4 属性

属性是指对象本身所具有的特征,它用来表示对象的状态以及控制对象的外观和行为,如对象的位置、大小、颜色等。对于自然界中的任何一个对象,都可以从不同方面概括出它的许多属性,并且每一个属性都有相应的属性名和属性值。这些属性可能是看得见摸得着的,也可能是内在的。如某个学生的姓名叫张三丰,男,身高 1.80 米,所学专业为软件工程,那么这里的姓名、性别、身高、所学专业都是这个学生的属性,而其中的"姓名"、"性别"、"身高"、"所学专业"被称为属性名,相应的"张三丰"、"男"、"1.80 米"和"软件工程"是属性值。

在 Visual Basic 中,对象的属性对应于对象的数据部分,如控件的颜色、大小、位置、字体等都是对象的属性。用户可以通过改变对象的属性值来改变对象的特征。大多数对象的属性是在对象生成时自动设置的(默认值),用户一般不需要进行逐一设置各属性的值,只有在默认值不能满足要求时,才需要用户指定所需的值。

对象的属性具有以下特点。

① 不同的对象有不同的属性。比如,命令按钮控件具有标题(Caption)属性,而文本框控件则没有这个属性。

② 不同的对象可以有相同的属性。比如,在 Visual Basic 中,所有的控件都有名称(Name)属性,许多控件具有可用性(Enabled)属性。

③ 同一个对象有多个不同的属性。比如,标签控件不仅有名称属性,还具有其他的属性,如标题(Caption)、字体(Font)、可见性(Visible)等。

对象的属性可以通过以下两种方式进行设置。

① 在程序设计阶段,可以通过属性窗口设置对象的属性值。

② 在程序运行阶段,可以通过程序代码设置对象的属性值,其格式为

[< 对象名 >.]< 属性名 >=< 属性值 >

其中:"[ ]"表示可以省略,若省略对象名,则默认设置窗体(Form)对象的属性;"< >"表示不能省略。

例如,要将一个对象名为 Command1 的命令按钮的 Caption 属性值设为"确定",则可以通过以下语句

Command1.Caption=" 确定 "

其中 Command1 为对象名,Caption 为属性名,字符串"确定"为设定的属性值。

有时,要在执行某个操作之前获取对象的状态,这时需要读取属性值。在大多数情况下可以使用以下格式来读取属性的值

变量 = 对象名 . 属性名

通过以上格式,可以将当前对象的某个属性值读取到一个变量中以备使用。

需要注意的是,大部分控件属性可以使用以上两种方法进行设置,但有些属性必须通过编写代码在程序运行时完成设置或在设置界面时通过属性窗口进行设置。可以在程序运行时读取和设置值的属性被称为读写属性,只能读取值的属性被称为只读属性。

2.1.5 事件

1. 事件

事件是指对象能够识别并做出反应的外部刺激,每个对象都有自己的事件。如下课铃响

了、天下雨了、肚子饿了等，都是人所能识别并做出反应的事件。同一事件，作用于不同的对象上就会引发不同的反应，产生不同的结果。例如，在学校，上课铃声是一个事件，老师听到铃声就要准备开始讲课，学生听到铃声就要做好上课的准备，而对于行政人员来说则不需要对铃声做出响应。

在 Visual Basic 中，系统已经为每个对象定义好了一系列的事件，如单击事件（Click）、鼠标按下事件（MouseDown）、装入事件（Load）等。在这些事件中，有些事件是由用户的操作引发的，如用户单击了某个对象，将产生该对象的 Click 事件；有的事件是由系统消息触发的，如某一个窗体载入时将自动产生该窗体的 Load 事件。

需要说明的是，前面我们提到过，Visual Basic 中的对象分为两大类：窗体对象和控件对象。所以针对对象的事件也可以划分为两类：窗体事件和控件事件。有些事件既可以作为窗体事件使用，也可以作为控件事件使用，只是在使用时有细微的区别，如 Click 事件、DblClick 事件。

2. 事件过程

为了响应某个事件以完成某个功能，设计人员必须针对该事件编写一段程序代码，这样的一段程序代码称为事件过程。Visual Basic 中有两类过程：事件过程和通用过程。

事件过程用于响应对象事件，其一般格式为

```
Private Sub 对象名称_事件名称（[参数列表]）
    ……
    事件响应程序代码
    ……
End Sub
```

其中"对象名称"指的是对象的 Name 属性，"事件名称"是由 Visual Basic 预先定义好的赋予该对象的事件，并且该事件必须是对象所能识别的。

例如，当用户用鼠标单击命令按钮 Command1 后将标签 Label1 的 Caption 修改为"欢迎使用VB6.0"，则该事件过程为

```
Private Sub Command1_Click（）
    Label1.Caption="欢迎使用VB6.0"
End Sub
```

3. 事件驱动机制

传统的高级语言程序由一个主程序、若干个过程和函数组成，程序运行时总是从主程序开始，由主程序调用各过程和函数。程序设计者在编写程序时必须将整个程序的执行顺序设计好。程序运行后，将按照指定的顺序执行，用户不能改变程序的执行顺序，这种语言称为面向过程语言。

在传统的应用程序中，应用程序自身控制了执行哪一部分代码和按何种顺序执行代码。Visual Basic 则采用事件驱动的编程机制。在事件驱动的应用程序中，代码不是按照预定的顺序执行的，每个事件过程中的代码是由相应的事件触发执行的。例如，用户单击了鼠标按钮，系统将跟踪指针所指的对象，如果对象是一个按钮控件，则用户的单击动作就触发了按钮的 Click 事件，该事件过程中的代码就会被执行。执行结束后，又把控制权交给系统，等待下一个事件发生。不同事件的发生是随机的，各事件的发生顺序是由用户的操作决定的，这样使得程序设计的工作变得比较简单，人们不再需要考虑程序的执行顺序，只需要针对对象的事件编写出相应的事件过程即可。

在事件驱动应用程序中，事件是由对象来识别的。事件可以由用户操作触发，如单击鼠标或按下一个键；事件也可以由系统或程序代码产生，如计时器。使用 Visual Basic 创建应用程序，其本质就是为每个对象，如窗体、控件、菜单等编写事件代码。所以，Visual Basic 是面向对象的编程语言。

对象、事件和事件过程之间的关系如图 2-2 所示。

图 2-2　对象、事件和事件过程之间的关系

2.1.6　方法

方法是指对象所具有的动作和行为，也可以理解为指使对象动作的命令。比如，人作为一个对象，具有呼吸、跑步、吃饭、唱歌等动作和行为，这些行为就是人的方法。即使是无生命的对象，也可以有方法，如汽车轮胎的充气、篮球的弹起等。

Visual Basic 程序设计也引入了方法，为程序设计人员提供了一种特殊的过程，用于对象完成某个特定功能，这类过程由系统定义，用户可以直接调用。对象方法的调用格式为

[<对象名.>]方法名[（参数）]

其中，若省略了对象名，表示为当前对象，一般是指窗体。

例如，窗体有一个 Print 方法，其功能是在窗体上显示相关内容，若在窗体 Form1 上显示"欢迎您使用 VB6.0"，则可以通过以下语句来实现。

Form1.Print " 欢迎使用 VB6.0"

2.2　Visual Basic 应用程序的构成和设计步骤

2.2.1　Visual Basic 应用程序的结构

Visual Basic 程序设计语言是一种模块化的语言，并且也是一种面向对象的开发工具。在 Visual Basic 程序设计过程中主要有 4 种文件类型，分别是窗体、多文档窗体、模块和类模块。其中窗体文件和多文档窗体文件都是程序的界面接口，也就是说通过这两种文件类型可以建立应用程序的用户界面。在每个窗体文件和多文档窗体文件都包含许多事件过程，在这些事件过程中可以编写响应特定事件而执行的代码。除了事件过程，窗体模块还可包含通用过程，它是一种局部公用的过程，也就是说只有在窗体中的所有事件过程才可以调用这些通用过程代码。

窗体是一种容器，其中可以包含许多控件。在窗体文件中，每个控件也都有一个对应事件过程集，这些事件所对应的过程集是从属于窗体文件的。

模块文件相当于用户的程序库。用户可以将常用的函数和过程在模块文件中定义为公用代码，在窗体文件或多窗体文件的事件中调用在模块文件中定义的公用代码，这样就可以不必编写许多重复的代码，同时也使用户的程序模块化，有利于程序的维护。

类模块文件相当于用户的自定义对象库。在类模块文件中用户可以编写自定义对象，可以为自定义对象定义属性、事件以及添加方法。类模块在一定程度上与普通控件有一些类似，如

都有自己的属性、可以响应的事件、可执行的方法等。但是，普通的控件或者窗体都是有其图形界面的，而类模块是没有的。

由以上可以看出，Visual Basic 的程序结构是一种完全的模块化结构。在 Visual Basic 程序中，最小的程序模块是过程或函数，这些过程或函数分别属于不同的窗体文件、多文档窗体文件、模块文件和类模块文件。这些文件之间是相对独立的，它们都可以独立运行。图 2-3 给出了 Visual Basic 的程序结构。

图 2-3 Visual Basic 的程序结构

2.2.2　第一个简单的 Visual Basic 程序

本小节介绍如何使用 Visual Basic 的集成开发环境来设计一个简单的 VB 程序。通过本实例的学习，可以初步掌握如何设计界面、设置对象的属性、编写程序代码等，了解面向对象编程的基本方法和步骤。

【例 2-1】创建图 2-4 所示的用户界面。要求如下：在"请输入姓名"文本框中输入一个姓名，单击"确定"按钮时，在"您输入的是"文本框中显示输入的姓名；单击"清除"按钮，将两个文本框中的内容清除；单击"退出"按钮，结束程序的执行。

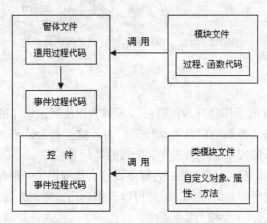

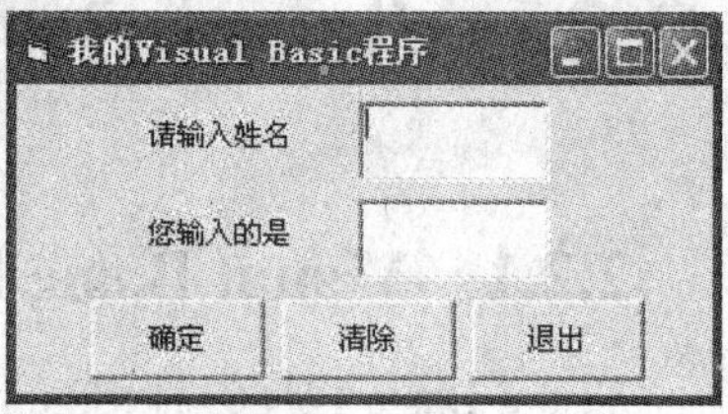

图 2-4 例 2-1 程序运行结果

该例中共涉及 8 个控件对象（参见表 2-1）：1 个窗体（Form）、2 个标签（Label）、2 个文本框（TextBox）、3 个命令按钮（CommandButton）。标签用于显示信息，不能用于输入；文本框分别用于输入和显示信息；命令按钮用于执行相关的操作；窗体是包含上述控件的容器，在新建工程时自动创建。

建立一个应用程序一般需要经过以下几个步骤。
① 设计应用程序界面。
② 设置对象的属性。
③ 编写对象事件过程代码。
④ 调试和运行程序。
⑤ 保存程序，生成可执行文件。

1. 设计应用程序界面

在 Visual Basic 中利用计算机解决一个实际问题，首先考虑该程序的用户界面。用户界面的作用主要是向用户提供输入数据及显示程序运行结果。选择所需要的控件对象，进行合理的界面布局。

表 2-1　　　　　　　　　　　　　　　对象属性设置

对　　象	属　　性	属　性　值
Form1	Caption	我的 Visual Basci 程序
Label1	Text	请输入姓名
Label2	Text	您输入的是
Text1	Caption	空
Text2	Caption	空
Command1	Caption	确定
Command2	Caption	清除
Command3	Caption	结束

前面我们提到过，一个应用程序就是一个工程，所以我们从新建一个工程开始。启动 Visual Basic 6.0，通过选择"新建"选项卡中的"标准 EXE"选项新建一个工程。若集成开发环境已经打开，则通过选择"文件"菜单下的"新建工程"菜单建立一个工程。

用鼠标拖曳"Form1"窗体四周的控制柄，适当调整窗体的大小。

添加控件对象。用鼠标选择工具箱中的 Label 控件，然后在窗体上按下鼠标左键并拖动鼠标至适当大小，也可以用鼠标直接双击工具箱中的 Label 控件。同样的方法将其他控件添加到窗体上，适当调整控件的布局，结果如图 2-5 所示。

添加控件对象时，有以下几点需要注意。

① 要建立多个相同性质的控件对象，不要采用"复制"、"粘贴"方式添加，应逐一添加。

② 在窗体上移动对象的位置，应该先选中对象，然后通过鼠标拖动或者"Ctrl"加"→"键移动。

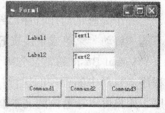

图 2-5　例 2-1 界面设计

③ 若要选择多个对象，可以使用鼠标圈选或者先按下"Shift"键，然后用鼠标依次单击要选择的对象。

2．设置对象属性

对象建立好后，就要为其设置属性值。每个添加到工程中的对象都有默认的属性值，不需要对每一个属性进行设置，只需要设置我们所关心的属性就可以了。

选择窗体 Form1，此时属性窗口中的对象为窗体 Form1。单击属性列表框中的 Caption 属性值文本框，输入"我的 Visual Basic 程序"，如图 2-6 所示。此时会看到 Form1 的标题栏显示"我的 Visual Basic 程序"。用同样的方法设置其他控件对象的相关属性（参照表 2-1 中各对象的属性值）。

注意，若窗体上各控件的字号（FontSize）等属性要设置成相同的值，不要逐个设置，只要在建立添加控件前，将窗体的字号等属性设置好，以后建立的控件都会将该属性值作为默认值。

3．编写对象事件过程代码

下面我们要考虑用什么样的事件来激活对象所需要的操作。这就涉及到对象事件的选择和事件过程代码的编写了。事件代码的编写总是在代码窗口中进行。

本例中，需要单击3个命令按钮来完成不同的功能，所以需要为这3个命令按钮的Click事件过程编写代码。首先为确定按钮编写代码，具体方法如下。

用鼠标双击Command1对象打开代码窗口，单击事件过程列表框，选择Click事件过程，并输入以下代码。

```
Private Sub Command_Click()
    Text2.Text=Text1.Text
End Sub
```

采用同样的方法为其他两个事件过程编写代码，如图2-7所示。

图2-6 属性窗口

图2-7 代码窗口和输入的程序代码

4. 调试和运行程序

一个完整的应用程序已经设计好了，可以利用工具栏的"启动"按钮、选择"运行"菜单下的"启动"菜单或直接按F5键运行程序。

Visual Basic通常会先编译程序，检查程序代码中是否存在语法错误。当存在语法错误时，程序会自动中断程序的执行，显示错误信息，提示用户修改；若不存在语法错误，则执行完程序，用户可以在窗体的文本框中输入信息，单击命令按钮执行相应的事件过程。

对于初学者，程序中出现错误是难免的，关键在于学会发现错误并改正错误。调试程序要有耐心和毅力，不断总结经验和教训，提高编写程序的能力。具体的调试程序的方法请参见附录A。

5. 保存程序，生成EXE文件

到此为止，我们已经完成了一个简单的应用程序的设计，但这些程序只存在于内存中，还需要将其存储到磁盘上。在此提醒读者注意，平时在设计程序的过程中，要养成一个良好的习惯，那就是随时存盘，避免由于各种原因造成死机丢失程序带来的损失。

（1）保存程序

Visual Basic中，一个应用程序中可能涉及多种文件，如标准模块文件、窗体文件等，一般情况下，一个应用程序至少要有两个文件：窗体文件和工程文件。保存文件的步骤如下。

① 保存窗体文件。选择"文件"菜单下的"Form1另存为"菜单，在"文件另存为"对话框中选择保存文件的路径及输入文件名，单击"保存"按钮。

② 保存工程文件。选择"文件"菜单下的"工程另存为"菜单，在"工程另存为"对话框中输入文件名，并单击"保存"按钮。

（2）生成 EXE 文件

Visual Basic 应用程序有两种执行方式：解释方式和编译方式。

① 解释方式。所谓解释方式是指，在程序执行时，对程序代码边解释边执行。这种方式比较适合于初学者，便于对程序进行调试和修改，但程序的运行速度比较慢。

② 编译方式。所谓编译方式是指，一次将应用程序源代码转换为二进制可执行文件保存到磁盘上，这样应用程序的执行就可以脱离 Visual Basic 集成开发环境，并且执行的速度较快。具体的编译方式，选择"文件"菜单下的"生成 *.exe"菜单即可（其中"*"为当前应用程序的工程文件名，Visual Basic 生成的可执行文件名与工程文件名相同）。

2.3　Visual Basic 中的基本控件

在上节中，通过一个简单的例子，介绍了 Visual Basic 应用程序设计方法和过程。从中可以看出，Visual Basic 程序设计的本质，就是利用工具箱中的控件在窗体上创建各种对象，进行合理的布局，然后针对各对象编写事件代码。在本节中，将介绍 Visual Basic 中常用控件的属性、事件和方法。

2.3.1　概述

在 Visual Basic 中，控件分为两类：一类是标准控件，又叫内部控件，是由 Visual Basic 预定义的控件，共有 20 个，这类控件是在 Visual Basic 启动时工具箱内已有的控件；另一类控件是外挂控件，必须通过添加部件的方式将它们添加到工具箱中才可以使用，这类控件又称为 ActiveX 控件。本小节主要介绍的是最常用的 12 个标准控件，如表 2-2 所示。

表 2-2　　　　　　　　　　　　　　　Visual Basic 常用控件

控件名称	图标	类名	说明
命令按钮		CommandButton	命令按钮，可以和多个按钮组合使用
标签		Label	主要用于显示信息
文本框		TextBox	可用于输入信息和显示信息
复选框		CheckBox	与多个复选框组成多项选择，允许一次选择多项
单选按钮		OptionButton	与多个单选按钮组合成多项选择，只允许单选
框架		Frame	为控件提供可视的功能化窗口
图像框		Image	显示图形格式文件
图片框		PictureBox	可用于显示图形文件，也可用于显示文本
列表框		ListBox	显示项目列表，用户可以从中选择项目
组合框		ComboBox	文本框和列表框的组合，即可以输入文本又可以选择选项
滚动条		HscrollBar VscrollBar	用户通过滚动条选择指定区间的数据
定时器		Timer	按一定的时间间隔产生定时器事件

在窗体上创建了一个控件对象后，控件对象会自动获得一个名字，新对象的唯一名字由对象类型加上一个唯一的整数组成。例如，第一个文本框控件的 Name 属性是 Text1，第二个文本框名字就是 Text2。在实际程序的编写中，为了操作方便、提高程序的可读性，可以考虑根据控件在程序中的实际作用，为其另取一个合适的名称。建议使用：用前缀描述类，其后为控件的描述性名称。如 CheckBox 控件可命名为 chkReadOnly。控件的命名规则如下：

① 对象的 Name 属性必须以一个字母开始。
② 最长可达 40 个字符。
③ 它可以包括数字和带下划线的字符，但不能包括标点符号或空格。

2.3.2 通用属性

所谓通用属性是指大部分控件所具有的属性。每个控件的外观是由一系列属性决定的，如控件的大小、颜色、位置、名称等。系统为每个属性提供了默认的属性值，在属性窗口中可以看到所选对象的属性设置。下面给出几种最常用的通用属性。

① Name（名称）属性：所有对象都具有的属性，是所创建对象的名称，具有唯一性。该属性用于设置和获取对象的名称。在应用程序中，对指定对象的调用是通过对象的名称来进行的。该属性只能在设计时设置，在程序运行是只能调用，不能改变。

② Caption 属性：用于设置和获取对象的标题，即对象上显示的文本内容。对于窗体来说，它的值显示在窗体的标题栏上。

③ Height、Width、Top 和 Left 属性：与对象位置相关的 4 个属性，如图 2-8 所示。单位为 Twip。其中，Top 表示对象上边到窗体顶部的距离，Left 表示对象左边到窗体左边框的距离，Height 表示对象本身的高度，Width 表示对象本身的宽度。对于窗体来说，Top 表示窗体到屏幕顶部的距离，Left 表示窗体到屏幕左边的距离。

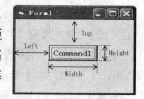

图 2-8 对象位置

④ Font 属性：用于设置文字的外观。在属性窗体中设置时，其属性值通过打开"字体"对话框进行设置。若通过代码进行设置，则应分别设置如下属性。

- FontName（字体）：字体类型，如黑体、宋体等。
- FontSize（字号）：字体的大小，其值为整数。
- FontBold（加粗）：值为逻辑型，为 True 时表示粗体。
- FontItalic（斜体）：值为逻辑型，为 True 时表示斜体。
- FontStrikethru（删除线）：值为逻辑型，为 True 时表示文字加删除线。
- FontUnderLine（下划线）：值为逻辑型，为 True 时表示文字加下划线。

注意，对于窗体，该属性的设置会影响其上添加的控件的 Font 属性，即添加到窗体的对象的 Font 属性默认为窗体的 Font 属性。

⑤ Enabled 属性：设置对象是否可用，值为逻辑型。为 True 时，允许用户进行操作，并可对操作作出响应；为 False 时，禁止用户进行操作，呈灰色。

⑥ Visible 属性：设置对象在运行状态时是否可见。为 True 时，对象可见；为 False 时，对象不可见，但其本身存在。

⑦ ForeColor、BackColor 属性：用于设置对象的前景色（正文颜色）和背景颜色（正文以外区域的颜色），值为一个十六进制常数，可以在调色板中直接选择所需要的颜色。

⑧ MousePointer、MouseIcon 属性：前者用于设置鼠标指针的形状，其值范围为 0～15，

若要设置用户自定义的鼠标形状，其值为 99；MouseIcon 属性用于设置用户自定义的鼠标形状（此时，MousePointer 的值必须是 99）。

⑨ 默认属性：用于设置对象的默认属性。所谓默认属性，就是指对象最重要、最常用的属性，程序运行时，不必指明属性名称而可改变其值的那个属性。表 2-3 给出了部分常用控件及其默认属性。

表 2-3　　　　　　　　　　　　部分控件的默认属性

控　　件	默认属性	控　　件	默认属性
TextBox	Text	Label	Caption
CommandButton	Default	Image、PictureBox	Picture
OptionButton	Value	CheckBox	Value

以上给出了大部分控件共同具有的属性，在以下小节介绍具体控件时，只介绍除通用属性以外的其他主要属性。

下面举几个例子来说明以上属性的使用。

【例 2-2】关于对象位置相关属性的设置。设计图 2-9 所示的界面。当单击"向右移动"按钮时，标签"欢迎使用 Visual Basic 6.0"自左向右移动；单击"向下移动"按钮时，标签向下移动；当移出窗体后，再从窗体的左边或顶部进入窗体；单击"结束"按钮，结束程序执行。

本例共涉及以下几个控件：1 个窗体、1 个标签、3 个命令按钮。标签用于显示文字信息，命令按钮用于完成不同的功能，相关属性及其值的设置参见表 2-4。

图 2-9　例 2-2 运行结果

表 2-4　　　　　　　　　　　　对象属性设置

对　　象	属　性	设　置　值
Form1	Name	frmMove
	Caption	文字移动
Label1	Name	lblMove
	Caption	欢迎使用 Visual Basic 6.0
	ForeColor	&H000000FF&（红色）
Command1	Name	cmdRight
	Caption	向右移动
Commadn2	Name	cmdDown
	Caption	向下移动
Command3	Name	cmdExit
	Caption	结束

命令按钮对应的事件过程及代码为

```
Private Sub cmdRight_Click()
    If lblmove.Left > Form1.Width Then
        lblmove.Left = -lblmove.Width
    Else
```

```
            lblmove.Left = lblmove.Left + 50
        End If
End Sub
Private Sub cmdDown_Click()
    If lblmove.Top > Form1.Height Then
        lblmove.Top = -lblmove.Height
    Else
        lblmove.Top = lblmove.Top + 50
    End If
End Sub
Private Sub cmdExit_Click()
    End
End Sub
```

【例 2-3】关于字体相关属性的设置。创建一个窗体如图 2-10（a）所示，在属性窗口中将标签的字体设置为楷体。要求单击各按钮后标签的字体设置为黑体、20 号、倾斜和加删除线，显示结果如图 2-10（b）所示。

（a）设计界面　　　　　　　　　　　（b）运行结果

图 2-10　例 2-3 设计与运行界面

本例中各对象的相关属性设置如表 2-5 所示。

表 2-5　　　　　　　　　　　　　　对象属性设置

对　　象	属　　性	设　置　值
Form1	Caption	演示
Label	Caption	字体设置演示
	Font	楷体
Command1	Caption	黑体
Command2	Caption	字号
Command3	Caption	倾斜
Command4	Caption	删除线

各按钮的 Click 事件过程代码为

```
Private Sub Command1_Click()
    Label1.FontName="黑体"
```

```
    End Sub
    Private Sub Command2_Click()
        Label1.FontItalic=True
    End Sub
    Private Sub Command3_Click()
         Label1.FontStrikethru=True
    End Sub
    Private Sub Command4_Click()
        Label1.FontSize=20
    End Sub
```

【例 2-4】关于鼠标指针相关属性的设置。创建一个窗体，运行界面如图 2-11（a）所示，其中"清除"按钮不可用。将鼠标指向"输入"按钮时鼠标形状发生改变，当单击该按钮后，显示界面如图 2-11（b）所示，"输入"按钮不可用，"清除"按钮可用，并显示文本框，将鼠标指向文本框时鼠标按钮形状改变，单击"清除"按钮后恢复界面如图 2-11（a）所示。

 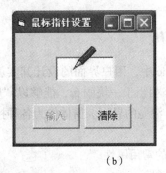

（a）　　　　　　　　　　（b）

图 2-11　例 2-4 鼠标指针设置效果

本例相关属性及其设置如表 2-6 所示。

表 2-6　　　　　　　　　　　　　　　对象属性设置

对象	属性	设置值
Form1	Caption	鼠标指针设置
Text11	Visible	False
	MousePointer	99
	MouseIcon	✎
Command1	Caption	输入
	MousePointer	99
	MouseIcon	☝
Command2	Caption	清除
	Enabled	False

启动 Visual Basic，设计界面，参照表 2-6 设置各对象相关属性。其中 Command1 的鼠标相关属性设置方法如下。

选择 Command1 对象，在属性窗口中选择 MousePointer 属性，设置值为 99；选择

MouseIcon 属性,单击"..."按钮打开"加载文件"对话框,选择图标文件""(扩展名为 .ico)。

用同样的方法设置文本框的鼠标相关属性。

Command1 的 Click 事件过程代码为

```
Private Sub Command1_Click()
    Text1.Visible = True
    Command1.Enabled = False
    Command2.Enabled = True
End Sub
```

Command2 的 Click 事件过程代码为

```
Private Sub Command1_Click()
    Text1.Visible = False
    Command1.Enabled = True
    Command2.Enabled = False
End Sub
```

2.3.3 窗体

在 Visual Basic 中,用户界面的设计其实就是在窗体中布置各种控件、添加菜单栏以及设计对话框等。窗体相当于一块画布,能够以"所见即所得"的方式设计各种对象,用户可以根据自己的需要设计漂亮的界面。窗体作为各种控件对象的容器,在 Visual Basic 应用程序设计中起着重要的作用。

1. 窗体对象的常用属性

(1) Caption 属性

Caption 属性的值就是显示在窗体标题栏上的文字,默认值与对象名相同。在设计时,通过属性窗口把新文字赋给 Caption 属性,可以立即在对象窗口中看到窗体标题栏上文字的变化。此属性的值可以是任意的字符串,在属性窗口中为字符串类型的属性赋值时,不需要加引号。该属性也可以在代码中进行设置,方法为

[<窗体名称>.]Caption[=字符串]

如 Form1.Caption=" 我的 VB 程序 "

(2) BackColor 和 ForeColor 属性

BackColor(背景颜色)属性用来设置窗体的背景颜色,而 ForeColor(前景颜色)属性则用来设置窗体的前景颜色。

每种颜色是用一个十六进制常量来表示的。在程序设计阶段,一般不用颜色常量来设置,而是通过调色板直观地设置。其操作方法为:在属性窗口中,用鼠标双击 BackColor 或 ForeColor 属性,从弹出的调色板中单击调色板中的某个色块,即可把这种颜色设置为窗体的背景色或前景色。

(3) BorderStyle 属性

BorderStyle 属性用来确定窗体的边框样式,取值为 0~5 之间的整数,默认值为 2,如表 2-7 所示。

表 2-7　　　　　　　　　　　　　Borderstyle 属性值及其意义

属 性 值	意　　义
0—None	无边框窗体，它不含控制菜单框、标题栏及窗体控制按钮
1—Fixedsingle	固定单边框窗体，运行时不能改变窗体的大小
2—Sizable	标准窗体形式，该窗体具有 Windows 标准窗体形式
3—FixedDialog	固定对话框窗体形式，窗体的大小不能改变
4—FixedToolWindow	固定工具窗体形式，只有一个关闭按钮，并且窗体的大小不能改变
5—SizableToolWindow	可变大小工具窗体形式，只有一个关闭按钮，并且窗体的大小能改变

当 BorderStyle 属性值为 0、1、3、4、5 时，无论 MinButton 属性和 MaxButton 属性取值如何，均不显示最小化和最大化按钮。Borderstyle 属性在运行状态时只读，不能在程序运行期间通过代码设置。

（4）WindowState 属性

WindowState 属性决定窗体的当前状态是还原、最小化还是最大化。其属性取值 0 ~ 2 之间的整数，默认值为 0，如表 2-8 所示。

表 2-8　　　　　　　　　　　　WindowState 属性值及其意义

属 性 值	意　　义
0—Normal	运行时的大小与设计相同
1—Minmized	最小化状态，显示一个示意图标
2—Maxmized	最大化状态，窗体充满整个屏幕

通过代码设置该属性时，一般格式为

[< 对象名 >.]WindowState[= 设置值]

（5）MaxButton 和 MinButton 属性

MaxButton 和 MinButton 属性分别决定窗体标题栏上的最大化与最小化按钮是否可用，它们的系统默认值为 True。当其值为 True 时可用，其值为 False 时不可用。这两个属性只有在运行期间起作用。在设计阶段这两个属性的设置不起作用。

MaxButton 和 MinButton 属性只能在属性窗体中设置，不能在程序运行期间通过代码进行设置。

（6）Picture 属性

Picture 属性用于在窗体中显示一个图形。窗体的 Picture 属性一般只在设计阶段通过属性窗口设置。其操作方法是：在属性窗口选择该属性，单击其右端的"…"按钮，在弹出的"加载图片"对话框中选择一个图形文件，该图片即可显示在窗体上。该属性可以加载扩展名为 bmp、wmf、gif、ico、jpg 等多种格式的图形文件。若要删除 Icon 属性的值，只需要在该属性值上按 Delete 键即可。

（7）Icon 属性

Icon 属性决定窗体左上角显示的窗口图标。操作方法是：在属性窗口选择该属性，单击其右端的"…"按钮，在弹出的"加载图标"对话框中选择一个图标文件，该图标即可显示在窗体左上角位置，该属性可以加载扩展名为 ico、cur 的格式的文件。

（8）ControlBox 属性

ControlBox 属性决定窗体标题栏上是否显示最小化、还原和关闭按钮，其值为逻辑型，若值为 False，则窗体标题栏上只显示标题文字。

2. 窗体对象的常用事件

Visual Basic 应用程序是以事件驱动来执行的，因此，了解窗体事件的应用对于学习 Visual Basic 程序设计具有重要的意义。窗体事件较多，主要是针对鼠标、键盘的动作进行响应的，例如鼠标的单击、键盘按键被按下或松开等，这里只介绍最常用的一些事件。需要注意的是，学习事件时，一定要清楚每个事件发生的时机。

（1）Activate 事件和 Deactivate 事件

Activate 事件和 Deactivate 事件在某个对象被激活或者未激活时发生。以窗体为例，当一个窗体被激活时，就会产生 Activate 事件，其表现为窗体可见，是当前活动窗口。当一个窗体不再是活动窗体时，会发生 Deactivate 事件。只有当对象为可见时，才能产生 Activate 事件。运行窗体程序、使用 Show 方法、单击一个对象或者将对象的 Visible 属性设置为 True 等，都可以激活窗体，使窗体成为当前活动窗口。

（2）Initialize 事件

当应用程序创建一个窗体时，将触发 Initialize 事件。通过 Initialize 事件可以初始化窗体使用的数据。窗体的 Initialize 事件发生在 Load 事件之前。

（3）Load 和 Unload 事件

Load 事件是在窗体被加载时产生，Unload 事件是当窗体被卸载时产生。当 Visual Basic 加载窗体对象或调用窗体对象时，先把窗体属性设置为初始值，再执行 Load 事件过程。当程序启动时自动执行 Load 事件，所以该事件比较适合于在启动程序时对属性和变量进行初始化。在应用程序运行时，Load 事件是在 Initialize 事件之后产生。

（4）Click 事件

当用户在窗体上按一下鼠标按钮时，就会产生 Click 事件。单击窗体内某个控件对象，则该窗体不会产生 Click 事件。

（5）DblClick 事件

DblClick 事件发生的时机是在程序运行时，双击窗体的空白区域时发生。如果双击窗体内某个控件对象，则该窗体不会产生 DblClick 事件。

（6）MouseMove 事件

MouseMove 事件是在程序运行期间，当用户在窗体上移动鼠标指针时产生。该事件过程有 4 个参数：Button、Shift、X 和 Y，均为单精度型数值。其中 X、Y 参数为鼠标在窗体上的当前位置坐标，当鼠标在窗体的有效区域移动时，X、Y 参数会获取其坐标值。

3. 窗体对象的常用方法

（1）Print 方法

Print 方法用于在窗体中输出显示信息。其语法格式为

[<窗体名>.]Print [<表达式 1>, ……]

其中，Print 方法一次可以输出多个表达式，表达式可以是数值表达式或字符串表达式。如果是数值表达式，则输出表达式的值；如果是字符串表达式，则原样输出字符串；如果是省略表达式，则输出一个空行。

（2）Cls 方法

Cls 方法用于清除由 Print 方法在窗体或图片框中显示的文本或者使用绘图方法在窗体或图

片框中显示的图形。其语法格式为

    [< 窗体名 >.]Cls

需要注意的是，在进行窗体设计时，窗体使用 Picture 属性设置的背景图形不受 Cls 方法的影响。

（3）Show 方法

Show 方法用于显示窗体。如果使用 Show 方法时，指定的窗体还没有加载，则 Visual Basic 会自动加载该窗体，因此，Show 方法具有加载窗体的功能。如果使用 Show 方法时指定的窗体被其他窗体遮挡在后面，则该窗体会自动显示在最前面。

在代码中调用 Show 方法或者将窗体的 Visible 属性设置为 True，都可以使窗体可见。

（4）Hide 方法

Hide 方法用于隐藏窗体。其语法格式为

    [< 窗体名 >.]Hide

使用 Hide 方法隐藏窗体时，窗体从屏幕上消失，同时窗体的 Visible 属性自动设置为 False。Hide 方法只能隐藏窗体，此时窗体仍保留在内存中，并没有将窗体卸载。

（5）Move 方法

Move 方法用于移动窗体，其语法格式为

[< 窗体名 >.]Move 左边距离 [，上边距离 [，宽度 [，高度]]]

其中，窗体名表示要移动的窗体，为可选参数。如果省略该参数，则移动具有焦点的对象。左边距离、上边距离、宽度、高度 4 个参数均为单精度数值，左边距离参数不可以省略，其他参数均可以省略。

使用 Move 方法移动对象，可以用以下两种方法。

① 绝对移动。绝对移动是指将对象移动到指定位置，如

Form1.Move 300，300

该语句将 Form1 移动到 Left 值为 300、Top 值为 300 的位置。

② 相对移动。相对移动是指从当前位置开始，将窗体移动指定的距离，如

    Form1.Move Left+200，Top+300

每执行该语句一次，窗体的 Left 值都增加 200 个像素，Top 值都增加 300 个像素。

（6）Refresh 方法

Refresh 方法用于对一个窗体进行全部重绘，其语法格式为

    窗体名 .Refresh

如果没有事件发生，窗体或控件对象的绘制是自动处理的，并不需要使用 Refresh 方法，但是，有些情况下需要窗体或控件立即更新。在下列情况时使用 Refresh 方法。

- 在另一个窗体被加载时，显示一个窗体的全部。
- 需要窗体的显示内容被立即更新时。
- 需要将文件列表框和目录列表框等控件对象的内容更新时。
- 需要将 Data 控件对象的数据结构进行更新时。

4．窗体应用举例

【例 2-5】MouseMove 事件过程。设计图 2-12 所示的界面，当鼠标在窗体上移动时，在文本框中显示当前鼠标所在的坐标值。

本例涉及以下几个控件：2 个标签、2 个文本框。其属性设置参

图 2-12　例 2-5 运行效果

见表2-9。

表2-9　　　　　　　　　　　　　对象属性设置

对象	属性	设置值
Label1	Caption	X坐标
Label2	Caption	Y坐标
Text1	Text	空
Text2	Text	空

MouseMove 事件过程代码为

```
Private Sub Form_MouseMove(Button As Integer, Shift As Integer, X As Single, Y As Single)
    Text1.Text = X
    Text2.Text = Y
End Sub
```

【例2-6】Move 方法的使用。设计图2-13所示界面。要求：程序运行时，单击"绝对移动"按钮时，将窗体移动到（1000，1000）处；单击"相对移动"移动时，窗体每次向右、向下各移动200个像素。

图2-13　例2-6 设计界面

该例涉及窗体及2个命令按钮的 Caption 属性设置，参照图2-13进行设置即可。其中两个命令按钮的 Click 事件过程代码分别为

```
Private Sub Command1_Click()
    Form1.Move 1000, 1000
End Sub
Private Sub Command2_Click()
    Form1.Move Left + 200, Top + 200
End Sub
```

【例2-7】Picture 属性的使用。设计图2-14所示界面。要求：在窗体上单击鼠标时，窗体显示图片；双击鼠标时卸载图片。

前面曾提到，若要窗体背景显示一幅图，方法是在属性窗口中设置 Picture 属性即可。在本例中，我们采用代码方式来加载一幅图片。新建一个窗体后，设置完窗体的 Caption 属性后，在窗体的 Click 事件过程和 DblClick 事件过程中分别添加以下代码。

图2-14　例2-7 运行界面

```
Private Sub Form_Click()
    Form1.Picture = LoadPicture(App.Path + "\xiyou.jpg")
End Sub
Private Sub Form_DblClick()
    Form1.Picture = LoadPicture()
End Sub
```

其中用到了 LoadPicture 函数，该函数的作用是将图形加载到窗体的 Picture 属性、PictureBox 控件或 Image 控件。若省略参数，则卸载当前加载的图形。

App.Path 表示当前应用程序所在文件夹，即加载的图形文件与应用程序在同一个文件夹，若运行时无该文件，系统会显示"文件未找到"的信息。若图形文件与应用程序不在同一个文件夹下，用户需要给出文件的具体路径及图形文件名，如

LoadPicture("C:\Program Files\Microsoft Visual Studio\VB98\xiyou.jpg")

2.3.4 命令按钮

对于大部分 Visual Basic 应用程序设计的人机交互方法，常常通过鼠标对按钮的单击来实现一个命令的启动、中断或结束。大多数应用程序都有命令按钮，用户可以单击按钮执行操作。

1. 命令按钮的主要属性

（1）Caption 属性

Caption 属性用于设置按钮上显示的文字。若某个字母前加上"&"，则程序运行时标题中的该字母带有下划线，带有下划线的字母就成为快捷键，当用户按下 Alt+ 该快捷键，就可以激活并操作该按钮。如，在对某个按钮设置其 Caption 属性时输入"确定（&O）"，程序运行时按钮显示为 确定(O)，当用户按下 Alt+O 快捷键时就可以激活并操作"确定"按钮。

（2）Style 属性

Style 属性用于指定按钮的类型，其值有两个：当取 0 时为标准样式，按钮上只显示文本（Caption 属性的值）；当为 1 时为图形样式，按钮上显示图像，显示的图像由 Picture 属性确定。0 为缺省值。若 Picture 属性中选择了图片文件，而此处的属性值为 0，则图形文件不能正常显示。

（3）Picture 属性

Picture 属性用于设置按钮上显示的图形文件，该按钮可以加载扩展名为 bmp、jpg、ico 等图形文件。使用该属性时，Style 属性值应设置为 1。

（4）DownPicture 属性

DownPicture 属性用于设置命令按钮被单击按下时显示的图形。使用该属性时，Style 属性值应设置为 1。

（5）DisabledPicture 属性

DisabledPicture 属性用于设置命令按钮被禁止使用（Enabled 属性为 False）时，命令按钮上显示的图形。使用该属性时，Style 属性值应设置为 1。

（6）ToolTipText 属性

若按钮设置为图形按钮，ToolTipText 属性用于设置按钮的提示文字，即运行时鼠标指向按钮时显示相关的信息。

（7）Cancle 属性

Cancel 属性用于将一个命令按钮设置为默认"取消按钮"。所谓"取消按钮"是指在窗体中，无论当前焦点在哪个控件上，用户按 Esc 键都相当于单击这个按钮（此时会执行该按钮对应的 Click 事件过程）。若 Cancel 属性为 True，则为"取消按钮"，一个窗体上最多只能有一个按钮的 Cancel 属性为 True。

（8）Default 属性

Default 属性用于将一个命令按钮设置为默认"确定按钮"。所谓"确定按钮"是指在窗体

中，无论当前焦点在哪个控件上，用户按 Enter 键（回车键）都相当于单击这个按钮（此时会执行该按钮对应的 Click 事件过程）。若 Default 属性为 True，则为"确定按钮"，一个窗体上最多只能有一个按钮的 Default 属性为 True。

注意，在一个窗体中，只有确定需要"确定"或"取消"意义的按钮时才设置按钮的 Default 和 Cancel 属性为 True，否则会造成使用上的困难。

2. 命令按钮的主要事件

命令按钮标题上所显示的按钮功能是由该控件相应的事件过程赋予的。相应的动作激发相应的事件过程，对于命令按钮最常用的事件就是 Click 单击事件。命令按钮没有双击事件，它解释为两次连续的单击事件。

注意，单击命令按钮后还会产生 MouseDown（鼠标左键按下）事件和 MouseUp 事件（鼠标左键释放）。如果要在这些相关事件事件中添加代码，则应确定操作不发生冲突。命令按钮中事件发生的顺序为：MouseDown、Click、MouseUp。

3. 命令按钮举例

【例 2-8】设计图 2-15 所示的界面。要求运行时：单击"打开窗体"按钮，打开一个新的窗体；单击"关闭"按钮，关闭打开的窗体；单击"退出"按钮，结束程序运行。

启动 Visual Basic，新建一个窗体 Form1，然后选择"工程"菜单，单击"添加窗体"菜单，在工程 1 中再添加一个窗体 Form2。在该例中，使用 Load 语句将一个新窗体加载到内存，使用 Show 方法将加载的新窗体显示出来，使用 Unload 语句将新加载的窗体从内存中卸载。各对象属性设置如表 2-10 所示。

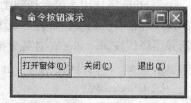

图 2-15 例 2-8 运行界面

表 2-10 对象属性设置

对　　象	属　　性	属　性　值
Form1	Caption	命令按钮演示
Form2	Caption	新窗体
Command1	Caption	打开窗体（&O）
	Default	True
Command2	Caption	关闭（&C）
Command3	Caption	退出（&X）
	Cancel	True

各命令按钮的 Click 事件过程分别为

```
Private Sub Command1_Click()
    Load Form2
    Form2.Show
End Sub
Private Sub Command2_Click()
    Unload Form2
End Sub
Private Sub Command3_Click()
```

```
    On Error GoTo errorhandle
    End
    Exit Sub
errorhandle:
    Exit Sub
End Sub
```
其中，On Error Goto errorhandle 语句的作用是进行出错处理，具体使用方法请查阅相关帮助信息。

2.3.5 标签

标签主要是用于显示文本信息，运行状态时不能在标签上直接输入文字，但可以使用代码来改变标签上显示的文本。标签显示的内容只能由 Caption 属性进行设置或修改，不能直接编辑。

1. 标签的主要属性

（1）BackStyle 属性

BackStyle 属性用于设置标签的背景样式。其值只能取 0 和 1。若值为 0，则透明显示；值为 1 时不透明显示，此时可为该控件设置背景颜色。默认值为 1。

（2）BorderStyle 属性

BorderStyle 属性用于设置标签的边框样式。其值只能取 0 和 1。若值为 0，表示无边框；值为 1 表示有边框。默认值为 0。

（3）AutoSize 属性

AutoSize 属性用于设置标签是否自动改变大小以显示其全部内容。其值为逻辑型。若为 True 则自动改变大小；值为 False 则保持原设计时的大小，内容太长时超出部分的文字不予显示。默认值为 False。

（4）Alignment 属性

Alignment 属性用于设置标签上显示内容的对齐方式。其值只能取 0～2。值为 0 表示左对齐；值为 1 表示右对齐；值为 2 表示居中。默认值为 0。

2. 标签的主要事件

标签控件也有 Click、DblClick、Change 等事件，但在程序设计中，一般不编写相应的事件过程，习惯上将其作为文本显示使用。

2.3.6 文本框

文本框是一个文本编辑区域，用户可以在该区域输入、编辑、修改和显示正文内容。

1. 文本框的主要属性

（1）Text 属性

Text 属性是文本框控件最重要的属性之一。可以在设计时设定 Text 属性，也可以在运行时用直接在文本框内输入或向 Text 属性赋值的方法来改变该属性的值。给文本框控件的 Text 属性赋值的语法为

文本框控件名 .text=< 字符串 >

该属性的值一般为字符型。

（2）MaxLength 属性

MaxLength 属性设置在文本框中能够输入的最大字符数，取值在 0～65535 之间，默认值为 0，表示在文本框中输入的字符数没有限制。该属性值不得大于 65535，若在其取值范围内设定了一个非 0 值，则 Text 尾部多出的部分被截断。

（3）MultiLine 属性

MultiLine 属性值用于显示内容是否允许多行显示。其值为逻辑型，默认值为 False，表示文本框中的字符只能在一行中显示。若值为 True，则文本框中的字符可以多行显示。设计时，在属性窗口中直接输入文本内容，按回车键则换行；运行时，可以用赋值语句修改 Text 属性。

（4）ScrollBars 属性

ScrollBars 属性用于设置是否为文本框设置滚动条。当文本内容长度超过文本框的设计长度时，应该为文本框设置滚动条。其值可以取 0～3。值为 0，表示无滚动条；值为 1，表示加水平滚动条；值为 2，表示加垂直滚动条；值为 3，表示同时加水平和垂直滚动条。默认值为 0。

注意，只有当 MultiLine 属性值为 True 时，该属性的设置才有效。

（5）PasswordChar 属性

PasswordChar 属性用于设置文本框中的替代字符，即，若设置了该属性，那么文本框中显示的内容用该属性值替代显示。一般当程序用到密码输入时设置该属性。

注意，该属性在 MultiLine 属性值为 True 时无效。

（6）Locked 属性

Locked 属性用于设置是否允许编辑文本框的内容。其值为逻辑型。值为 True，表示不可编辑；值为 False，表示允许编辑。默认值为 False。

（7）SelStart、SelLength、SelText 属性

这 3 个属性用于设置文本编辑属性。

- SelStart 属性：文本框内被选中文本的起始位置，计数从 0 开始。
- SelLength 属性：文本框内被选中文本的长度。
- SelText 属性：文本框内被选中的文本。

在 Windows 环境中，剪贴板（Clipboard）是常用的文本编辑帮助工具。把文本框和剪贴板对象结合使用，可以方便地实现文本的复制、剪切和粘贴。下面是有关剪贴板操作的几个方法。

- Clear 方法：清除剪贴板中的内容，如

`ClipBoard.Clear`

- GetText 方法：将剪贴板中的文本复制到指定文本框的光标处或复制给字符串变量。如

`Text1.SelText=Clipboard.GetText`

- SetText 方法：将选中文本送入剪贴板，如

`Clipboard.SetText（Text1.SelText）`

2. 文本框的主要事件

（1）Change 事件

当用户输入内容或通过代码设置了 Text 属性值而改变了文本框的 Text 属性时引发该事件。在文本框中输入一个字符就会发生一次 Change 事件。

（2）KeyPress 事件

当用户按下并释放键盘上的一个 ANSI 键时，会引发该事件，此事件返回一个 KeyAscii 参

数,该参数的返回值为所按按键对应的 ASCII 码值,一般可以通过 Chr() 函数将 ASCII 码转换为相应的字符。同 Change 事件一样,每输入一个字符也会触发一次该事件。

文本框内容输入完后,一般习惯于按回车键表示输入结束(回车键的 ASCII 码为 13)。一般可以用该事件判断用户的输入是否完成。如下列事件过程在输入判断用户是否按了回车键,若是则在对话框中显示"输入结束"。

```
Private Sub Text1_KeyPress(KeyAscii As Integer)
    If KeyAscii=13 Then
      MsgBox("输入结束")
    End If
End Sub
```

其中,MsgBox 函数用于输出信息,具体使用方法请参见 4.3.1 节相关内容。

(3)LostFocus 事件

LostFocus 事件触发的时机是在对象失去焦点之时,即当光标离开当前对象而到达下一个对象之前。

(4)GotFocus 事件

GotFocus 事件与 LostFocus 事件相似,它的触发时机是在对象获取焦点之时。

3. 文本框的主要方法

文本框控件的常用方法是 SetFocus,该方法是把光标移动到指定的文本框中,其语法格式为

对象名.SetFocus

该方法还常用于 CheckBox、CommandButton、ListBox 等控件。

4. 文本框和标签应用举例

【例 2-9】设计图 2-16 所示的界面,用于密码验证。要求当用户输入用户名和密码后,单击"确定"按钮,则对用户名和密码进行验证。若不正确,则给用户提示信息,最多只允许输入 3 次;单击"重新输入"按钮,清除文本框的内容,并将光标定位到用户名输入框;单击"退出"按钮,结束程序。

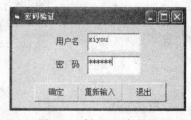

图 2-16 例 2-9 运行界面

该例涉及以下几个对象:2 个标签,2 个文本框,3 个命令按钮。属性设置参见表 2-11。

表 2-11 对象属性设置

对象	属性	属性值
Label1	Caption	用户名
Label2	Caption	密码
Text1	Text	空
Text2	Text	空
	PasswordChar	*
	MaxLength	6
Command1	Caption	确定
Command2	Caption	重新输入
Command3	Caption	退出

启动 Visual Basic，设计界面并设置相关的属性值。假设允许的用户名为 xiyou，密码为 123456。各按钮的 Click 事件过程代码为

```
Dim count As Integer                        ' 变量 count 用于密码输入次数
Private Sub Command1_Click()
    count = count + 1
    If count > 3 Then
        MsgBox("非法用户！")
        End
    End If
    If Trim(Text1.Text) = "" Or Trim(Text2.Text) = "" Then
        MsgBox("用户名和密码必须输入！")
        Exit Sub
    End If
    If Trim(Text1.Text) = "xiyou" And Trim(Text2.Text) = "123456" Then
        MsgBox("密码正确，欢迎使用！")
    Else
        If Trim(Text1.Text) <> "xiyou" Then
            MsgBox("用户名不正确，请重新输入！")
            Text1.Text = ""
            Text1.SetFocus
        Else
            MsgBox("密码不正确，请重新输入！")
            Text2.Text = ""
            Text2.SetFocus
        End If
    End If
End Sub
Private Sub Command2_Click()
    Text1.Text = ""
    Text2.Text = ""
    Text1.SetFocus
End Sub
Private Sub Command3_Click()
    End
End Sub
```

【例 2-10】设计一个窗体界面如图 2-17 所示，该窗体完成类似记事本的功能。

本例中，涉及 1 个文本框和 6 个命令按钮。命令按钮的属性的设置参照图 2-17 进行设置，对于文本框进行如下设置：MultiLine 属性值为 True，Scrollbars 属性值为 2。各命令按钮的 Click 事件过程

图 2-17 例 2-10 运行界面

代码为
```
Private Sub Command1_Click()
    Clipboard.Clear                              '清空剪贴板
    Clipboard.SetText(Text1.SelText)             '将被选中的文本送剪贴板
End Sub
Private Sub Command2_Click()
        Clipboard.Clear                          '清空剪贴板
        Clipboard.SetText(Text1.SelText)         '将选中的文本送剪贴板
        Text1.SelText=""                         '删除选中的文本
End Sub
Private Sub Command3_Click()
    Text1.SelText=Clipboard.GetText              '将剪贴板中的文本进行复制
End Sub
Private Sub Command4_Click()
    Text1.SelText=""                             '将选中的文本置为空串
End Sub
Private Sub Command5_Click()
    Text1.Text=""                                '将文本框置为空串
End Sub
Private Sub Command6_Click()
    End
End Sub
```

【例 2-11】关于 LostFocus、GotFocus 事件及 SetFocus 方法的使用。设计图 2-18 所示的简易加法计算器，输入 2 个加数并对输入数据的合法性进行检查，当光标进入第 3 个文本框时自动计算结果并显示。

图 2-18 例 2-11 运行界面

本例涉及 1 个窗体、3 个文本框和 2 个标签。启动 Visual Basic，新建一个工程，将窗体的 Caption 属性设置为"加法计算器"；在窗体上添加 3 个文本框，分别用于输入 2 个加数和显示计算结果，将它们的 Text 属性设置为空；再添加 2 个标签，将其 Caption 分别设置为"+"和"="。

各事件过程代码为
```
Private Sub Text1_LostFocus()
    If IsNumeric(Text1.Text) = False Then
        MsgBox("您输入了非数字字符！")
        Text1.Text = ""
        Text1.SetFocus
    End If
End Sub
Private Sub Text2_KeyPress(KeyAscii As Integer)
    If KeyAscii = 13 Then
```

```
            If IsNumeric(Text2.Text)= False Then
                MsgBox("您输入了非数字字符!")
                Text2.Text = ""
            End If
        End If
End Sub
Private Sub Text3_GotFocus()
    Text3.Text = Val(Text1.Text)+ Val(Text2.Text)
End Sub
```

2.3.7 单选按钮、复选框和框架

单选按钮和复选框都用于表示选项的"选"与"不选"两种状态。单选按钮表示在一个窗体或同一个组中的多个选项中只能选择一项,当选中一个单选按钮后,其他单选按钮处于未被选中状态;复选框表示一次可以选择多个选项。用户可以通过改变单选按钮和复选框的状态进行不同的操作。

1. 单选按钮

单选按钮(OptionButton)在应用程序中使用的比较多,对于具有互斥性的选项,一般都采用单选按钮进行选择。

(1)单选按钮的主要属性

- Caption 属性:Caption 属性用于设置控件上显示的文本内容,是单选按钮的标题。
- Alignment 属性:Alignment 属性用于设置单选按钮标题的控件上的位置。其值只能取 0 和 1。值为 0 时,表示左对齐,即单选按钮的标题在右边;值为 1 时,表示单选按钮的标题在左边。默认值为 0。
- Value 属性:Value 属性用于设置和获取单选按钮是否被选中。其值为逻辑型。值为 True,表示单选按钮被选中;值为 False,表示单选按钮未被选中。
- Style 属性:Style 属性用于设置单选按钮的显示风格。其值只能取 0 和 1。值为 0,单选按钮为标准显示" Option1 ";值为 1,单选按钮以图形方式显示" Option3 "。默认值为 0。

(2)单选按钮的主要事件

单选按钮常用的事件有 Click 事件、Dblclick 事件、GotFocus 事件等。

2. 复选框

复选框(CheckBox)与单选按钮的操作不同,允许在一组选项中进行多选或一个不选。

(1)复选框的常用属性

- Caption 属性:Caption 属性用于设置复选框上显示的文本内容,是复选框的标题。
- Value 属性:Value 属性用于设置或获取复选框的状态。其值只能取 0 ~ 2。值为 0,表示复选框未被选中;值为 1,表示复选框被选中;值为 2,为灰色选中。默认值为 0。反复单击复选框,Value 属性的值在 0 和 1 之间进行转换,相当于开关。

(2)复选框的常用事件

复选框控件的常用事件一般为 Click 事件,复选框不支持鼠标双击事件,系统把一次双击解释为两次单击事件。

3. 框架

框架（Frame）是一种容器，常用于将窗体上的对象进行分组。

单选按钮的特点是当选定了一个，其余会自动处于未被选定状态。当需要在同一个窗体中建立几组相互独立的单选按钮时，需要用框架将每一组单选按钮分割，这样在一个框架中的按钮为一组，对每个分组中的按钮进行操作时不会影响到其他分组中的按钮。另外，对于其他类型的对象利用框架进行分组，可提供视觉上的区分，使得用户界面更加美观。

在窗体上创建框架及其内部控件，不能简单地将控件移动到框架上，必须建立框架，然后在其中建立所需要的控件。创建控件时，不能使用鼠标在工具箱中的控件上双击的方法，应该选择单击所需要的控件，然后用出现"+"形的鼠标在框架适当位置拖出适当大小的对象。若将窗体中的控件进行分组，应该选中对象，剪切，然后选中框架，再进行粘贴。

框架的主要属性是框架的标题，即 Caption 属性，若 Caption 属性为空，则框架为一个矩形框。

框架的主要事件有 Click 事件、DblClick 事件等，但一般不需要编写事件过程。

下面通过一个例子说明单选按钮控件的使用。

【例 2-12】设计图 2-19 所示的界面。用框架建立一个用于设置字体、字型和字号的对话框。

本例中，字型允许多选，所以选用复选框，而字体和字号只能进行单选，所以选用单选按钮。各对象只需要设置 Caption 属性，设置值参照图 2-19。各对象的 Click 事件过程代码为

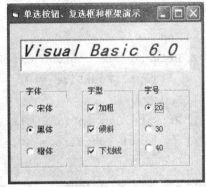

图 2-19 例 2-12 运行界面

```
Private Sub Check1_Click()
    If Check1.Value = 1 Then
        Text1.FontBold = True
    Else
        If Check1.Value = 0 Then Text1.FontBold = False
    End If
End Sub
Private Sub Check2_Click()
    If Check2.Value = 1 Then
        Text1.FontItalic = True
    Else
        If Check2.Value = 0 Then Text1.FontItalic = False
    End If
End Sub
Private Sub Check3_Click()
    If Check3.Value = 1 Then
        Text1.FontUnderline = True
    Else
        If Check3.Value = 0 Then Text1.FontUnderline = False
```

```
        End If
End Sub
Private Sub Option1_Click()
    Text1.FontName = "宋体"
End Sub
Private Sub Option2_Click()
    Text1.FontName = "黑体"
End Sub
Private Sub Option3_Click()
    Text1.FontName = "楷体_GB2312"
End Sub
Private Sub Option4_Click()
    Text1.FontSize = 20
End Sub
Private Sub Option5_Click()
    Text1.FontSize = 30
End Sub
Private Sub Option6_Click()
    Text1.FontSize = 40
End Sub
```

2.3.8 列表框和组合框

列表框和组合框都可以为用户提供选项列表，用户可以在控件列表项中进行选择，所以在事件和属性方法上有很多相似之处。但二者又有所不同，使用时要根据需要进行选择。

1. 列表框

列表框（ListBox）用于在多个项目中作出选择的操作。列表框控件显示一个项目列表，用户可以通过单击某一项选择自己所需要的项目。如图 2-20 所示。如果项目太多而超出了列表框设计时的长度，则 Visual Basic 会自动给列表框加上垂直滚动条。

图 2-20 列表框界面

（1）列表框的常用属性

- ListCount 属性：ListCount 属性值为列表框中项目的个数。该属性为只读属性，设计时不可用。对于图 2-20 中的列表框来说，ListCount 属性值为 5。
- List 属性：List 属性用于设置或返回列表框的列表项目，是一个字符串数组。列表框的各个列表项目使用数组的方式保存，数组的每一个元素存储列表框中的一个列表项，如图 2-21 所示。列表框中的第 1 个项目对应 List 数组中下标为 0 的元素，即 List（0）存储"计算机文化基础"条目，其他依次类推，下标为 ListCount-1 的元素对应列表框中的最后一个项目。

程序设计阶段，可以在属性窗口的 List 属性中为列表框添加初始

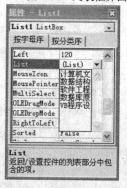

图 2-21 列表框的 List 属性

项目。具体方法是，在属性窗口中打开 List 属性的下拉列表，如图 2-21 所示，在下拉列表中直接输入项目，若要输入多条项目，使用 Ctrl 键加 Enter 键换行。

在程序运行时，可以使用 List 属性来改变列表框现有条目。假设一个名为 List1 的列表框，当前有 n 个项目（序号为 0 ~ n-1），若要改变第 m 条项目，可以使用如下语句。

List1.List(m)=" 新值 "

如果以上语句中的 m=n，则会在列表框的最后添加一个新的项目，当 m>n 时出错。如果要在列表框中插入或删除一个项目，则需要调用列表框的相关方法。

- MultiSelect 属性：MultiSelect 属性用于设置列表框是否允许多选。其值只能取 0 ~ 2。值为 0，表示不能多选；值为 1，表示可用鼠标单击或按空格键进行多选；值为 2，可用类似于 Windows 资源管理器中选择多个文件的方法进行多选，即按下 Ctrl 键用鼠标单击多个项目或按下 Shift 键选择连续多个项目。
- ListIndex 属性：ListIndex 属性值表示程序运行时列表框中被用户选中的项目的序号，如果第一个项目被选中，此属性的值为 0，第二个为 1，其他依次类推，图 2-20 中所示的 ListIndex 值为 2。如果当前没有项目被选中，则此属性值为 -1。若列表框允许多选，ListIndex 属性的值是最后一个被选中的项目的序号。
- Selected 属性：Selected 属性与 List 属性类似，是一个逻辑型数组。Selected 属性数组元素个数与列表框中项目个数相同，每一个元素对应一个项目。数组元素值为 True，表示相应的项目被选中，False 表示未被选中。该属性在设计时不可用。

程序设计中，在允许多选的情况下，可以利用 Selected 属性测试某个项目是否被选中，如下列语句可以在窗体上显示 List1 列表框中被选中的项目。

```
For i=0 to List1.ListCount -1
    If List1.Selected(i) = True Then
        Print List1.List(i)
    End If
Next i
```

- Text 属性：Text 属性用于保存列表框当前所选项目。如图 2-20 中，List1.Text 的值为"软件工程"。该属性是只读属性，并且在设计时不可用。对于只允许单选的列表框来说，List1.Text 的值与 List1.List（List1.ListIndex）值相等，都表示被选中的项目。
- Sorted 属性：Sorted 属性用于设置在程序运行时列表框中的项目是否按字母、数字升序排序。该属性可以通过属性窗体进行设置。
- ItemData 属性：列表框为每个项目保存了一个长整型数值，但不被显示出来，而是保存于 ItemData 属性中。ItemData 属性是一个长整型数组，数组中每个元素对应列表框中的一个项目，元素的个数与列表框中项目数相同，并与 List 属性的元素和列表框中的项目一一对应。在应用程序中，利用该属性可以保存与相应条目相关的各种数据。

（2）列表框的常用方法
- AddItem 方法：AddItem 方法用于向列表框中添加新的项目。具体方法为

列表框对象 .AddItem 项目字符串 [，索引值]

其中：项目字符串是要添加的项目内容；索引值用于指定在列表框中插入新项目的位置，原位置的项目依次向后移动，如果省略索引值，则新项目添加到最后。

列表框项目的添加比较灵活，在程序运行的任何时候使用 AddItem 方法动态地添加项目，

通常在窗体的 Load 事件过程中添加列表项目。如下列 Form_Load 事件可以在装入窗体时,为列表框 List1 添加若干个项目。

```
Private Sub Form_Load()
    List1.AddItem "计算机文件基础"
    List1.AddItem "数据结构"
    List1.AddItem "软件工程"
    List1.AddItem "数据库原理"
    List1.AddItem "VB 程序设计"
    List1.AddItem "计算机文件基础"
End Sub
```

- RemoveItem 方法:RemoveItem 方法用于删除列表框中的指定项目,原项目之后的项目依次前移。具体方法为

    列表框对象.RemoveItem 索引值

其中,索引值为要删除项目的序号。如语句 List1.RemoveItem List1.ListIndex 的功能是删除列表框中选中的项目。

- Clear 方法:Clear 方法用于清除列表框中全部内容。执行 Clear 方法后,ListCount 属性的值被置为 0。

(3)列表框的常用事件

列表框可以响应 Click、DblClick、GotFocus、LostFocus 等大多数控件通用的事件。

下面通过一个例子说明列表框控件的使用。

【例 2-13】设计图 2-22 所示界面。左右两边列表框的单个选项可以互相换位,也可以一次把所有的选项切换到另一侧。双击左侧列表框可以完成右移,双击右侧列表框也可以完成左移。

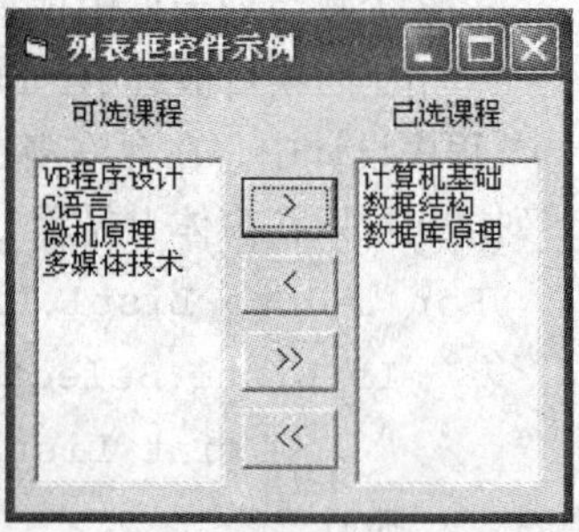

图 2-22 例 2-13 运行界面

```
Private Sub Command1_Click()
    If List1.ListIndex < 0 Then          '判断是否选择了表项
        MsgBox "没有选择!"
        Exit Sub
    Else
        List2.AddItem List1.Text         '添加选中的表项到右边的列表框中
        List1.RemoveItem List1.ListIndex
    End If
End Sub
Private Sub Command2_Click()
    If List2.ListIndex < 0 Then          '判断是否选择了表项
        MsgBox "没有选择!"
        Exit Sub
    Else
        List1.AddItem List2.Text         '添加选中的表项到左边的列表框中
        List2.RemoveItem List2.ListIndex                    '删除此表项
```

```
        End If
    End Sub
    Private Sub Command3_Click()
        Do While List1.ListCount              '判断是否到达最后一个表项
            List2.AddItem List1.List(0)       '每次移动最前面的表项
            List1.RemoveItem 0
        Loop
    End Sub
    Private Sub Command4_Click()
        Do While List2.ListCount
            List1.AddItem List2.List(0)
            List2.RemoveItem 0
        Loop
    End Sub
    Private Sub Form_Load()
        List1.AddItem "计算机基础"
        List1.AddItem "数据结构"
        List1.AddItem "数据库原理"
        List1.AddItem "VB程序设计"
        List1.AddItem "C语言"
        List1.AddItem "微机原理"
        List1.AddItem "多媒体技术"
    End Sub
    Private Sub List1_DblClick()
        Command1_Click
    End Sub
    Private Sub List2_DblClick()
        Command2_Click
    End Sub
```

2. 组合框

组合框（ComboBox）是一种同时具有文本框和列表框特性的控件，如图 2-23 所示。它可以像列表框一样，让用户通过鼠标选择所要求的项目，也可以像文本框那样，通过键盘输入项目。前面提到的列表框的属性都适合于组合框。此外，组合框还有一些自己的属性、事件和方法。

（1）组合框的常用属性

Style 属性。该属性决定组合框的样式，是只读属性，只能在设计时设置。其值只能取 0～2。默认值为 0。

值为 0 时为下拉式组合框。下拉式组合框包括一个文本框和一个下拉式列表框，单击右端的箭头可以引出下拉式列表框，用户可以从中作出选择，也可以在文本框中键入文本。

值为 1 时为简单组合框。简单组合框包括一个文本框和一个标准列表框，列表框不是下拉的，表项目始终显示在列表框中，所以在设计时应适当调整组合框的大小。用户可以从列表中作出选择，也可以在文本框中输入文本。如果建立该控件时所画的列表框区域不够长，列表框可自动形成垂直滚动条。

值为2时为下拉式列表框，外观和下拉式组合框相同。用户可以从下拉列表框中选择项目，它限制用户输入，即只能输入列表项目的文本作为选择，不接收其他文本输入。

图2-23中的3个组合框分别对应Style属性值为0、1、2。程序设计时，应用根据需要和3种样式的特点，选择适当样式的组合框。

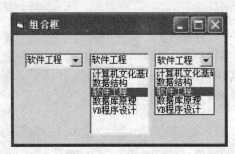

图2-23 组合框控件

（2）组合框的常用事件

组合框控件能够响应的事件与Style属性相关。

当Style属性值为0时，常用的事件有Click、Change和Dropdown事件。

当Style属性值为1时，常用的事件有Click、DblClick和Change事件。

当Style属性值为2时，常用的事件有Click和Dropdown事件。

（3）组合框的常用方法

列表框中的AddItem、RemoveItem和Clear方法也适用于组合框，其使用方法与在列表框中使用相同。

2.3.9 图片框和图像框

图片框控件和图像框控件都可用于设计窗体的图形效果。它们都可以显示扩展名为bmp、ico、wmf、gif、jpeg等文件的图形。

1. 图片框

图片框（PictureBox）不仅可以用来显示图像，还可以作为容器放置其他控件，以及通过Print、Line等方法在其中输出文本和画图。

图片框的常用属性有以下几种。

①Picture属性。Picture属性用于设置图片框中所显示的图形文件。可以通过属性窗口直接设置该属性，也可以在程序运行时，利用LoadPicture函数进行设置，具体方法前面已经介绍过，在此不再赘述。另外，还可以加载另外一个图片框中的图形文件，具体方法为

图片框1.Picture= 图片框2.Picture

②AutoSize属性。AutoSize属性用于设置图片框的大小是否随着所装入图片的大小而发生变化。其值为逻辑型。值为True时，图片框会自动调整其大小以适应图片的大小；值为False时，图片框不能自动调整其大小，若图片大小超出了图片框的大小，则超出的部分会被剪裁掉。

③CurrentX和CurrentY属性。CurrentX和CurrentY属性用于设置图片在图片框中输出的

水平（CurrentX）和垂直（CurrentY）坐标，这两个属性只能在运行时使用。如以下语句是将图片的输出点定在 Picture1 内的（200，300）处。

```
Picture1.CurrentX=200
Picture1.CurrentY=300
```

2. 图像框

图像框（Image）与图片框基本相同，大部分属性是相同的。但二者又有所不同：图像框不是容器，不能容纳其他对象；图像框没有 AutoSize 属性，但有 Stretch 属性。

Stretch 属性用于伸展图像，其值为逻辑型。当值为 True 时，被加载到图像框中的图形可以自动调整其大小以适应图像框的大小，图形可能会失真；当值为 False 时，在设计状态下，图像框可自动调整大小以适应图形的大小，而在程序运行时，图像框的大小不会改变，若此时图形的大小超出图像框的大小，则超出的部分会被剪裁掉。

图片框和图像框都可以响应 Click、Change 等事件，具体使用视情况而定。

下面通过一个例子说明图像框控件的使用。

【例 2-14】设计图 2-24 所示界面，利用图像框的 Stretch 属性实现对图片的压缩与拉伸。

在本例中，窗体的 Caption 属性设置为"Image 控件示例"；图像框 Image1 的 Picture 属性加载一幅图片，Stretch 属性值设置为 True；复选框 Check1 的 Value 属性值设置为 1；Command1 按钮的 Caption 属性值设置为"压缩"，Command2 的 Caption 属性值设置为"拉伸"。

图 2-24 例 2-14 运行界面

相关事件过程代码为

```
Dim H, W As Integer                        '存放图片的初始高度和宽度
Private Sub Form_Load()
        H = Image1.Height
        W = Image1.Width
        Check1.value=Image1.Stretch
End Sub
Private Sub Check1_Click()
        Image1.Stretch = Check1.Value    '复选框控制 Image1 的 Stretch 属性
End Sub
Private Sub Command1_Click()
    If Image1.Height < 500 Then
        Command1.Enabled = False
    Else
        Image1.Height = Image1.Height - 100
        Command2.Enabled = True
    End If
End Sub
Private Sub Command2_Click()
    If Image1.Height > 2500 Then
```

```
            Command2.Enabled = False
        Else
            Image1.Height = Image1.Height + 100
        End If
End Sub
```

2.3.10 滚动条

滚动条控件分为水平滚动条（HscrollBar）和垂直滚动条（VscrollBar）两种。这两种控件除了类型名不同、放置的方向不同外，其他都一样。下面所讲到的属性、事件和方法对两者都适用。

滚动条控件一般用于上下、左右滚动文字或图形，也可以用于数据的输入。

1. 滚动条的常用属性

（1）Value 属性

Value 属性是滚动条最重要的属性，它用于获取或设置滚动条的当前值。单击滚动条两端的按钮、滚动条的空白处或拖动滑块都可以改变该属性的值。默认值为 0。

（2）Min 和 Max 属性

Min 和 Max 属性用于设置滚动条的 Value 属性的取值范围。Min 属性值表示滑块位于最左端或最上端时的值，Max 属性值表示滑块位于最右端或最下端时的值，它们的取值范围为 –32768 ~ 32767。

（3）SmallChange 和 LargeChange 属性

SmallChange 属性用于设置用户单击滚动箭头时，Value 属性值增加或减少的量。LargeChange 属性用于设置用户单击滚动滑块与滚动箭头之间的区域时，Value 属性值增加或减少的量。

2. 滚动条的常用事件

（1）Change 事件

当滚动条的 Value 属性值发生改变时激发该事件。引起 Value 属性值发生改变的原因可能是单击滚动条两端的按钮、单击滚动条的空白处、拖动滑块或是在程序中用代码重新设置了 Value 属性值。

（2）Scroll 事件

当滚动条的滑块被拖动的过程中，激发该事件。Scroll 事件与其他的事件不同，在使用鼠标拖动滚动条滑块的过程中会连续地激发多个 Scroll 事件。

下面通过一个例子说明滚动条控件的使用。

【例 2-15】设计一个调色板程序，界面如图 2-25 所示。单击滚动条两端按钮，改变调色板的颜色，单击前景色按钮和背景色按钮，可以将当前调色板的颜色应用于文本显示。

本例涉及 1 个窗体、2 个 Label 控件、1 个 PictureBox 控件、1 个滚动条控件和 2 个命令按钮。其中 Pictur1 对象和 HScroll1 对象的属性值为默认值，其他各对象的 Caption 属性值参见图 2-25。

图 2-25 例 2-15 运行界面

相关事件过程代码为

```
Private Sub Form_Load()
    HScroll1.Max = 15
    HScroll1.LargeChange = 2
    HScroll1.SmallChange = 1
End Sub
Private Sub HScroll1_Change()
    Picture1.BackColor = QBColor(HScroll1.Value)
End Sub
Private Sub HScroll1_Scroll()
    Picture1.BackColor = QBColor(HScroll1.Value)
End Sub
Private Sub Command1_Click()
    Label1.Forecolor = Picture1.BackColor
End Sub
Private Sub Command1_Click()
    Label1.Backcolor = Picture1.BackColor
End Sub
```
说明，QBColor 是一个颜色函数，该函数的使用方法，参见 9.1.2 小节的相关内容。

2.3.11 定时器

定时器（Timer）控件能够以一定的时间间隔产生 Timer 事件从而执行相应的事件过程。在程序设计时，当需要在特定的时间间隔内执行程序代码时，可以使用该控件。

1. 定时器控件的常用属性

（1）InterVal 属性

InterVal 属性用于设置定时器产生 Timer 事件的时间间隔，以毫秒（ms）为单位，其取值范围为 0～64767ms 之间，默认值为 0。若 InterVal 属性值为 0，则定时器停止工作，即不产生 Timer 事件。

（2）Enabled 属性

Enabled 属性用于设置定时器控件是否工作。其值为逻辑型。若值为 False，表示定时器停止工作；若值为 True，则启用定时器。在程序设计时，利用该属性可以灵活地启用或停用 Timer 控件。

2. 定时器的 Timer 事件

定时器只一个 Timer 事件。该事件在预定的时间间隔过去之后发生，每经过一个 InterVal 属性设置的时间间隔，便会产生一个 Timer 事件，该事件是周期性的。需要注意的是，当定时器控件的 Enabled 属性值为 True，且 InterVal 属性为非 0 值时，该控件才能正常工作产生 Timer 事件。

下面通过一个例子说明定时器控件的使用。

【例 2-16】设计一个图 2-26 所示的倒计时程序。

本例中：窗体 Form1 的 Caption 属性值为 "Timer 控件示例"；

图 2-26 例 2-16 设计界面

添加 2 个 Label 对象，其中 Label1 用于显示倒计时，Label2 的 Caption 属性值为"定时时间（分）"；文本框用于输入定时时间，其 Text 属性值为空，对齐方式 Alignment 属性值为 2-Center；Timer1 对象 Enabled 属性值为 False，Interval 属性值为 1000；命令按钮 Command1 的 Caption 属性值初始时为"开始"，开始倒计时后值为"停止"。

相关事件过程代码为

```
Dim t As Integer
Private Sub Command1_Click()
    If Command1.Caption = "停止" Then
        Timer1.Enabled = False
        Command1.Caption = "开始"
    Else
        Timer1.Enabled = True
        Command1.Caption = "停止"
        t = 60 * Val(Text1.Text)
        Timer1.Enabled = True
    End If
End Sub
Private Sub Timer1_Timer()
    Dim m, s As Integer
    t = t - 1
    m = Int(t / 60)
    s = t Mod 60
    Label4.Caption = m & "分" & s & "秒"
    If t = 0 Then
        Timer1.Enabled = False
        Beep
        MsgBox("时间到！")
        Command1.Caption = "开始"
    End If
End Sub
```

程序运行结果如图 2-27 所示。

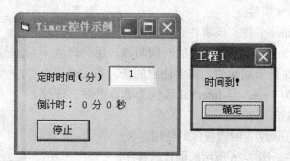

图 2-27　例 2-16 运行界面

2.4 工程的管理

通过前面的章节，我们学习了简单的 Visual Basic 应用程序的设计以及常用的标准控件。简单的 Visual Basic 程序都是以一个工程的形式存在的，而在实际应用中，一个复杂的应用程序往往会涉及多个文件类型及对象，所以还需要对工程进行更详细的了解。

2.4.1 Visual Basic 中的文件

在 Visual Basic 中，一个工程可以包含以下文件。

1. 工程文件和工程组文件

工程是一个用来建立、保存和管理应用程序中的各种相关信息的管理系统，同时也是应用程序的集合体，每个工程对应一个工程文件，它的扩展名为 .vbp。当一个程序包括两个以上的工程时，这些工程就构成了一个工程组，工程组的扩展名为 .vbg。

2. 窗体文件

每一个窗体对应一个窗体文件，窗体及其控件的描述，也包含窗体级的常数、变量和外部过程的声明，事件过程和一般过程。一个应用程序可以有多个窗体（最多可达 255 个），它的扩展名为 .frm。

3. 标准模块文件

标准模块文件是纯代码文件，由程序代码组成，主要用来声明全局变量和定义一些通用的过程，它的扩展名为 .bas。它不属于任何窗体，可以被不同的窗体程序调用。

4. 类模块文件

类模块用来定义和保存用户根据程序设计的需要建立的类代码，没有可见的用户界面，可以使用类模块创建含有方法和属性代码的自己的对象。每一类都用一个文件保存，它的文件扩展名为 .cls。

5. 资源文件

Visual Basic 5.0 以后的版本中引入了资源文件。它是 Visual Basic 应用程序的一部分，是一个二进制文件，不能直接对它进行编辑。资源文件由一系列独立的字符串、位图及声音文件（.wav、.mid）组成，其扩展名为 .res。资源文件中存放的是各种"资源"，是一种可以同时存放文本、图片、声音等多种资源的文件。

6. 部件

在应用程序设计中，除了可以使用 Visual Basic 提供的标准控件和 ActiveX 控件进行界面设计外，还可以使用可插入对象。所谓可插入对象是 Windows 应用程序的对象，如 Microsoft Excel 工作表。可插入对象也可以加载到工具箱中，具有与标准控件类似的属性，可以同标准控件一样使用。

2.4.2 建立、打开及保存工程

1. 单个工程

在程序中只有单个工程存在的情况下，可以使用"文件"菜单中的几个命令来建立、打开和保存文件。

① "新建工程"：该命令可以建立一个新工程。若当前有其他工程存在，则系统会关闭当前

工程,并提示用户保存所有修改过的文件。然后出现关于新建工程的对话框。用户可以进行选择,然后系统会根据用户的选择建立一个带有单个文件的新工程。

②"打开工程":该命令可以打开一个已存在的工程。若当前有工程存在,则系统会关闭当前工程,提示用户保存修改过的文件,然后打开一个现有的工程,包括工程文件中所涉及的全部窗体、模块等。

③"保存工程":该命令用于将当前工程中的工程文件和所有的窗体、模块、类模块等进行重新保存,更新原有的此工程的全部文件。

④"工程另存为":该命令用于以一个新名称将当前工程文件进行保存,同时系统会提示用户保存此工程中修改过的窗体、模块等文件。

2. 工程组

在程序中存在由多个工程组成的工程组时,"文件"菜单中会出现"保存工程组"和"工程组另存为"菜单。保存工程组的方法与保存工程的方法相同。

在工程组中新建立一个工程时,不能使用"新建工程"命令,而应该向原有的工程组中添加一个工程,可以使用以下两种方法。

① 在"文件"菜单中选择"添加工程",出现"添加工程"对话框,在该对话框内,用户选择需要添加的工程类型。

② 在工具栏中选择"添加工程"按钮,选择需要添加的工程类型。

若在当前工程组中添加一个已存在的工程,方法有两种。

① 在"文件"菜单中选择"添加工程"命令或选择工具栏中的"添加工程"按钮打开"添加工程"对话框。

② 选择"现存"选项卡,选择需要添加的工程文件。

若从当前工程组中删除一个工程,可以使用下面的方法。

① 在"工程资源管理器"选择要删除的工程。

② 直接按键盘上的"Delete"键,也可以选择"文件"菜单中的"移除工程"命令或对选中的工程用鼠标右键单击并选择"移除工程"命令。

2.4.3 在工程中添加、删除及保存文件

1. 添加文件

向一个工程中添加一个文件,可以选择"工程"菜单,然后选择需要添加的文件类型或者选择工具栏中的"添加窗体"按钮,如图 2-28 所示,然后选择需要的文件类型。

需要注意的是,在添加一个现存文件时,并不是将文件内容复制到当前位置,而是用一个连接将当前工程与文件联系起来,一旦原文件的内容被更改,则会影响到包含该文件的所有工程。

2. 删除文件

在工程中删除一个文件的方法有以下两种。

① 在"工程资源管理器"中选择要删除的窗体或模块。

② 在"工程"菜单下选择"移除"命令或在选择的窗体或模块上单击鼠标右键并选择"移除"命令。

需要注意的是,按以上方法删除的文件,只是在该工程中不

图 2-28 添加文件

再存在，但仍在磁盘上存在，还可以被其他工程使用。如果使用其他方法将磁盘上的某个文件删除，则再次打开包含该文件的工程时，会出现错误信息，找不到文件。

3. 保存文件

有些情况下需要只保存某个文件而不保存整个工程时，可以使用下面的方法。

① 在"工程资源管理器"中选择要保存的文件。

② 选择"文件"菜单下的"保存"或"另存为"菜单或在选择的文件上单击鼠标右键并选择"保存"或"另存为"命令。

2.5 小结

本章主要介绍了可视化编程的概念、Visual Basic 中常用控件的使用方法以及 Visual Basic 的工程管理。

可视化编程，也称为可视化程序设计，是以"所见即所得"的编程思想为原则。可视化编程与传统的编程方式相比，其优点在于通过直观的操作方式即可完成界面的设计工作。其主要特点表现在两个方面：一是基于面向对象的思想，引入了类的概念和事件驱动；二是基于面向过程的思想，程序开发过程遵循先进行界面设计，再基于事件编写代码，以响应鼠标、键盘的各种动作。

在 Visual Basic 中，控件是构造应用程序用户界面的图形化的工具，在进行程序设计中占据重要的地位。Visual Basic 是事件驱动的编程机制，程序的设计过程，一般都是通过设置控件的属性、利用控件的方法、对控件的事件进行响应而进行的。Visual Basic 中的控件可分为 3 类：基本控件、ActiveX 控件和可插入的对象，学习 Visual Basic 程序设计，应该掌握每一个控件的使用方法。

在 Visual Basic 中，一个复杂的应用程序往往会涉及多个文件类型及对象，需要通过工程资源管理器完成文件的创建、添加与删除。

2.6 习题

1. 选择题

① 标签控件的标题和文本框控件的显示文本的对齐方式由（　　）属性决定。

A. WordWrap　　　　B. AutoSize　　　　C. Alignment　　D. Style

② 通过（　　）可以改变窗体的标题。

A. Caption　　　　　B. Icon　　　　　　C. Text　　　　　D. MinButton

③ 以下说法正确的是（　　）。

A. 对象的可见性可设为 1 或 0

B. 标题的属性值可设为任何文本

C. 某些属性的值可以跳过不设置，自动设为空值

D. 属性窗口中属性只能按字母顺序排列

④ 将窗体的（　　）属性设置为 False 后，运行时窗体上的按钮、文本框等控件就不会对

用户的操作做出响应。

  A. Visible B. ControlBox C. Enabled D. WindowShow

⑤ 如果设计时在属性窗口中将命令按钮的（ ）属性设置为 True，则运行时按 Enter 键与单击命令按钮的作用是相同的。

  A. Enabled B. Default C. Visible D. DisabledPicture

⑥ 确定一个窗体或控件大小的属性是（ ）。

  A. Width 和 Height B. Width 或 Height C. Top 和 Left D. Top 或 Left

⑦ 如果设置窗体的 ControlBox 属性值为 False，则（ ）。

  A. 运行时可以看窗口左上角显示的控制框
  B. 窗口边框上的最大化和最小化按钮失效
  C. 窗口边框上的最大化和最小化按钮消失
  D. BorderStyle 属性仍起作用

⑧ 要想改变一个窗体的标题内容，则应设置以下哪个属性的值，（ ）。

  A. Name B. FontName C. Caption D. Text

⑨ 以下控件可作为其他控件容器的是（ ）。

  A. PictureBox 和 Image B. Image 和 Data
  C. Frame 和 ListBox D. PictureBox 和 Frame

⑩ 任何控件都有（ ）属性。

  A. BorderStyle B. Caption C. BackColor D. Name

⑪ 要使一个文本框具有垂直滚动条，则应先将其 MultiLine 设置为 True，然后再将 ScrollBar 属性设置为（ ）。

  A. 0 B. 1 C. 2 D. 3

⑫ 将文本框的（ ）属性设置为 True 时，文本框可以输入多行文本，在输入内容超过文本框的宽度时可以自动换行。

  A. ScrollBars B. Picture C. DataField D. MultiLine

⑬ 改变文件列表 File1 的属性值将激活（ ）事件。

  A. MouseMove B. Change C. Load D. KeyDown

⑭ 要使文本文件框获得输入焦点，则应采用文本控件的（ ）方法。

  A. GotFocus B. SetFocus C. KeyPress D. LostFocus

⑮ 为了单击某个命令按钮与按 Esc 键的作用相同，应设置（ ）属性。

  A. Visible B. Default C. Enabled D. Cancel

⑯ 决定控件上文字的字体、字形、大小、效果的属性是（ ）。

  A. Font B. Caption C. Name D. Text

⑰ 要使标签透明，应把其 BackStyle 属性设置为（ ）。

  A. True B. False C. 1 D. 0

⑱ 标签和文本框的有关文本显示的区别是（ ）。

  A. 标签中的文本是可编辑的文本，文本框中的文本是只读文本
  B. 标签中的文本是只读文本，文本框中的文本是可编辑的文本
  C. 文本框和文本没有区别

⑲ Columns 属性用来设置列表框的（ ）。

A. 列数 B. 内容
C. 一次可以选择的表项数 D. 表项的数量

⑳ 按 Tab 键时，焦点在各个控件之间移动的顺序是由（　　）属性决定的。

A. Index　　B. TabIndex　　C. TabStop　　D. SetFocs

㉑ 在文本框中按 Enter 键接收 KeyPress 事件时，所响应的 ASCII 码为（　　）。

A. 12　　B. 14　　C. 13　　D. 127

㉒ 要在同一窗体中安排两组单选按钮，可用（　　）控件予以分隔。

A. 文本框　　B. 框架　　C. 列表框　　D. 组合框

㉓ 以下（　　）语句将删除列表框 List1 中的最后一项。

A. List1.Clear
B. List1.RemoveItem List1.ListCount
C. List1.ListCount-1=""
D. List1.RemoveItem List1.ListCount-1

㉔ 要把组合框中的文本加入到列表项中的第 3 项，应执行语句（　　）。

A. Combo1.AddItem 3，Combo1.Text
B. Combo1.AddItem Combo1.Text3
C. Combo1.AddItem Combo1.Text2
D. Combo1.AddItem 3，Combo1.Text

㉕ 要使得图片适合控件的大小以下合适的语句是（　　）。

A. Picture1.Strech=True
B. Picture1.AutoSize=True
C. Image1.AutoSize=True
D. Image1.Strech=True

㉖ 单击滚动条两端任意一个滚动箭头，将触发该滚动条的（　　）事件。

A. KeyPress　　B. Scroll　　C. Click　　D. Change

㉗ 在窗体上画一个名称为 Time1 的计时器控件，要求每隔 0.5 秒发生一次计时器事件，则以下正确的属性设置语句是（　　）。

A. Timer1.Interval=0.5
B. Timer.Interval=50
C. Timer1.Interval=5
D. Timer1.Interval=500

㉘ 假定在图片框 Picture1 中装入了一个图形，为了清除该图形（不删除图片框），应采用的正确方法是（　　）。

A. 选择图片框，然后按 Del 键
B. 语句 Picture1.Picture=LoadPicture（""）
C. 执行语句 Picture1.Picture=""
D. 选择图片框，在属性窗口中选择 Picture 属性，然后按 Enter 键

㉙ 在窗体上添加一个文本框和一个计时器控件，名称分别为 Text1 和 Time1，在属性窗口中把计时器的 Interval 属性设置为 1000，Enabled 属性设置为 False，程序运行后，如果单击命令按钮，则每隔 1 秒钟在文本框中显示一次当前的时间。以下是实现上述操作的程序。

```
Private Sub Command1_Click()
    Timer1._____
End sub
Private Sub Timer1_Timer()
    Text1.Text=Time
End Sub
```

在 ＿＿＿ 处应填入的内容是（　　）。

A. Enabled=True　　B. Enabled=False　　C. Visible=True　　D. Visible=False

2. 编程题

① 编写一个程序，使窗体上的文本框中只能接收 0～9 的数字字符。如果输入了其他字符，则响铃（Beep），并清除该字符。

② 设计图 2-29 所示界面（其中圆周长、圆面积文本框为只读），当给出圆的半径时，单击"计算"按钮计算圆的周长和面积。

③ 设计运行密码验证程序如图 2-30 所示。

图 2-29　运行界面

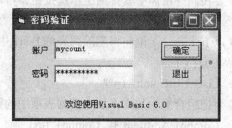
图 2-30　运行界面

要求：当单击"确定"按钮时，若输入的账户与密码正确，则在窗体上从左到右滚动显示"欢迎使用 Visual Basic 6.0"，否则滚动显示"密码与账户不匹配错误，请重新输入"。

④ 设计图 2-31 所示界面。要求单击"确定"按钮后，将"学校"、"学院"、"系别" 3 个下拉列表框中的选定内容显示在"你的选择"对应的文本框中。

⑤ 如图 2-32 所示，设计界面上有 1 个文本框和 1 个列表框。要求：当在文本框中输入单词后，按 Enter 键，即将文本框中的内容添加到列表框中；若双击列表框中的某个单词，则将该单词从列表框中删除。

⑥ 设计一个字体格式的界面：用 2 个复选框控制字体的外观，2 个单选按钮控制字体的名称，2 个单选按钮控制字体的颜色，滚动条用于控制字体的大小，执行结果如图 2-33 所示。

图 2-31　运行界面

图 2-32　运行界面

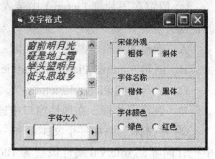
图 2-33　运行界面

第3章
Visual Basic 语言基础

Visual Basic 作为面向对象的程序设计语言，必须遵守语法的强制性规定。在学习 Visual Basic 语言编程之前，必须掌握一些关于数据类型、变量、运算符、表达式以及一些常用的系统函数，便于后面 Visual Basic 知识的学习和掌握。

3.1 字符集和关键字

3.1.1 字符集

字符（Character）是各种文字和符号的总称，包括各国家文字、标点符号、图形符号、数字等。字符集（Character set）是多个字符的集合。字符集种类较多，每个字符集包含的字符个数不同，常见字符集有：ASCII 字符集、GB2312 字符集、BIG5 字符集、GB18030 字符集、Unicode 字符集等。

Visual Basic 将能识别的所有字符称为字符集。

字符集包括以下几种。

- 数字：0～9十个数。
- 字母：26 个大小写英文字母，Visual Basic 不区分大小写。
- 特殊字符：键盘上的其他字符以及汉字。

3.1.2 关键字

关键字又称保留字，它们在语法上有着固定的含义，是语言的组成部分，往往表现为系统提供的标准过程、函数、运算符、数据类型、事件、方法等。在 Visual Basic 中约定关键字的首写字母为大写。当用户在代码编辑窗口输入关键字时，不论大小写字母，系统同样能识别，并自动转换成为系统标准形式。关键字不能挪为他用。

下面列出一些常用的关键字，例如：private、print、dim、const、integer、date 等。其他关键字请参照附录相关内容。

3.2 数据类型

3.2.1 数据类型概述

计算机能够处理数值、文字、声音、图形、图像等各种数据。根据数据描述信息的含义,可以将数据分为不同的种类,简称数据类型。例如,人的年龄为 25,用整数来表示。成绩是 78.5,用单精度来表示。人的姓名"比尔·盖茨",用字符串来表示,等等。

数据类型的不同,表示它在计算机的内存中占用空间大小不同,存储结构也不同。Visual Basic 的基本数据类型如表 3-1 所示。整型(Integer)所占字节为 2,它的取值变化范围为 $-32\,768 \sim 32\,767$,所以,如果超出这个范围的数值,就不是整型,必须用占用字节数更大的数据类型来表示。

Visual Basic 规定,如果在声明中没有说明数据类型,则数据类型为 Variant。Variant 数据类型类似于"变色龙",可以随着不同场合而代表不同数据类型。

3.2.2 基本数据类型

Visual Basic 的基本数据类型如表 3-1 所示。

表 3-1 Visual Basic 的基本数据类型

数据类型	关键字	类型符	占用字节数	范围	举例
字节型	Byte	无	1	$0 \sim 2^8-1(0 \sim 255)$	125
逻辑型	Boolean	无	2	True 与 false	True,false
整型	Integer	%	2	$-2^{25} \sim 2^{15}-1(-32\,768 \sim 32\,767)$	23
长整型	Long	&	4	$-2^{31} \sim 2^{31}-1$	-230
单精度型	Single	!	4	$-3.4 \times 10^{38} \sim 3.4 \times 10^{38}$ 精度达 7 位	3.4×10^{37}
双精度型	Double	#	8	$-1.7 \times 10^{308} \sim 1.7 \times 10^{308}$ 精度达 15 位	1.6×10^{308}
货币型	Currency	@	8	$-2^{96}-1 \sim 2^{96}-1$, 精度达 38 位	295
日期型	Date	无	8	01,01,100 ~ 12,31,9999	12,05,2008
字符型	String	$	字符串	0 ~ 65 535 个字符	AB
对象型	Object	无	4	任何引用对象	
变体型	Variant	无	按需要分配		

下面详细地介绍 Visual Basic 的数据类型。

1. 数值数据类型

数值类型分为整数型和实数型两大类。

(1)整数型

整数型是指不带小数点的数。整数型按表示范围分为:整型、长整型。

① 整型(Integer,类型符 %)。

整型在内存中占 2 字节,十进制整型数的取值范围:$-32\,768 \sim +32\,767$。例如:15,-345,654 都是整数型,而 45 678 则会发生溢出错误。

② 长整型(Long,类型符 &)。

长整型在内存中占 4 字节,以 & 结尾。例如:123456&,45678& 都是长整数型。

（2）实数型（浮点数）

实数型数据是指带有小数部分的数。注意：数 12 和数 12.0 对计算机来说是不同的，前者是整数型，后者是浮点数。

在 Visual Basic 中浮点数分为两种：单精度浮点数和双精度浮点数。

① 单精度数 (Single，类型符 !)。

在内存中占 4 字节，其有效数字为 7 位十进制数。

② 双精度数（Double，类型符 #）。

Double 类型数据在内存中占用 8 字节。Double 型可以精确到 15 或 16 位十进制数。

2. 货币型 (Currency，类型符 @)

货币型主要用来表示货币值，在内存中占 8 字节，与浮点数的区别：小数点后的位数是固定的 4 位。例如：65.1234@ 是货币型。

3. 字节型（Byte，无类型符）

一般用于存储二进制数。字节型数据在内存中占 1 字节。字节型数据的取值范围：0 ~ 255。

4. 日期型（Date，无类型符）

在内存中占用 8 字节，日期型数据的日期表示范围为：1000 年 1 月 1 日 ~ 9999 年 12 月 31 日，时间表示范围为：00:00:00 ~ 23:59:59。表示方法：用一对符号 # # 括起来放置日期和时间，允许用各种表示日期和时间的格式。日期可以用"/"、","、"-"分隔开，可以是年、月、日，也可以是月、日、年的顺序。时间必须用"："分隔，顺序是：时、分、秒。例如：#09/10/2000# 或 #2000-09-12#、#08:30:00 AM#、#09/10/2000 08:30:00 AM#。输入时系统自动转换为"月 / 日 / 年"形式；输出时系统自动转换为"年 - 月 - 日"形式。

【例 3-1】举例

```
Private Sub Command1_Click()
    Dim a As Date
    a = #9/10/2000#
    Print a
End Sub
```

读者自己运行此程序，观察日期型数据类型的输入和输出形式。

5. 逻辑型（Boolean，无类型符）

逻辑型数据在内存中占 2 字节。逻辑型数据只有两个可能的值：True（真）和 False（假）。需要注意的是，若将逻辑型数据转换成数值型，则：True（真）为 –1；False（假）为 0。而当数值型数据转换为 Boolean 型数据时：非 0 的数据转换为 true, 0 为 fasle。

【例 3-2】举例

```
Private Sub Form_Click()
    Dim boolr As Boolean
    boolr = 6 > 8
    Print boolr
End Sub
```

读者自己运行此程序，观察运行结果。

6. 字符串（String，类型符 $）

字符串是一个字符序列，必须用双引号括起来。双引号为分界符，输入和输出时并不显示。字符串中包含字符的个数称为字符串长度。长度为零的字符串称为空字符串，比如 "，引号里面没有任何内容，字符串中包含的字符区分大小写。

字符串可分为变长字符串和定长字符串两种。

（1）变长字符串

变长字符串的长度为字符串长度。

【例3-3】举例

```
Private Sub Form_Click()
    dim a as string
    a="456789"                  '"456789" 为数字字符型
    Print  len(a)               ' 采用函数 len() 求字符串 a 的长度
End Sub
```

（2）定长字符串

定长字符串的长度为规定长度，当字符长度低于规定长度，即用空格填满，当字符长度多于规定长度，则截去多余的字符。

【例3-4】举例

```
Private Sub Form_Click()
    dim a as string * 5
    a="abcdefgh"                '"abcdefgh" 为非数字字符型
    Print  len(a)               ' 采用函数 len() 求字符串 a 的长度，a 的长度是多少？
End Sub
```

思考：人的身份证号码为什么声明为 string 数据类型？

7. 对象数据类型（Object，无类型符）

对象型数据在内存中占用 4 字节，用以引用应用程序中的对象。这个我们初学者不用掌握。

8. 变体数据类型（Variant，无类型符）

变体数据类型是一种特殊数据类型，具有很大的灵活性，可以表示多种数据类型，其最终的类型由赋予它的值来确定。在程序运行期间可存放不同类型的数据。

【例3-5】举例

```
dim a                       ' 变量 a 默认声明，故数据类型为 variant 类型
a="abcdefgh"                ' a 被赋予字符串，故 a 为字符串类型
a=15                        ' a 被赋予数字，故 a 为整型类型
```

3.3 常量和变量

在程序设计中，不同类型的数据既可以常量形式出现，也可以变量形式出现。常量是那些在程序运行过程中，其值不发生改变的量；而变量在程序运行过程中，其值是可以改变的。

3.3.1 常量

常量，顾名思义，在程序执行过程中，其值是恒定不变的，是不能改变的量。常量可以直接用一个数来表示，称为常数（或称为直接常量），也可以用一个符号来表示，称为符号常量。

常量具有如下特点。

① 常量一般用来存储恒定不变的值。

② 在程序中定义了常量之后,就无法使用赋值语句更改常量的值。

③ 通常,常量用于代替很难记住,在程序中多次出现且不会改变的值。

④ 常量包括系统常量和用户自定义的常量。

Visual Basic 中,常量分为如下 3 种。

1. 直接常量(常数)

各种数据类型都有其常量表示,例如,整型常量,根据进制的不同,可分为如下 3 种。

① 十进制整数。如 125,0,−89,20。

② 八进制整数。以 & 或 &O(字母 O)开头的整数是八进制整数,如 &O25 表示八进制整数 25,等于十进制数 21。

③ 十六进制。以 &H 开头的整数是十六进制整数,如 &H25 表示十六进制整数 25,等于十进制数 37。

而实型常量表示形式有以下几种。

① 十进制小数形式。它是由正负号(+,−)、数字(0~9)和小数点(.)或类型符号(!、#)组成,即 ±n.n,±n! 或 ±n#,其中 n 是 0~9 的数字。

例如 0.123、.123、123.0、123!、123# 等都是十进制小数形式。

② 指数形式。浮点型实数采用科学计数法的表达方法,由符号、尾数及指数三部分组成。格式为 ±nE±m。例:21e5 相当于 21×10^5。

各类数据类型的常量如表 3-2 所示。

表 3-2　　　　　　　　　　　　　各类数据类型的常量

常量类型	示例	备注
整型常量	整型:100,−123	
	长整型:17558624	
	八进制无符号数:&O144	
	十六进制无符号数:&H64	
实型常量	单精度小数形式:123.4	
	双精度小数形式:3.1415926535	
	单精度指数形式:1.234E2	
	双精度指数形式:3.14159265D8	
字符常量	"Visual Basic"	字符常量两端用西文双引号扩起
逻辑常量	True,False	只能取两个值:True(真)或 False(假)
日期常量	#6/15/1998#	一般形式为 mm/dd/yyyy,必须用"#"括起

2. 用户声明常量

用户声明的常量是用于一些很难记住,而且在程序中多次出现、不会改变的常量值,具有便于程序的阅读或修改的作用。为了与变量名区分,一般用户声明常量名使用大写字母

形式为

　　Const 常量名 [AS 类型] = 表达式

例如

```
Const  PI=3.1415926              '声明常量 PI，代表圆周率
Const  conMAX  as  integer =9    '声明 Integer 型常量
```

3. 系统提供的常量

系统定义常量位于对象库中，可通过"对象浏览器"（F2）查看。例如：vbNormal、vbMinimized、vbred 等。

例如：Text1.ForeColor=vbRed

注：vbRed 作为系统常量，比直接使用十六进制数来设置要直观得多。

3.3.2 变量

变量，相对于常量而言，其值在程序执行过程中，随时可以发生变化。变量的主要作用是存取数据，提供数据存放信息的容器。声明变量时，Visual Basic 在内存中开辟了一定的字节空间，这个空间就是变量的存放地址，用于保存使用变量的值。而这个空间开辟的大小取决于变量的数据类型，例如，变量是整型，则在内存中开辟 2 字节的空间。

至此，变量具有 3 要素：变量的名称，变量的数据类型，变量的值。如图 3-1 所示。

变量 number，3 要素如下所示：变量的名称为 number，意思为"数字"；变量的值为 5；变量的数据类型为 integer。

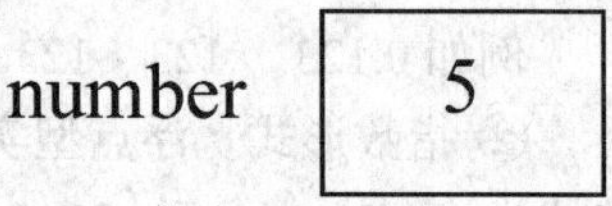

1. 变量的命名规则

变量必须有一个名称，变量名实际代表存储空间地址的一个符号。

图 3-1 变量说明

Visual Basic 规定变量的命名必须遵循以下规则。

① 变量名可以由字母、数字和下画线组成。
② 变量名必须以字母打头。
③ 变量名的长度不得超过 255 个字符。
④ 变量名不能和关键字同名。

例如：a123、XYZ、变量名、sinx 等符合变量的命名规则，正确。

下面的变量名称不符合变量命名规则，因此都是错误的。

```
3xy              '变量名必须以字母开头，不能以数字开头
y-z              '变量名可以由字母、数字和下画线组成，不能包含减号
Wang ping        '变量名不能包含空格
Integer          '变量名不能是 Visual Basic 的关键字 Integer
```

2. 变量的声明

（1）显式声明变量

语法规则为

　　Dim 变量名 as 数据类型

例如，下面两条语句的效果相同。

```
Dim sum as integer, b as long      '变量的声明
Dim sum% ,b&                       '变量的声明
```

【例 3-6】举例

```
Dim  sum%
```

```
Sum=100                    '数据类型为整型（integer）
```
（2）隐式声明变量

Visual Basic 允许用户在编写应用程序时，不声明变量而直接使用，系统临时为新变量分配存储空间并使用，这就是隐式声明。所有隐式声明的变量都是 Variant 数据类型。Visual Basic 根据程序中赋予变量的值来自动调整变量的类型。

（3）强制显式声明

Visual Basic 强制显式声明，可以在窗体模块、标准模块和类模块的通用声明段中加入语句：Option Explicit。此时，所使用的变量，必须进行声明，否则 Visual Basic 将给出错误提示。

注意

① 建议使用显示声明变量，对于变量应"先声明变量，后使用变量"，这样做可以提高程序的效率，同时也使程序易于调试。

② 变量的起名，要求"见名思义"。

③ 建议初学者一定使用"Option Explicit"语句。

④ 语句书写位置错在通用声明段只能有 Dim 语句，不能有赋值等其他语句。

⑤ 同时给多个变量赋值，在 Visual Basic 没有造成语法错而形成逻辑错。

例如：   Dim x%, y%, z%
          x=y=z=1

3.4 运算符与表达式

表达式是由运算符和对应的操作数按照语法规则所构成的一个有意义的式子。用于描述各种不同运算的符号称为运算符，而参与运算的数据就称为操作数。

3.4.1 运算符

运算符是表示实现某种运算的符号。Visual Basic 具有丰富的运算符，可分为算术运算符、字符串运算符、关系运算符和逻辑运算符等。

1. 算术运算符

算术运算符如表 3-3 所示，其中"-"运算符在单目运算（单个操作数）中做取负号运算，在双目运算（两个操作数）中做减法运算，其余都是双目运算符。

表 3-3   算术运算符

运算符	含义	优先级	实例	结果
^	乘方	1	3^2	9
−	负号	2	−3	−3
*	乘	3	3*3*3	27
/	除	3	10/3	3.333 333 333 333 33
\	整除	4	10\3	3
Mod	取模	5	10 Mod 3	1
+	加	6	10+3	13
−	减	6	3−10	−7

表 3-3 中的"优先级"列名是指表达式运算时,表达式中多个运算符时,先执行哪个运算符,后执行哪个运算符的一个先后次序。例如,6-5*3,乘除的优先级为"3",加减的优先级为"6",因此先乘除,后加减。(注意:"优先级"中数值越小的表示其优先级越高。)

【例 3-7】计算表达式 5+10 mod 10 \ 9 / 3 +2 ^2 的值

该表达式的运算步骤如下。

步骤 1:找出所有的运算符 +、mod、\、/、+、^

步骤 2:根据表 3-4 将运算符的优先级进行排序,依次为 ^、/、\、mod、+。

步骤 3:加入必要的小括号、中括号、大括号,改变表达式运算的先后次序,如下所示。

$$5+\{10 \bmod [10 \backslash (9/3)]\}+(2\wedge 2)$$

步骤 4:依次进行运算 2 ^2 =4、9 / 3=3…

结果:10

注意:为了验证 Visual Basic 表达式的结果,可以在表达式的前面使用 print 方法,在窗体上查看运行结果。代码为

```
Private Sub Form_Click()
    Print  5 + 10 Mod 10 \ 9 / 3 + 2 ^ 2
End Sub
```

2. 字符串运算符

(1)用于连接字符串

字符串运算符有两个:"&"、"+",功能是将两个字符串拼接起来。

格式为:表达式 1 + 表达式 2 或 表达式 1 & 表达式 2

① "+"连接符。"+"连接符两旁的操作数均为字符型。例如:

"12000"+"12345",则结果为 "1200012345",字符串连接。

"abcde"+"12345",则结果为 " abcde 12345",字符串连接。

"abcde"+"fghij",则结果为 " abcde fghij",字符串连接。

若一个为字符型数字,另一个为数值型,则自动将字符数值型转化为数字,然后进行加法运算。例如,"12000"+12345,则结果为 24345,数字字符串 "12000" 先转化成数值,再进行加法运算。

若一个为非数字字符型,另一个为数值型,则会出错。例如,"abcdef"+12345,则结果会出错,字符串与数值分属类型,不能运算。

若均为数值型,则进行加法运算。例如,2+3,则结果为 5。

② "&"连接符。"&"连接符两边不一定是字符型。

【例 3-8】"&"举例

```
"123" &  456              '结果为 "123456"
"abcdef"&12345            '结果为 "abcdef12345"
"12000"&"12345"           '结果为 "1200012345"
12000&12345               '结果为 "1200012345"
12000+"123"&100           '结果为 "12123100",先算术运算后字符串运算
```

使用运算符"&"时应注意,变量与运算符"&"之间应加一个空格。因为符号"&"可以用做长整型的类型定义符。当变量与符号"&"连在一起时,系统先把它作为类型定义符处理,造成错误。

（2）用于比较字符串

Like 用于比较字符串。语法为

    result = string Like pattern

其中

"result" 必需，其内容为任何数值变量。

"string" 必需，其内容为任何字符串表达式。

"pattern" 必需，其内容为任何字符串表达式。

【例 3-9】"like" 的应用

```
Private Sub Form_Click()
    Dim strMyname As String
    strMyname = InputBox(" 输入姓名 ")        ' 输入的姓名是以 J 开头
    If strMyname Like "J*" Then               'like 运算符使用
        MsgBox (" 输入的姓名是: " & strMyname)
                                              ' 输出提示消息，使用 msgbox() 函数
    End If
End Sub
```

单击窗体，触发 form_click 事件，在 inputbox 函数中输入 "Jack"，则，程序运行结果如图 3-2 所示。

3. 关系运算符

关系运算符是双目运算符，作用是将两个操作数的大小进行比较，返回 "True" 或者 "False" 判断。Visual Basic 规定，若关系成立，结果为 True，若关系不成立，结果为 False。表 3-4 列出了 Visual Basic 中的关系运算符。

关系运算符在进行比较时，需注意以下规则。

① 两个操作数是数值型，则按大小进行比较。

② 两个操作数是字符型，则按字符的 ASCII 码值从左到右逐一进行比较，直到出现不同的字符为止。即，首先比较两个字符串中的第 1 个字符，其 ASCII 码值大的字符串为大，如果第一个字符相同，则进行第 2 个字符，以此类推，直到出现不同的字符时为止。

图 3-2 Like 运算符举例

表 3-4   关系运算符

运算符	含义	实例	结果
=	等于	"ABCDE"="ABR"	False
>	大于	"ABCDE">"ABR"	False
>=	大于或等于	"bc">=" 大小 "	False
<	小于	23<3	False
<=	小于或等于	"23"<="3"	True
<>	不等于	"abc"<>"ABC"	True
Like	字符串匹配	"ABCDEFG"Like"*DE*"	True

例:"ABCDE" > "ABRA",结果为 False。

③ 数值型与可转换为数值型的数据比较。

如:29>"189",按数值比较,结果为 False。

④ 数值型与不能转换成数值型的字符型比较。

如:77>"sdcd",不能比较,系统给出错误提示。

⑤ 当关系运算符的操作数为逻辑型常量,True 转化为数值 −1,False 转化为数值 0。

4. 逻辑运算符

逻辑运算符除 Not 是单目运算符外,其余都是双目运算符,作用是将操作数进行逻辑运算,结果是 True 或 False。表 3-5 列出 Visual Basic 中常用的逻辑运算符。(T 表示 True,F 表示 False。)

表 3-5　　　　　　　　　　　　　　　　　　逻辑运算符

运算符	含义	优先级	说明	实例	结果
Not	取反	1	当操作数为假时,结果为真;当操作数为真时,结果为假	Not F　Not T	T F
And	与	2	当两个操作数均为真时,结果才为真;否则为假	T And T　F And F T And F　F And T	T F F F
Or	或	3	但两个操作数之一为真时,结果为真;否则为假	T Or T　F Or F T Or F　F Or T	T F T T
Xor	异或	3	当两个操作数不相同时,即一真一假时,结果才为真;否则为假	T Xor F　T Xor T F Xor F　F Xor T	F T F T
Eqv	同或	3	当两个操作数不相同时,即一真一假时,结果才为假;否则为真	T Eqv F　T Eqv T F Eqv F　F Eqv T	F T T F

说明:Visual Basic 中常用的逻辑运算符是 Not、And 和 Or,用于将多个关系表达式进行逻辑判断。例如,数学上表示某个数在某个区域时用表达式 $10 \leq X < 20$,在 Visual Basic 程序中则应写成 X>=10 And X<20。

3.4.2　表达式

1. 表达式的组成

表达式由运算符和操作数组合而成,可以实现程序设计所需的大量运算。表达式由变量、常量、运算符、函数和圆括号按一定的规则组成。表达式经过运算后产生一个结果,其运算结果类型由数据和运算符共同决定。

2. 表达式的书写规则

Visual Basic 表达式书写步骤如下所示。

① 需要了解需求问题的数学表达式的逻辑含义。

② 将数学表达式表示成符合 Visual Basic 语法的表达式,一般涉及如下内容。

- 添加或改变运算符号,例如乘号、除号、括号等。例如,数学表达式 xy 写成 Visual Basic 表达式为 x*y。
- 添加必要的函数。例如,数学表达式 $\sqrt{25}$ 转换 Visual Basic 表达式为 sqr(25) 等。

【例 3-10】用 Visual Basic 表达式判断任一给定年份是否为闰年。

分析:符合以下条件的年份为闰年。

① 能被 4 整除但不能被 100 整除。
② 能被 400 整除。
故，Visual Basic 表达式为（Year Mod 4 = 0 And Year Mod 100 <> 0）Or Year Mod 400 = 0。

【例 3-11】数学表示式转换为 Visual Basic 的表示式，参见表 3-6。

表 3-6　　　　　　　　　　　数学表达式对应的 Visual Basic 表达式

数学表达式	Visual Basic 表达式
$(abcd)/(efg)$	a*b*c*d/e/f/g 或 a*b*c*d/（e*f*g）
$\sin 45° + \dfrac{e^{10}+\ln 10}{\sqrt{x+y+1}}$	sin(45*3.14/180)+(exp(10)+log(10))/sqr(x+y+1)
$[(3x+y)-z]^{1/2}/(xy)^4$	Sqr((3*x+y)−z)/(x*y)^4
$0<x<105$	0<x And x<105

3. 不同数据类型的转化

在算术运算中，当操作数具有不同的数据精度时，Visual Basic 规定运算结果的数据类型采用精读相对高的数据类型，也就是说，运算结果的数据类型向精度高的数据类型靠。即

```
Integer<Long<Single<Double<Currency
```

【例 3-12】不同数据类型的运算

（1）5+7.6

分析：5 是 integer 型，7.6 是 Single 型，当 integer 数据类型与 Single 数据类型进行计算时，结果为 Single 型数据。故将 Integer 类型的 5 转化为 Single 类型的 5.0,然后加法运算，结果是 12.6。

（2）30−True　　　　'结果是 31，逻辑型常量 True 转化为数值 −1，False 转化为数值 0
（3）5 + "7"　　　　'结果为 12

算术运算符两端的操作数应是数值型，若是字符型数字或逻辑型值，则自动转化成数值类型后再进行计算。

4. 优先级

Visual Basic 规定，当一个表达式中出现多种不同类型的运算符时，其优先级为

算术运算符 >= 字符运算符 > 关系运算符 > 逻辑运算

注意

① 对于多种运算符并存的表达式，可以用括号改变优先顺序，强令表达式的某些部分优先运行。括号内的运算总是优先于括号外的运算。对于多重括号，总是由内到外进行计算。

② 当一个表达式中出现多种运算符时，首先进行算术运算符，接着处理字符串连接运算符，然后处理比较运算符，最后处理逻辑运算符，在各类运算中再按照相应的优先次序进行。

5. 表达式的运算

表达式的运算遵循以下步骤。

步骤 1：找出表达式中的所有的运算符。

步骤 2：根据"优先级"判断运算符的优先级别，将运算符的优先级进行排序。

步骤 3：加入必要的小括号、中括号、大括号，改变表达式的运算的书写格式。

步骤 4：对每个运算符、操作数进行计算。

【例 3-13】 下列表达式的值是（   ）。

$$3>2*4 \text{ Or } 3=5 \text{ And } 4<>5 \text{ Or } 5>6$$

分析：由于算术运算符的优先级高于关系运算符，所以，本题中的表达式先运算 2*4（结果为 2*4=8），这样，整个表达式即简化为 3>8 Or 3=5 And 4<>5 Or 5>6。此时，该表达式的运算符就只有关系运算符，优先级相同，所以，运算是从左向右依次运算。这样，3>8 的结果为 False，3=5 的结果为 False，4<>5 的结果为 True，5>6 的结果为 False。因此，整个表达式简化为 False Or False And True Or False。由于逻辑运算符的运算顺序为 Not>And>Or。所以，上式中先运算 False And True，结果为 False，这样，整个表达式简化为 False Or False Or False。该式中，从左向右依次运算，表达式简化为 False Or False，最后表达式的值为 False。

【例 3-14】 执行语句 10>5>1 后，结果是（   ）。

分析：系统首先计算表达式 10>5>1 的值，在该表达式中，共有 2 个运算符 ">"。系统从左向右逐个计算，先计算 10>5，结果为 True，整个表达式简化为 True>1，根据 Visual Basic 的规定，当 Boolean 类型的数据参加数值运算时，将 True 当做 –1，而将 False 当做 0，所以，表达式 True>1 等价于 –1>1，该表达式的值为 False，因而输出结果为 False。

3.5 常用内部函数

3.5.1 数学函数

表 3-7 列出了常用的数学函数。其中参数 N 表示数值。

表 3-7　　　　　　　　　　　　　常用的数学函数

函数名	含义	实例	结果
Abs(N)	取绝对值	Abs(–3.5)	3.5
Cos(N)	余弦函数	Cos(0)	1
Exp(N)	以 e 为底的指数函数，即 e^N	Exp(3)	20.086
Log(N)	以 e 为底的自然对数	Log(10)	2.3
Rnd[(N)]	产生随机数	Rnd	0～1 之间的数
Sin(N)	正弦函数	Sin(0)	0
Sgn(N)	符号函数	Sgn(–3.5)	–1
Sqr(N)	平方根	Sqr(9)	3
Tan(N)	正切函数	Tan(0)	0

说明

① 三角函数中参数的单位为弧度；Sqr 函数的参数不能是负数；Log 和 Exp 互为反函数，即 Log（Exp(N)）、Exp(Log(N)) 结果还是原来各参数 N 的值。

例如，将数学表达式 $x^2+|y|+e^3+\sin 30°$

转换为 Visual Basic 表达式 X*X+Abs(y)+Exp(3)+Sin(30*3.14/180)。

② Rnd 函数返回 0 和 1（包括 0 但不包括 1）之间的双精度随机数。产生一定范围的随机整数的通用表达式为

　　Int(Rnd* 范围 + 基数)

【例3-15】产生20～50之间的随机整数（包括边界值20、50）。

分析：根据Rnd函数，其取值范围的长度为50-20+1=31，基数为20。代码为

```
Private Sub Form_Click()
    Print Int(Rnd * 31 + 20)
End Sub
```

3.5.2 转换函数

常用转换函数参见表3-8。

表3-8　　　　　　　　　　　　　常用的转换函数

函数名	含义	实例	结果
Asc()	字符型转成ASCII码值	Asc("A") Asc(Chr(99))	65 99
Chr()	ASCII码值转换成字符	Chr(65)	"A"
Fix()	取整	Fix(-3.5)	-3
Hex()	十进制数转换成十六进制数	Hex(100)	64
Int()	取小于或等于N的最大整数	Int(-3.5) Int(3.5)	-4 3
LCase()	字母转化成小写字母	LCase("ABC")	"abc"
Oct()	十进制数转换成八进制数	Oct(100)	"144"
Round()	四舍五入取整	Round(-3.5) Round(3.5)	-4 4
Str()	数值转化成字符串	Str$(123.45)	"123.45"
UCase()	字母转化成大写字母	UCase("abc")	"ABC"
Val()	数字字符转化成字母	Val("123AB")	123

说明

① Chr()和Asc()函数互为反函数，即Chr(Asc(c))、Asc(Chr(N))的结果为原来自变量的值。

例如，表达式Chr(Asc(122))的结果还是122。

② Lcase()和Ucase()函数互为反函数。

③ Str()和Val()函数互为反函数。Str()函数将数值转换成字符型值后，系统自动在数字前加符号位，负数为"-"，正数为空格。

【例3-16】举例

```
Private Sub Form_Click()
    Print val(Str(123))
    Print Str(-123)
    Print Str(123)                '系统自动在数字前加符号位"空格"
    Print Val("-123.45ty")        '结果为-123.45
End Sub
```

分析：Val()将数字字符串转换为数值，当字符串出现数值类型规定的数字字符以外的字符时，则停止转换，函数所返回的是停止转换前的结果。

3.5.3 字符串函数

Visual Basic中对于字符串操作的函数相当丰富。常用的字符串函数参见表3-9。

表 3-9　　　　　　　　　　　　常用的字符串函数

函数名	含义	实例	结果
InStr(C1,C2)	在 C1 中查找 C2 是否存在，若找不到，结果为 0	InStr("EFABCDEFG","DE")	6
Left(C,N)	取出字符串左边 N 个字符	Left("ABCDEFG",3)	"ABC"
Len(C)	字符串长度	Len("AB 高等教育 ")	6
Mid(C,N1[,N2])	取字符字串，在 C 中从第 N1 个字符开始向右取 N2 个字符，默认到结束	Mid("ABCDEFG",2，3)	"BCD"
Right(C,N)	取出字符串右边 N 个字符	Right ("ABCDEF",3)	"DEF"
Space(N)	产生 N 个空格的字符串	Space(3)	" "
String(N,C)	返回由 C 中首字符组成的 N 的相同字符的字符串	String(3, "ABCDEF")	"AAA"
Trim(C)	去掉字符串量串的空格	Trim$(" ABCD ")	"ABCD"

说明

① 字符串函数 Mid() 功能包含了 Left() 和 right() 的功能，更为强大。

【例 3-17】执行语句 s=Len（Mid（"VisualBasic",1,6））后，变量 s 的值为（ ）。

分析：赋值号 "=" 右边的表达式 Len（Mid（"VisualBasic",1,6））中，Mid（"VisualBasic",1,6）的值作为函数 Len 的参数，先求 Mid（"VisualBasic",1,6）的值，根据 Mid 函数的功能可知，该值为 "Visual"，这时整个表达式可简化为 Len（"Visual"），根据 Len 函数的功能可知，该表达式的值为 6。所以，变量 s 最后被赋值为 6。

② Tirm() 函数用于去掉字符串两侧的空格。InStr，Len 函数返回整数值，其余为字符串。

【例 3-18】举例

```
Private Sub Form_Click()
    Print trim("ABCDEFG")            ' 去掉 ABCDEFG 两侧各 2 各空格
    Print InStr("ABCDEFG", "EF")     ' 在第 1 个字符串中找与第 2 个字符串，如果
                                     ' 完全包含，则返回第 1 个字符在字符串的位置
End Sub
```

3.5.4　格式输出函数

使用 Format 格式输出函数数值使数值，日期，或字符串按指定的格式输出，其形式为

　　Format（表达式，" 格式字符串 "）

其中

① 表达式：要格式化的数值，日期，和字符串类型表达式。

② 格式字符串：表示按其指定的格式输出表达式的值。格式字符串有三类：数值格式，日期格式和字符串格式，格式字符串两旁要加双引号。

函数的返回只是按规定格式形成的一个字符串。有关格式及举例参见表 3-10。

表 3-10　　　　　　　　　　常用数值格式化符号及举例

符号	作用	数值表达式	格式化字符串	显示结果
0	实际数字位数小于符号位数，数字前后加 0	1233.567 1233.567	"0000.0000" "000.00"	1233.5670 1233.57
#	实际数字位数小于符号位数，数字前后不加 0	1233.567 1233.567	"####.####" "###.##"	1233.567 1233.57
,	千分位	1233.567	"###,###,###"	1,234
%	数值成以 100，加百分号	1233.567	"####.##%"	123456.7%

说明

对于符号"0"或"#",相同之处:若要显示数值表达式的整数部分位数多于格式字符串的位数,按实际数值显示;若小数部分的位数多于格式组符串的位数,按四舍五入显示。不同之处:"0"按其规定的位数显示,"#"对于整数前的0或小数后的0不显示。

【例3-19】利用格式输出符号"#"和"0",控制小数位数输出;同时请比较";"和"&"的输出效果。代码为

```
Private Sub Form_Click()
    a = 12.2345
    b = 12
    Print "a="; Format(a, "0.00"); "b="; Format(b,"0.00")
    Print "a=" & Format(a, "#.##") & "b=" & Format(b,"#.##")
End Sub
```

读者可运行后观看效果。

【例3-20】利用Format( )函数显示有关的日期和时间。

```
Private Sub Form_Click()
    Print Format(Date, "m/d/yy")
    Print Format(Date, "mmmm-yy")
    Print Format(Time, "h-m-s AM/PM")
    Print Format(Time, "hh:mm:ss A/P")
    Print Format(Date, "dddd,mmmm,dd,yyyy")
    Print Format(Now, "yyyy年m月dd日 hh:mm")
End Sub
```

运行结果如图3-3所示。

图3-3 Format格式输出函数

3.6 小结

本章介绍了Visual Basic语言的基础知识,主要讲解了数据类型,变量,运算符与表达式以及常用的内部函数等知识。

3.7 习题

1. 填空题

① 在Visual Basic中,当没有声明变量时,系统会默认它的数据类型是_____。

② 在 Visual Basic 中，字符型变量应使用符号_____将其括起来，日期/时间型常量应使用符号_____将其括起来。

③ Visual Basic 的字符串连接运算符通常有_____和_____两种，其中，运算符两边的表达式类型必须为字符型的运算符是_____。

2. 选择题

① 函数 Int（Rnd*100）是在（   ）范围内的整数。
  A.（0，1） B. [0，99) C.（1，100） D.（1，90）

② Int 函数用于取整，它返回不大于自变量的最大整数，但也可用作四舍五入运算。要将 123.456 保留两位小数并将第 3 位四舍五入，应使用（   ）表达式。
  A. Int（x*10^2+0.5） B. Int（x*10^2）/10^2
  C. Int（x*10^2+0.5）/10^2 D. Int（x*10^2）

③ 数学式子 tg45° 用 Visual Basic 表达式是（   ）。
  A. tan(45°) B. tan(45)
  C. tan(45*3.1415926/180) D. tan 45

④ 用于从字符串左端截取字符的函数是（   ）。
  A. Ltrim() B. Trim() C. Left () D. Instr()

⑤ 可实现从字符串任意位置截取字符的函数是（   ）。
  A. Instr() B. Mid() C. Left () D. Right()

⑥ 下列运算结果正确的是（   ）。
  A. 10/3=3 B. 9 Mod 4=2
  C. "20"+"12"="32" D. 10\3=3

⑦ 下列运算结果正确的是（   ）。
  A. Not("act">"abz")=True
  B. ("act">"abz")And（65<76）=True
  C. ("act">"abz")Or（65<76）=False
  D. Not("act">"abz") And("23"<"3") =True

⑧ 下列标识符不能作为变量名的是（   ）。
  A. if B. 你好 C. a_b D. a1

⑨ 表达式（5+6）>9and(10 mod 3)<1 的值为（   ）。
  A. True B. False C. 5 D. 6

3. 写出下列各表达式的值

（1）2*3 > = 8

（2）"BCD" < "BCE"

（3）"12345" < > "12345"&"ABC"

（4）Not 2*5 < > 10

4. 用 Visual Basic 表达式表示下列命题

（1）n 是 m 的倍数 （2）n 是小于正整数 k 的偶数

（3）x,y,z 均大于 0 （4）不能被 y 整除

（5）x,y 都小于 z （6）x,y 两者都大于 z，且为 z 的倍数

第 4 章 基本控制结构

通过前面的学习，我们知道 Visual Basic 采用面向对象的程序设计思想和事件驱动的编程机制，即在程序运行时过程的执行顺序是不确定的，它的执行流程完全由事件的触发顺序来决定，但在一个事件过程的内部，Visual Basic 仍然采用结构化程序设计方法，使用流程控件语句来控制程序的执行流程。结构化程序设计有 3 种基本结构：顺序结构、选择（分支）结构和循环结构，任何复杂的程序都是由这 3 种基本结构组成的。

本章首先介绍有关算法和流程图的概念，然后详细介绍了 3 种基本结构，最后给出了一些基本算法的应用程序举例，并就其他辅助语句给予简要介绍。

4.1 算法

算法作为解决某个问题或实现某项功能的方法和步骤，是对特定问题求解步骤的一种描述，它是指令的有限序列。算法具备以下 5 个特性。

① 确定性。算法的每个步骤都应确切无误，没有歧义性。

② 可行性。算法的每个步骤都必须是计算机语言能够有效执行、可以实现的，并可得到确定的结果。

③ 有穷性。一个算法包含的步骤必须是有限的，并在一个合理的时间限度内可以执行完毕，不能无休止地执行下去。

④ 输入性。算法中操作的对象是数据，因此，应在进行操作之前提供数据，执行算法时可以有多个输入，但也可以没有输入（0 个输入）。

⑤ 输出性。算法的目的是用于解决问题，必然要提供 1 个或多个输出。

下面举例说明。

【例 4-1】请叙述一下烧水泡茶的过程。

解：该算法用自然语言表述为

步骤 1：洗好水壶。

步骤 2：灌上凉水，放在火上，等待水开。

步骤 3：洗茶杯，茶杯里放好茶叶。

步骤 4：水开后再冲水泡茶。

用程序框图表示为图 4-1。

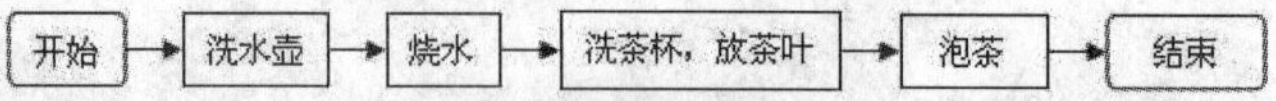

开始
洗水壶
烧水
洗茶杯，放茶叶
泡茶
结束

图 4-1　例 4-1 基本流程

【例 4-2】从键盘上输入三角形 3 边，求三角形面积 。

该问题的算法步骤如下。

步骤 1：从键盘上任意输入三个整数，用 a、b、c 存储。

步骤 2：判断 a、b、c 是否符合三角形的定义，两边之和大于第三边。

步骤 3：如果符合，则先求出 s=(a+b+c)/2，调用海伦公式 area= $\sqrt{s(s-a)(s-b)(s-c)}$，求出三角形面积 area。

步骤 4：输出三角形面积 area。

下面，用算法的 5 个特性来分析【例 4-2】。

① 确定性。例 4-2 的 4 个步骤中，每一个步骤都有确定的含义，没有二义性。

② 可行性。例 4-2 的每个步骤都可以用 Visual Basic 语法去实现，是切实可行的。

③ 有穷性。例 4-2 只有短短的 4 个步骤，是有限的。

④ 输入性。例 4-2 算法有 3 个输入，a、b、c 分别代表三角形的 3 边。

⑤ 输出性。例 4-2 算法有 1 个输出，area 代表三角形的面积。

用 Visual Basic 编程去解决一个问题，首要做的是找出解决问题的算法，也就是确定一个步骤，这必须符合算法的 5 个特性，然后，将算法转换为程序流程图，最后转化为具体的编程语言，如用 Visual Basic 语言。如图 4-2 所示。

问题
算法
流程图
VB 语言
输入
处理
输出

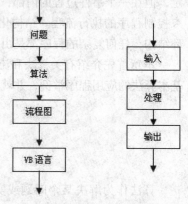

图 4-2　VB 程序处理的流程

4.2　程序流程图

4.2.1　简介

一个问题的算法描述若采用自然语言，容易产生二义性。例如英文单词“doctor”，是“博士”还是“医生”，需要根据当时的场景决定其含义，不同的场景有不同的含义。因此，自然语言往往不适合算法的描述。在计算机语言中，一般采用流程图、伪语言、形式化语言（Z 语言）等描述算法。

程序流程图是对解决问题的方法、思路或算法的一种描述。程序流程图，又名框图，采用一些几何框图、流向线和文字说明表示各类的操作。

程序流程图具有如下优点。

① 采用简单规范的符号，画法简单。

② 结构清晰，逻辑性强。

③ 便于描述，容易理解。

4.2.2 程序流程图符号

程序流程图主要采用如下的符号进行问题的描述。
① 箭头，表示控制流向，如图 4-3（a）所示。
② 执行框，又名方框，用于表示一个处理步骤，如图 4-3（b）所示，箭头是一进一出。
③ 判别框，又名菱形框，用于表示一个逻辑条件，如图 4-3（c）所示，箭头是一进 2 出。
④ 输入/输出框，又名平行四边形框，用于表示一个数据的输入和输出，如图 4-3（d）所示，箭头是一进一出。
⑤ 流程的起点与终点，如图 4-3（e）所示。

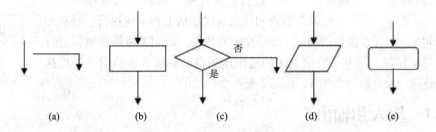

图 4-3　程序流程图基本符号

【例 4-3】用程序流程图描述【例 4-2】，如图 4-4 所示。

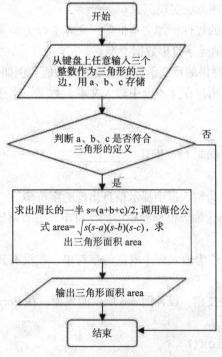

图 4-4　例 4-2 程序流程图描述

4.3 顺序结构

随着计算机的发展，程序代码越来越多，一个程序往往就会有数千条，乃至数万条的语句，程序的结构也越来越复杂。为了解决这一问题，出现了结构化程序设计。其基本的思想是采用几种简单类型的结构去规范程序设计结构，采用工程的方法进行软件的生产。

1996 年意大利人 Bobra 和 Jacopini 提出了结构化程序，即 3 种基本结构：顺序结构、分支结构和循环结构，任何程序均由"顺序"、"选择"和"循环"3 种基本结构的有限组合与嵌套来实现和描述。

首先介绍顺序结构。

顺序结构的特点是沿着一个方向进行，具有唯一的一个入口和一个出口，如图 4-5 所示，程序执行是按照语句的先后次序从上到下地执行，只有先执行完语句 1，才会去执行语句 2。根据算法的特性，语句 1 将输入数值进行处理后，输出结果，语句 2 将语句 1 的输出作为自己的输入，然后去处理执行。也就是说，没有执行语句 1，语句 2 是不会执行的。

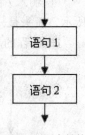

图 4-5 顺序结构

4.3.1 输入和输出

Visual Basic 得到用户（或系统）的输入数据，经过处理，然后将处理结果输出。下面介绍一些输入和输出语句。

1. 数据输入

从键盘输入键值有如下两种方法实现。

① 通过 Visual Basic 提供的控件，如文本框等。文本框作为最常使用的控件，用于得到从键盘上输入的值。请注意，此值是字符串数据类型。

② 通过一些 Visual Basic 提供的系统函数实现输入的功能。例如，InputBox 函数。InputBox 函数显示一个输入框，并提示用户在文本框中输入文本、数字，当按下确定按钮后返回文本框内容中的字符串。

InputBox 函数的语法格式为

```
InputBox(提示[,标题][,默认值])
```

参数说明如下。

① 提示，必需的参数，作为输入框中提示信息出现的字符串。

② 标题，可选的参数，作为输入框标题栏中的字符串。若省略该参数，则在标题栏中显示应用程序名称。

③ 默认值，可选的参数，作为输入框中默认的字符串，在没有其他输入时作为缺省值。若省略该参数，则文本框为空。

【例 4-4】InputBox 函数的使用。设计图 4-6 所示的界面，在 Form 的 Click 事件过程中输入以下代码

```
Private Sub form_click()
    Label1 = InputBox("请输入您的姓名")
End Sub
```

运行程序，如图 4-6 所示。

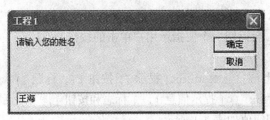

图 4-6 例 4-4 运行结果

2. 数据输出

数据的输出就是将 Visual Basic 运行的结果反馈给用户，一般也具有两种方式，一种是通过控件，如 Label 控件，另一种，可以通过 Visual Basic 提供的方法和函数，如 Print 方法、MsgBox 方法和函数。

（1）Print 方法

Print 方法用于在窗体、图形框上打印输出。其语法格式为

　　[对象.]Print Spc(n)|Tab(n)[输出项][,|;]

其中：

[对象.]，若缺省则在当前窗体上打印输出；

Spc(n)，可选项，用来在输出中插入空白字符，这里 n 为要插入的空白字符数；

Tab(n)，可选项，用来将插入点定位在绝对列号上，这里 n 为列号；

[输出项]，可选项，表示要打印的表达式，如果省略，则打印一空行；

使用分号"；"，则直接将插入点定位在上一个被显示字符之后；

使用逗号"，"，则将下一个输出字符的插入点定位在制表符上。

【例 4-5】设计如图 4-7 所示界面，在 Form 的 Click 事件过程中输入以下代码

```
Private Sub Form_Click()
    Print                                           '在窗体上输出一空行
    Print Tab(15); "变量必须先声明后使用,这是为什么？"
    Print Tab(15); "素数是 "&"5","7","11"
    Print Tab(15); "素数是 "&"5";"7"; "11"
End Sub
```

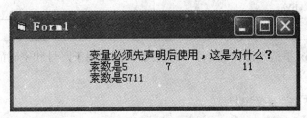

图 4-7 例 4-5 运行界面

（2）MsgBox 函数或过程

MsgBox 有 MsgBox 函数和 MsgBox 过程两种形式。其中，MsgBox 函数的作用是弹出一个对话框，在其中显示指定的数据和提示信息，并将返回用户在此对话框所做的选择，将返回值赋给指定变量。具有以下功能。

- MsgBox 函数用于在用户与应用程序之间进行交互。

- MsgBox 函数显示一个带有消息的对话框并等待用户单击某个按钮来关闭它。
- 用户点击按钮后，会返回一个值指示用户单击的按钮。

MsgBox 的语法格式为

　　函数形式：变量[%] = MsgBox(提示 [,按钮][,标题])

　　过程形式：MsgBox ([提示信息], [标志和按钮], [对话框的标题信息])

其中，MsgBox 中按钮值如表 4-1 所示。

MsgBox 函数返回所选按钮整数值如表 4-2 所示。

表 4-1　　　　　　　　　　　　　　MsgBox 中按钮值列表

分组	内部常数	按钮值	描述
按钮数目	vbOkOnly	0	只显示 OK 按钮
	vbOkCancel	1	显示 OK、Cancel 按钮
	vbAbortRetryIgnore	2	显示 Abort、Retry、Ignore 按钮
	vbYesNoCancel	3	显示 Yes、No、Cancel 按钮
	vbYesNo	4	显示 Yes、No 按钮
	vbRetryCancel	5	显示 Retry、Cancel 按钮
图标类型	vbCritical	16	关键信息图标 红色 STOP 标志
	vbQuestion	32	询问信息图标 ?
	vbExclamation	48	警告信息图标 ！
	vbInformation	64	信息图标 i

表 4-2　　　　　　　　　　　　　　MsgBox 函数返回值列表

内部常数	返回值
vbOk	1
vbCancel	2
vbAbort	3
vbRetry	4
vbIgnore	5
vbYes	6
vbNo	7

【例 4-6】MsgBox 举例。设计图 4-8（a）所示界面，用于账号和密码的验证。

各事件过程代码为

```
Private Sub Form_Load()
    Text1.MaxLength = 6
    Text1 = ""
    Text2.MaxLength = 6
    Text2.PasswordChar = "*"
    Text2.Text = ""
End Sub
```

```
Private Sub Text1_LostFocus()              '账号失去焦点
    If Not IsNumeric(Text1) Then
        MsgBox "账号有非数字字符错误"        'Msgbox 的过程形式
        Text1.Text = ""
        Text1.SetFocus
    End If
End Sub
Private Sub Command1_Click()               '确认按钮
    Dim I As Integer
    If Text2.Text <> "Hello" Then          '如果输入的密码内容不是字符串 Hello
      I = MsgBox("密码错误", vbRetryCancel + vbExclamation, "输入密码")
                                           'MsgBox 的函数形式
        If I = vbRetry Then                '按下的按钮为 Retry 按钮
            Text2.Text = ""
            Text2.SetFocus
        Else                               '按下的按钮为 Cancel 按钮
            End
        End If
    End If
End Sub
Private Sub Command2_Click()      '取消按钮
    End
End Sub
```

图 4-8（b）为账号不是数字时，"MsgBox 的过程形式"所产生的运行结果。

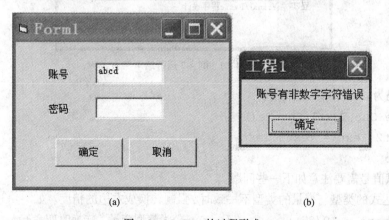

图 4-8 MsgBox 的过程形式

图 4-9 为输入密码不是"Hello"字符串时，"MsgBox 的函数形式"所产生的运行结果。

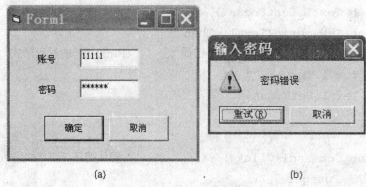

图 4-9 MsgBox 的函数形式

4.3.2 赋值语句

赋值语句的语法格式为

[LET] 变量名 = 表达式

当 Visual Basic 执行一个赋值语句时，先求出赋值操作符"="右边表达式的值，然后把该值写入到"="左边的变量中。这是从右到左的单向过程，也就是说，赋值操作符右边的表达式的值会改变左边变量的值，而左边变量对于右边的表达式没有任何影响。

【例 4-7】设计一个窗体，包含两个标签和两个文本框。若在"输入"框中输入任意文字，将在"显示"框中同时显示相同的文字。运行界面如图 4-10 所示。

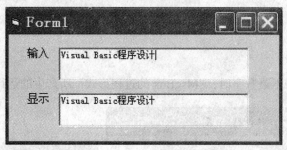

图 4-10 例 4-7 运行结果

实现代码为
```
Private Sub Text1_Change()
    Text2.Text = Text1.Text
End Sub
```
注意，赋值号需要注意如下一些问题。

① 当表达式的类型与变量的类型不一致时，强制转换成左边的精度。如

    number% = 10/3　　　　　　　'number 为整型变量，转换时四舍五入，结果为 3

② 赋值号与关系运算符的等于号都用"="表示，Visual Basic 系统会根据所处的位置自动判断是何种意义的符号。赋值号与数学中的等号含义不同。如

```
Dim a  as  integer
a=3                   '赋值操作符
If ( a=5 )            '关系运算符中的"等于"号
```

③赋值号左边只能是变量，不能是常量或者表达式。如，下面运用都是错误的。
a+3=10
5=5

④ 转换规则：使赋值号右边表达式值自动转换成其左边变量的类型。当赋值号右侧的表达式为数字字符串，左边的变量为数值型，Visual Basic 自动将其转换为数值型再赋值。如
   Number%="123"   等价于   Number%=val("123")

⑤赋值号右侧的任何非字符型的值，赋值给左侧的字符型变量时，会自动转换为字符型。

【例 4-8】从键盘上输入一整数为半径，求圆的面积和周长。

```
Private Sub Form_Click()
    Dim number   As Integer       '定义半径为整型
    Dim zhouchang  As Single      '定义园的面积为单精度，为什么不是整型
    Dim mianji   As Single        '定义园的面积为单精度，为什么不是整型
    Const PI as single =3.1415926 '定义常量 π
    Number=val(inputbox(" 请输入一个整数 "))
                        '从键盘上输入一字符，用系统函数 val ( ) 将字符转化为数字
    mianji  =PI*number*number     '计算园面积
    zhouchang=2*PI*number         '计算园周长
    Print zhouchang;mianji        '输出面积和周长
End Sub
```

4.4 选择结构

分支语句又名选择结构、条件判定结构，是在某种特定的条件下去选择执行程序中的特定语句，即根据条件表达式判断的结果，去执行相应的语句。分支结构分为两路分支（IF 语句）和多路分支（Select Case 语句）。

4.4.1 二路分支

Visual Basic 是通过 IF 语句来实现二路分支的。IF 语句具有多种形式：单分支、双分支和多分支等。

1. If...Then...End If 语句（单分支结构）

单分支结构流程如图 4-11 所示，其两种书写格式为
    If <条件表达式> Then
        语句块
    End If
或
    If <表达式> Then <语句>

对于该分支结构，在条件分支结构中要用条件表达式作为测试条件。一般地，条件表达式是用关系运算符构成的关系表达式或由逻辑运算符构成的逻辑表达式，结果为 True 或 False，然后根据 True 或 False 去执行不同语句；另

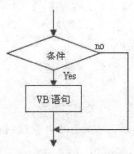

图 4-11 If 语句执行流程

一种，条件表达式是由算术运算符构成的算术表达式，其结果为数值，Visual Basic 将"零"数值看作 False，而将任何非零数看作 True。该语句有两种书写格式。

① If 与 End If 配对出现。语句块可以是一条或多条语句，必须另起一行，If 与 End If 配对出现。

② 无 End If 语句与 If 配对出现。语句块只能有一条语句或语句间用冒号分隔，且必须写在一行上。建议使用第 1 种书写格式。

【例 4-9】从键盘上输入两个整数 x 和 y，然后升序输出。

分析：如果从键盘依次输入 3，5 两个数，只需要顺序输出。但，输入的先后次序是 5，3 两个数，则必须进行两个数的交换后，再输出。

在现实中，一瓶可口可乐和一瓶矿泉水交换，瓶子不能交换，则必须使用一个空瓶子作为中介进行交换。具体步骤如下：首先将可口可乐倒入空瓶子，然后将矿泉水倒入刚才可口可乐的瓶子中，最后，将空瓶子中的可口可乐倒入刚才矿泉水的瓶子中。通过以上 3 步，完成可口可乐和矿泉水的交换。同样的道理，两个整数 x 和 y 的交换，引入临时变量 t 作为中介进行交换，通过 3 步来实现 x 和 y 的交换。如图 4-12 所示。

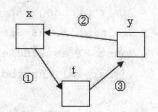

图 4-12　变量 x 与 y 交换，引入临时变量 t

根据图 4-12 所示，两个数的交换过程如表 4-3 所示。

表 4-3　　　　　　　　　　　　　　　交换变量图示

交换步骤	变量 x	变量 y	变量 t
交换前	5	3	0
步骤一	5	3	5
步骤二	3	3	5
步骤三	3	5	5

具体代码实现为
```
Private Sub form_click()
    Dim x, y, t As Integer
    x = Val(InputBox("请输入一个 x 值"))
                        '从键盘上输入一字符，用 val() 函数将其转化为数字
    y = Val(InputBox("请输入一个 y 值"))    '将输入的值赋值给变量 y
    Print "交换前:", x, y               '输出从键盘上输入的 x,y 的值
    If x > y Then           '如果 x 大于 y 条件成立，则引入 t 交换 x 和 y
    t = x
    x = y
    y = t
    End If
    Print "交换后:", x, y
End Sub
```
以上代码中的 If 结构等价于 If x>y Then t=x: x=y: y=t。

思考：以上代码实现了任意两个数的升序输出。如果要实现任意两个数的降序输出，如何去做？

【例 4-10】从键盘上输入 3 个整数，按照从大到小的顺序排序输出。

分析：假设 3 个变量 x、y、z 依次保存这 3 个整数。通过排列组合分析，x,y,z 3 个变量的取值共有 6 种情况。任意 3 个数（x,y,z）降序，则，若 x 为 x、y、z 3 个数的最大值，有 x>y 同时 x>z，其次,y>z 即可。因此，只需 3 次 if 语句,3 次交换即可实现。读者可以仿照【例 4-9】来完成该题目。

【例 4-11】已知百分制成绩 mark，显示对应的五级制成绩，如表 4-4 所示。

表 4-4　　　　　　　　　　　百分制成绩对应的五级制成绩

五级制 (grade)	百分制成绩 (mark)
优秀	Mark>=90 AND mark<=100
良好	80=<mark AND mark <90
中等	70=<mark AND mark <80
及格	60=<mark AND mark <70
不及格	mark<60 AND mark >0

本题目意为从键盘上输入 98，则输出"优秀"，若 91 分，则还是"优秀"，而如果输入 45，Visual Basic 输出"不及格"，依次类推。使用 If...Then...End If 结构的实现代码为

```
Private sub form_click()
    Dim mark as single                           '类型为单精度型
    Mark=val(inputbox("请输入一个百分数"))
                                                 'Mark 需要的是数字，而不是字符
    If mark >= 90  and  mark <= 100 Then  '判断输入的整数的范围
        Print "优秀"
    End if
    If mark >= 80  and  mark < 90 Then    '注意使用 VB 的表达式
        Print "良好"
    End if
    If mark >= 70  and  mark < 80 Then
        Print "中等"
    End if
    If mark >= 60  and  mark < 70 Then
        Print "及格"
    End if
    If mark >= 0  and  mark < 60 Then
        Print "不及格"
    End if
End sub
```

2. If...Then...Else...End If 语句

该语句的执行流程如图 4-13 所示。其语法格式为

```
If <表达式> Then
    <语句块1>
Else
    <语句块2>
End If
```

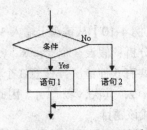

图4-13 If...Then...Else...End If语句流程

【例4-12】已知三角形的3边,求三角形面积。
实际代码为
```
Private Sub form_click()
    Dim x, y, t As Integer
    Dim s, Area As single
    x = Val(InputBox("请输入一个x值"))
    y = Val(InputBox("请输入一个y值"))
    z = Val(InputBox("请输入一个z值"))
    If x < y+z  and y<x+z and z<x+y  Then
        S= (x+y+z)/2
        Area=sqr(s*(s-x)*(s-y)*(s-z))
        Print  area
    Else
        Print  "输入的3边不符合三角形定义的要求"
    End If
End Sub
```

3. If...Then...ElseIf...End If 语句

该语句的执行流程如图4-14所示。其语法格式为
```
If <表达式1> Then
       <语句块1>
ElseIf  <表达式2> Then
       <语句块2>
End If
```

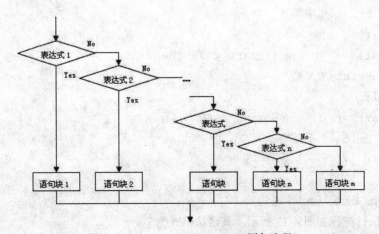

图4-14 If...Then...ElseIf...End If语句流程

【例4-13】 用 If...Then...ElseIf...End If 判断输入数字的位数。实现代码为

```
Private Sub Form_Click()
    Dim intNum As Integer
    intNum = InputBox ("输入一个数")
    If intNum < 0 Then
        Print "输入的是个负数"
    ElseIf intNum < 10 Then
        Print "输入的是个一位数"
    ElseIf intNum <100 Then
        Print "输入的是个两位数"
    Else
        Print "输入的是个两位以上的数"
    End If
End Sub
```

【例4-14】 用 If...Then...ElseIf...End If 语句实现百分制成绩 mark 到五级制成绩的转换。

方法 1
```
Private sub form_click()
    Dim mark as single
    Mark=val(inputbox("请输入百分制成绩"))
    If mark >= 90 Then
        Print "优"
    ElseIf mark >= 80 Then
        Print "良"
    ElseIf mark >= 70 Then
        Print "中"
    ElseIf mark >= 60 Then
        Print "及格"
    Else
        Print "不及格"
    End If
End sub
```

方法 2
```
Private sub form_click()
    Dim mark as single
    Mark=val(inputbox("请输入百分制成绩"))
    If mark < 60 Then
        Print "不及格"
    ElseIf mark < 70 Then
        Print "及格"
    ElseIf mark < 80 Then
```

```
        Print "中"
    ElseIf mark < 90 Then
        Print "良"
    Else
            Print "优"
    End If
End sub
```

4.IIF 函数

IIF 函数是 Visual Basic 语言众多函数中的一个，用于两路分支选择的使用，其作用是根据表达式 1 的值返回表达式 2 和表达式 3 中的某一个值。其语法格式为

IIf (表达式 1，表达式 2，表达式 3)

其中，表达式 1 值为逻辑型，若该表达式值为 True，则 IIF 函数返回表达式 2 的值，否则返回表达式 3 的值。IIF 函数的执行流程如图 4-15 所示。

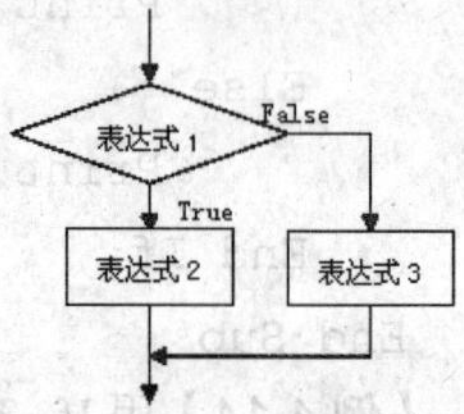

图 4-15　IIf 函数的执行流程

【例 4-15】 在窗体上添加一个命令按钮和一个文本框，名称分别为 Command1 和 Text1，然后编写如下代码。

```
Private Sub Command1_Click()
    a = InputBox("请输入日期（1~31）")
    t = "旅游景点:" & IIf(a > 0 And a <= 10, "长城","") & IIf(a > 10 And a <= 20, "故宫","") & IIf(a > 20 And a <= 30,"颐和园","")
    Text1.Text = t
End Sub
```

程序运行后，如果从键盘输入 16，则在文本框中显示的内容（　　）。

（A）旅游景点：长城故宫　　　　（B）旅游景点：长城颐和园
（C）旅游景点：颐和园　　　　　（D）旅游景点：故宫

分析：该代码的主要功能是根据变量 a 输入的值，计算变量 t 的值，变量 t 的值通过计算字符串"旅游景点:"与 3 个 IIf 函数的值连接而得。输入对话框中输入了值 16，因而变量 a 的值为 16，这样，根据 IIf 函数的求值原理，第 1 个 IIf 函数的值就为其第 3 个参数的值""（因为它的第 1 个参数 a>0 And a<=10 的值为 False）；第 2 个 IIf 函数的值就为其第 2 个参数的值"故宫"（因为它的第 1 个参数 a>10 And a<=20 的值为 True）；第 3 个 IIf 函数的值就为其第 3 个参数的值""（因为它的第一个参数 a>20 And a<=30 的值为 False）。因此，变量 t 的值为 t="旅游景点:"&""&"故宫"&""="旅游景点:故宫"，在文本框 Text1 中显示的值为"旅游景点:故宫"。

5.If 语句的嵌套

If 语句的嵌套是指 If 或 Else 后面的语句块中又包含 If 语句。其形式为

```
If <表达式 1> Then
    If <表达式 2> Then
        …
    End If
        …
```

```
End If
```

4.4.2 多路分支

在 Visual Basic 中可以使用 Select 语句实现多路分支，其语法格式为
```
Select Case 变量或表达式
    Case 表达式 1
        <语句块 1>
    Case 表达式 2
        <语句块 2>
        …
    Case Else
        语句块 m
End Select
```
说明

① Select Case 后面的表达式，可以是算术表达式或字符表达式。

② "表达式列表 i" 与 "表达式" 类型必须相同，通常情况下是一个具体值，但也可以是下列几种形式之一。

"表达式 [，表达式]…"：即用逗号将各表达式分开。这种形式表示把属于同一情况的所有可能取值列举出来，以逗号分隔的这几个表达式间是 "并列" 关系，也就是 "或者" 关系。例如，10，20，15 等。

"表达式 To 表达式"：这种形式用来指定一个连续的取值范围，必须将较小的值写在前面，较大的值写在后面。对于字符串常量必须按字母顺序写出。例如，10 To 20，x To y 等。

"Is 关系运算表达式"：用来表示一个条件，条件中可以使用的关系运算符有 >、>=、<、<=、<>、=, 但注意此时关系表达式只能是简单条件，而不能是用逻辑运算符连接形成的复合条件。满足某个判断条件。例如，Is <500 等。

还可以由以上 3 种形式混合组成，各种形式间用逗号隔开。例如 ,Case 1,5,8,Is <500,x To y 表示测试表达式的值为 1、5、8、小于 500 或在 x 与 y 之间的值（包括 x 和 y）。

【例 4-16】设计一个窗体，通过给 InputBox 输入一个颜色值（红、蓝、绿），根据输入值设置窗体的背景色。实现代码为

```
Private Sub Form_Click()
    Dim strColor As String
    strColor = InputBox("输入颜色的名称（red、blue 或 green）")
    strColor = LCase(strColor)
    Select Case strColor
        Case "red"
            Form1.BackColor = RGB(255, 0, 0)
        Case "green"
            Form1.BackColor = RGB(0, 255, 0)
        Case "blue"
            Form1.BackColor = RGB(0, 0, 255)
```

```
            Case Else
                MsgBox "请选择其他颜色"
        End Select
    End Sub
```

【例4-17】用 select…case 语句完成成绩百分制到五级制的转化。

方法1

```
Private sub form_click()
    Dim mark as single
    Mark=val(inputbox("请输入一个百分制成绩"))
    Select case  mark
        Case  90 to 100
            Print "优"
        Case 80  to  90
            Print "良"
        Case 70  to  80
            Print "中"
        Case 60 to 70
            Print "及格"
        Case  else
            Print "不及格"
        End select
End sub
```

方法2

```
Private Sub Form_Click()
    Dim mark As Single
    Dim grade as Integer
    Mark=Val(InputBox("请输入一个百分制成绩"))
    grade=mark \ 10
    Select Case
        Case 10
            Print "优"
        Case 9
            Print "优"
        Case 8
            Print "良"
        Case 7
            Print "中"
        Case 6
            Print "及格"
        Case Else
```

```
        Print " 不及格 "
    End Select
End Sub
```

【例 4-18】设有如下函数，实现输入 x 值后，输出相应 y 值。

$$y = \begin{cases} x+3 & (x>3) \\ x^2 & (1 \leq x \leq 3) \\ x & (0<x<1) \\ 0 & (x \leq 0) \end{cases}$$

实现代码为
```
Private Sub Form_click()
    Dim x, y As Single
    x = Val(InputBox(" 请输入数值 "))
    Select Case x
        Case Is > 3
            y = x + 3
        Case 1 To 3
            y = x * x
        Case is> 0 , is < 1
            y = Sqr(x)
        Case Else
            y = 0
    End Select
    Print y
End Sub
```

以上我们学习了 Visual Basic 中有关的分支语句。在使用分支语句时，应注意避免以下一些常见错误。

① 在选择结构中缺少配对的结束语句。对多行式的 If 块语句中，应有配对的 End If 语句结束。

② 多边选择 ElseIf 关键字的书写和条件表达式的表示，ElseIf 不要写成 Else If。

③ If...Then...Else...End If 语句应用较为广泛，Select Case 语句的使用较少，并且 Select Case 语句可以用 If 语言来代替实现。在使用 Select Case 语句时，需要注意 Select Case 后不能出现多个变量，Case 子句后不能出现变量或者表达式，只能是常量。

例如

```
Case 1 to 10            '表示式的值在 1~10 的范围内
Case is>10              '表示式的值大于 10
```

4.5　循环结构

循环结构是程序设计中很重要、也是运用最多的基本结构，作为最能发挥计算机特长的程序结构，循环结构可以减少程序代码重复书写的工作量。

Visual Basic 提供了以下循环语句用于实现循环结构：For...Next 语句和 Do...Loop 语句。

4.5.1 循环语句

1. For...Next 语句

循环语句是由循环体及循环条件两部分组成的。反复执行的程序段称为循环体，循环体能否继续执行，取决于循环的条件，由循环变量的值确定。该语句的语法格式为

```
For 循环变量 = 初值 To 终值 [Step 步长值]
    循环体
Next 循环变量
```

说明

① 循环变量、初值、终值和步长均是一个数值型变量。如果步长为1，可以省略。

② 循环变量的初值、终值和步长值，决定了循环的次数为（终值 - 初值）/ 步长值。

图 4-16 所示为 For...Next 语句的执行过程。

VisualBasic 按以下步骤执行 For...Next 循环。

步骤1：首先将＜循环变量＞设置为＜初值＞。

步骤2：若＜步长＞为正数，则测试＜循环变量＞是否小于＜终值＞，若不是，则退出循环，执行 Next 语句之后的语句，否则继续下一步。若＜步长＞为负数，则测试＜循环变量＞是否小于＜终值＞，若是，则退出循环 Next 语句后的语句，否则继续下一步。

步骤3：执行循环体部分，即执行 For 语句和 Next 语句之间的语句组。

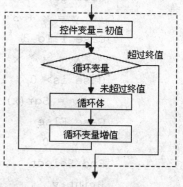

图 4-16　For...Next 语句的执行流程

步骤4：＜循环变量＞的值增加＜步长＞值。

步骤5：返回步骤2。

下面举例说明该循环语句的使用方法。

【例 4-19】计算 1～100 之间的自然数的和。

分析：设想有一个空箱子 S，第 1 次放入 1 个球，第 2 次放入 2 个球……第 100 次放入 100 个球。这样重复 100 次后，箱子里的总球数就是 1+2+3+…+100 个。每次放球的动作，看作一次循环，总共循环了 100 次。该算法的程序框图如图 4-17 所示。

代码为

```
Private sub form_click()
    Dim i %, sum%              'i 为循环变量，sum 表示累加的和
    sum=0
    For i = 1 To 100 step 1    '从 1 到 100，每次步长为 1
        sum = sum + i          '循环体，反复被执行了 100 次
    Next i
    Print sum                  '总和
End sub
```

第4章 基本控制结构

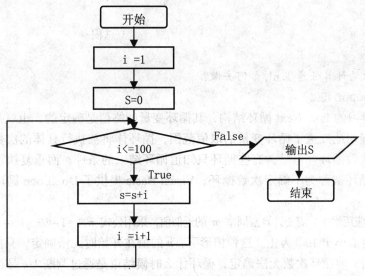

图 4-17 例 4-19 程序流程

"累加"作为一种典型的操作,通常引入一个存放"和"值的单元,如变量 Sum。首先设置该"和"值为 0,然后通过循环重复执行:和值 = 和值 + 累加项。

对于该题,若计算 1 ~ 100 之间的奇数和,可用以下程序段实现。

方法 1:改变步长值。

```
Dim i %, sum%
sum=0
For i = 1 To 100 step 2      '步长为 2
    sum=sum+i
Next i
```

方法 2:对循环变量进行控制,找出奇数。

```
Dim i %, s%
sum=0
For i = 1 To 100 step 1
    If i mod 2<>0  Then      '判断与 2 求余是否为 0,i 是否为奇数
        sum=sum+i
    End If
Next i
```

【例 4-20】求 5!

分析:题意为 5! = 5×4×3×2×1。与累加相似,"乘"这种操作是反复被执行,用循环去做。

```
Private sub form_click()
    Dim i %, s%                    'i 为循环变量,s 为积
    s=1                            's 的初值为 1,需注意
    For i = 1 To 5 step 1          '循环体,s 表示每次相乘之积
        s = s * i
```

```
    Next i
    Print s                                '总积
End sub
```

思考：若改为计算任意值 n!,如何去做？

2. Do...Loop 语句

上面我们学习的 For...Next 循环结构，其循环变量的终值是确定的，也就是说，开始执行循环体时，就确切地知道了循环变量的取值范围，循环体将被执行具体的次数，因此，这种循环称为确定次数循环。但是，有些循环只知道循环结束的条件，而重复执行的次数事先并不知道，这种循环被称为不确定次数循环，Visual Basic 提供了 Do...Loop 循环语句来解决此类问题。

例如，有一应用程序，需要计算圆周率 π 的近似值，采用公式 $\pi/4 = 1 - 1/3 + 1/5 - 1/7 + \cdots + 1/n$，直到最后一项绝对值小于 10^{-6} 为止。这种情形下，n 的值在开始时无法确定，只能在逐渐累加的过程中进行判断，即循环次数无法确定，循环什么时候结束是通过判断 $1/n$ 是否小于 10^{-6} 来确定的。所以，对于该问题的求解用 For...Next 循环难以实现。Visual Basic 中，在循环次数不确定的情况下，使用 Do...Loop 循环比较合适。

Do...Loop 循环语句的语法格式为

```
Do [{While | Until} condition]
    [statements]
    [Exit Do]
    [statements]
Loop
```

或者

```
Do
    [statements]
    [Exit Do]
    [statements]
Loop [{While | Until} condition]
```

说明

① condition 为可选参数，其内容为数值表达式或字符串表达式，其值为 True 或 False。如果 condition 是 Null，则 condition 会被当作 False。

② statements，一条或多条命令，它们将被重复当或直到 condition 为 True。

说明：在 Do...Loop 中可以在任何位置放置任意个数的 Exit Do 语句，该语句可以随时跳出 Do...Loop 循环。

Do While...Loop 循环结构语句的 4 种格式。

格式 1，当 Visual Basic 执行循环时，先判断指定的条件是否为真，若为真，则重复执行循环体。

```
Do While   条件
    ...
    [Exit Do]
    ...
```

Loop

格式 2，当 Visual Basic 执行循环时，进入循环体后，先执行一次循环体，然后再检查条件是否成立。若条件为真，执行循环体，条件为假时退出循环。

```
Do
    ...
    [Exit Do]
    ...
Loop While 条件
```

格式 3，首先判断 Do Until 语句后的条件，若不成立，则执行循环体。

```
Do Until 条件
    ...
    [Exit Do]
    ...
Loop
```

格式 4，"until"被称为"直到型循环"。重复执行循环体，直到条件为真，即条件成立退出循环。

```
Do
    ...
    [Exit Do]
    ...
Loop Until  条件
```

注意：Do...Loop While 语句与 Do...Loop Until 语句对条件的逻辑设置相反。Do While...Loop 语句与 Do Until...Loop 语句对条件的逻辑设置相反。

【例 4-21】用 4 种不同的 Do...Loop 实现 1～100 之间的自然数的和。

方法 1
```
n=1:sum=0
Do while n<=100
    Sum=sum+n
    n=n+1
Loop
Print "sum=";sum
```

方法 2
```
n=1:sum=0
Do until  n>100
    Sum=sum+n
    n=n+1
Loop
Print "sum=";sum
```

方法 3
```
n=1:sum=0
```

```
Do
    Sum=sum+n
    n=n+1
Loop  while n<=100
Print "sum=";sum
```
方法 4
```
n=1:sum=0
Do
    Sum=sum+n
    n=n+1
Loop until n>100
Print "sum=";sum
```

【例 4-22】从键盘上输入一个正整数,将其逆序输出。

分析:假设输入 2345,则输出为 5432。显然,循环体的执行次数与所输入的整数的位数有关,因此这是一个不确定次数的循环,采用 Do...Loop 循环。

该问题的解决思路如下。

步骤 1:得到 2345 的最末一位 5。采用 2345 mod 10 实现。

步骤 2:将末位输出。

步骤 3:输出后,将 2345 变成 234。采用 2345\10 实现。

步骤 4:得到 234 的最末一位 4。

步骤 5:将其输出。

步骤 6:输出后,将 234 变成 23…

通过以上分析可以发现,步骤 1 至步骤 3 和步骤 4 至步骤 6 基本相似。总结如下:得到某个数的最末一位,将其输出,然后将此数截去最末一位,得到前面的剩余其余位数,如此反复,当这个数最终变为 0 时则不再反复。因此,步骤 1 到步骤 3 被反复地执行。实现代码为

```
Private Sub form_click()
    Dim number, a  As Long
    number = Val(InputBox(" 请输入一个正整数 "))
    Print "输入数为:" & number
    Do
        a = number Mod 10          'a 为 number 的最末一位
        Print a;
        number = number \ 10       ' 得到摘掉 number 最末一位剩下的前部分
    Loop While number <> 0         ' 当 number 不为 0 时,反复执行
End Sub
```

3. 几种循环语句比较

循环语句 For...Next、Do...Loop 语句等循环语句各自的适应场合,如表 4-5 所示。Do While...Loop 循环与 Do...Loop While 循环的异同点如表 4-6 所示。

表 4-5　　　　　　　　　　　　几种循环语句比较

	For...Next	Do While...Loop/ Do...Loop While	Do...Loop Until/ Do Until...Loop
循环类型	当型循环	当型循环	直到循环
循环控制条件	循环变量大于或小于终值	条件成立/不成立执行循环	条件成立/不成立执行循环
循环变量初值	在 FOR 语句行中	在 DO 之前	在 DO 之前
使循环结束	For 语句中无需专门语句	必须用专门语句	必须用专门语句
使用场合	循环次数容易确定	循环/结束控制条件易给出	循环/结束控制条件易给出

表 4-6　　　　　　Do While...Loop 循环与 Do...Loop While 循环的异同

Do While...Loop 循环	Do ...Loop While 循环
Dim sum%, i%	Dim sum%, i%
sum = 0	sum = 0
i = Val(InputBox("input a number"))	i = Val(InputBox("input a number"))
Do While (i <= 10)	Do
sum = sum + i	sum = sum + i
i = i + 1	i = i + 1
Loop	Loop While (i <= 10)
Print sum	Print sum
当 i=1 时：sum=55	当 i=1 时：sum=55
当 i=11 时：sum=0	当 i=11 时：sum=11

注意，当两者具有相同的循环体时。

① 当 while 后面的表达式第一次的值为"真"时，两种循环得到的结果相同。

② 否则，二者结果不相同。

4.5.2　循环嵌套

1．循环嵌套的定义

通常，把循环体内不再包含其他循环的循环结构叫做单层循环。在处理某些问题时，常常要在循环体内再进行循环操作，而在内嵌的循环中还可以再包含循环，这种情况叫多重循环，又称为循环的嵌套。

下面是几种常见的二重嵌套形式。

（1）For I=…
　　　…
　　　For J=…
　　　　…
　　　Next J
　　　…
　　Next I

（2）For I=…
　　　…

```
            Do While/Until …
                …
            Loop
            …
        Next I
(3) Do While…
        …
        For J=…
            …
        Next J
        …
    Loop
(4) Do While/Until…
        …
        Do While/Until …
            …
        Loop
        …
    Loop
```

【例 4-23】请在屏幕上输出如下图形（每行 10 个 "*"，行数 m 从键盘输入）。

```
**********
    …
**********
```

实现代码为

```
Dim m As Integer
Dim i As Integer
m = Val(InputBox("please input m"))
i=1
Do While i <= m
    Print "**********"
    i = i + 1
Loop
```

对以上代码分析可知，**Print** "**********" 语句是将一个 "*" 反复输出了 10 次，故引入循环。

```
Dim m As Integer
Dim i As Integer
m = Val(InputBox("please input m"))
i = 1
Do While i <= m
    j=1
```

```
     Do While j<=10
         Print "*";
         j=j+1
     Loop
     Print
     i=i+1
  Loop
```

对于多重循环，需要将其简化处理。首先，从单重循环去思考，确定其中一个循环变量为定值，让它不变，实现单重循环；然后改变此循环变量，将其从定值改变为变量，即，给出此循环变量的变化范围，从而将单重循环转变为双重循环。

在多重循环中，外层循环执行一次，内层循环将执行多次。多重循环的总的循环次数等于每一重循环次数的相乘之积。

【例4-24】打印九九乘法表。

分析：九九乘法表涉及乘数 i 和被乘数 j 两个变量，它们的变化范围都是从 1 到 9。先假设被乘数 j 的值不变，用单重循环实现。代码为

```
For i = 1 To 9                              'i 为乘数，其变化范围为 1 到 9
    j = 1                                   'j 为被乘数，取定值为 1
    se = i & "×" & j & "=" & i * j
    Print Tab((j - 1) * 9 + 1); se;
Next i
```

下面，只需将被乘数 j 从 1 到 9 变化。完整的代码为

```
Private sub form_click()
   Dim se As String
   Dim i,j as integer
   For i = 1 To 9
       For j = 1 To 9                       '改变 j 的变化范围
           se = i & "×" & j & "=" & i * j
           Print Tab((j - 1) * 9 + 1); se;
       Next j
       Print                                '换行
   Next i
End sub
```

注意：多层循环的执行过程是，外层循环每执行一次，内层循环就要从头开始执行一轮。"九九乘法表"中的双重循环中，外层循环变量 i 取 1 时，内层循环就要执行 9 次（J 依次取 1、2、3、…、9），接着，外层循环变量 I=2，内层循环同样要重新执行 9 次（J 再依次取 1、2、3、…、9）…，所以循环共执行 81 次。

【例4-25】计算 1！+2！+3！+…+10！。

分析：此题与实现 1+2+3+…10 极为相似，只是将其中的 1 转变为 1！，2 转变为 2！，3 转变为 3！……10 转变为 10！。而每个阶乘是一个累积。因此，外层循环由 10 个元素相加而构成。内层循环一个阶乘。代码为

```
Private Sub form_click()
    Dim i, j As Integer
    Dim sum As Long                    'i,j 为循环变量，sum 为和
    Dim s As Long                      's 为阶乘
        sum = 0                        '和的初始值
        For i = 1 To 10 Step 1         '外层循环变量 I 循环 10 次
            s = 1                      '积的初始值
            For j = 1 To i Step 1      '循环变 j 循环次数与每个元素具体有关
                s = j * s              's 表示求得每个元素的阶乘
            Next j
            sum = sum + s              'sum 表示累加每个阶乘的和
        Next i
        Print sum                      '总和
End Sub
```
该题目还可以使用单重循环来实现，代码为
```
Dim i, j As Integer
s = 1 : sum=0
For i = 1 To 10
    s = s * i
    sum = sum + s
Next i
Print sum
```
【例 4-26】输出如下所示图形。
```
   *
  ***
 *****
*******
```
方法 1：采用变量 i 作为外层循环变量，控制输出行数；变量 j 作为内层循环变量，控制输出的列数。对于每一行，首先是输出若干个空格，然后输出星号。空格数目随着行数的增加是递减的，而星号数目为 1、3、5、7、…奇数增长。实现代码为
```
Private Sub Form_Click()
    Dim i,j As Integer
    For i = 1 To 4
        For j = 1 To 4 - i + 1         '输出空格
            Print "";
        Next j
        For j = 1 To 2 * i - 1         '输出星号
            Print "*";
        Next j
        Print                          '输出空行，注意换行
```

```
    Next i
End Sub
```
注意：方法 1 需要分析内层循环 j 取值范围和外层循环变量 i 取值的关系。

方法 2：利用函数 String() 来完成空格和星号的输出。实现代码为
```
Private Sub Form_Click()
    For i = 1 To 4
        Print String(4 + 1 - i, "");           '输出空格，需要分号
        Print  String(i * 2 - 1, "*")          '输出星号
    Next i
End Sub
```

2. 注意事项

循环结构在程序设计中的应用非常多，在使用时应注意以下问题。

① 不循环或死循环的问题。主要是循环条件、循环初值、循环终值、循环步长的设置有问题。

② 循环结构中缺少配对的结束语。For 少配对的 Next。

③ 循环嵌套时，各个控件结构必须完整，内层结构必须完全包含在外层结构中，不能内外循环交叉，内外循环变量的名称也不能相同。

④ 累加、连乘时，存放累加和与连乘积的变量初值设置应在循环结构外进行。

4.6　循环结构应用举例

4.6.1　累加、累乘算法

该类算法的基本思想是将前面的计算结果累积起来。

【例 4-27】计算 1 ~ 100 中所有 5 或 7 的倍数的和。

分析：本题的关键问题在于如何判断出所有 5 或 7 的倍数，然后进行累加。实现代码为
```
Private Sub Form_Click()
Sum = 0
For i = 1 To 100
    If i Mod 5 = 0 Or i Mod 7 = 0 Then
        Sum = Sum + i
    End If
Next i
Print Sum
End Sub
```

4.6.2　枚举算法

所谓枚举法，也称为"穷举法"或"试凑法"，其基本思想是列出事件所有可能出现的各种情况，逐一检查每个状态是否满足指定的条件。

【例4-28】编写程序实现用1元人民币换成1分、2分、5分的硬币共50枚的各种兑换方案。

分析：假设1分、2分、5分的硬币各为i，j，k枚，根据题目要求，列出方程组为

$$\begin{cases} i+j+k=50 \\ i+2j+5k=100 \end{cases}$$

采用"试凑法"解决方程组的求解问题，即用i、j、k变量的每一个可能取值都进行尝试。

方法1：使用三重循环结构。实现代码为

```
Dim i%, j%, k%
For i = 0 To 50
    For j = 0 To 50
        For k = 0 To 50
            If i + j + k = 50 And i + 2 * j + 5 * k = 100 Then
                Print i, j, k
            End If
        Next k
    Next j
Next i
```

方法2：使用两重循环结构。由于总共兑换成50枚硬币，故5分硬币数目可以由1分硬币和2分硬币的数目得到，即k=50-i-j。实现代码为

```
Dim i%, j%, k%
For i = 0 To 50
    For j = 0 To 50
        k = 50 - i - j
        If i + 2 * j + 5 * k = 100 Then
            Print i, j, k
        End If
    Next j
Next i
```

方法3：使用两重循环结构。由于总共兑换成50枚硬币，而5分硬币不可能超过20枚，同样2分硬币不可能超过50枚，所以每重循环不需要循环50次。实现代码为

```
Dim i%, j%, k%
For k = 0 To 20
    For j = 0 To 50
        i = 50 - k - j
        If  i + 2 * j + 5 * k = 100 Then
            Print i, j, k
        End If
    Next j
```

```
Next k
```
方法 4：使用单重循环结构实现。由方程组可以得到以下关系
j=50 - 4*k, i=50 - j -k
其中 5 分硬币的数量不可能超过 13 枚。实现代码为
```
Dim i%, j%, k%
For k = 0 To 12
    j=50 - 4*k;
    i=50 - j -k;
    Print i, j, k
Next k
```
以上我们使用了 4 种方法，但 4 种方法的性能是不同的。
方法 1：三重循环，循环次数为 51*51*51，即 132651 次。
方法 2：两重循环，循环次数为 51*51，即 2601 次。
方法 3：改进的两重循环，循环次数为 21*51，即 1027 次。
方法 4：单重循环，循环次数为 13 次。

4.6.3 递推算法

"递推法"又称为"迭代法"，其基本思想是把一个复杂的计算过程转化为简单过程的多次重复。利用自身的推导关系求解问题的方法。每次重复都从旧值的基础上递推出新值，并由新值代替旧值，利用前面已知数据推算出后面未知数据。

【例 4-29】输出 Fibonacci 数列的前 20 项。

分析：1202 年，意大利数学家斐波那契在《算盘全书》中提到 Fibonacci 数列，定义为 f(1)=1,f(2)=1,f(n)=f(n−1)+f(n−2),n>2。因此，Fibonacci 数列为 1、1、2、3、5、8、13、21、34、…，推理为 f(3)=f(2)+f(1)、f(4)=f(3)+f(2)、f(5)=f(4)+f(3)、…，如图 4-18 所示。

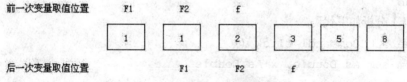

图 4-18 Fibonacci 数列公式示意图

观察图 4-18，我们可以发现，前一次公式中的变量的取值位置和后一次公式中的变量的取值位置之间的转换关系，存在着一个恒定的表达式 f = f2 + f1，其中
① 将前一次的 f2 赋值给后一次的 f1，得到 f1 = f2。
② 将前一次的 f 赋值给后一次的 f2，得到 f2 = f。
实现代码为
```
Private Sub form_click()
    Dim i As Integer
    Dim f1, f2, f As Long           'f 为从第三项开始到第 20 项的具体每项的值
    f1 = 1: f2 = 1                  ' 给 Fibonacci 数列前两项赋初值
    For i = 3 To 20 Step 1          ' 循环变量 I 从第三项开始到第 20 项变化
```

```
        f = f2 + f1                    'Fibonacci 数列
        Print f&; Space(2);            '输出第 n 项
        f1 = f2                        '将原先 f2 的旧值赋值给新的变量 f1
        f2 = f                         '将原先 f 的旧值赋值给新的变量 f2
    Next i
End Sub
```

【例 4-30】求自然对数 e 的近似值,要求其误差小于 0.00001。近似公式为

$$e = 1 + \frac{1}{1!} + \frac{1}{2!} + \frac{1}{3!} + \cdots + \frac{1}{i!} + \cdots = \sum_{i=0}^{\infty} \frac{1}{i!} \approx 1 + \sum_{i=1}^{m} \frac{1}{i!}$$

分析,该例题涉及以下两个问题。

① 用循环结构求级数和的问题。本例根据某项值的精度来控制循环的结束与否。

② 累加:e=e+t,循环体外对累加和的变量清零,e=0;连乘:n=n*i,循环体外对连乘积变量置 1,n=1。

实现代码为

```
Private Sub Form_Click()
    Dim i%,n&, t!, e!
    e = 0   : n = 1                    'e 存放累加和、n 存放阶乘
    i = 0   : t = 1                    'i 计数器、t 第 i 项的值
    Do While t > 0.00001
        e = e + t:  i = i + 1          '累加、连乘
        n = n * i:  t = 1 / n
    Loop
    Print "计算了 "; i; "项的和是 "; e
End Sub
```

【例 4-31】分析如下代码

```
Private Sub Command1_Click ()
    Dim sum As Double, x As Double
    sum = 0
    n=0
    For i=1 To 5
        x=n/i
        n=n+ 1
        sum =sum+ x
    Next
End Sub
```

该程序段通过 For 循环计算一个表达式的值,这个表达式是(   )。

(A) 1+1/2+2/3+3/4+4/5   (B) 1+1/2+2/3+3/4

(C) 1/2+2/3+3/4+4/5   (D) 1+1/2+1/3+1/4+1/5

分析:由该程序段的结构可知,进入 For 循环前,变量 sum 和 n 的值都赋为 0。开始执行

For 语句时，各个变量值的变化如表4-7所示。

表4-7　　　　　　　　　　　　　　　交换变量图示

循环次数	变量 i	变量 x	变量 n	变量 sum
0	0	0	0	0
1	1	0/1	0+1	0+0/1
2	2	1/2	1+1	0+1/2
3	3	2/3	2+1	0+1/2+2/3
4	4	3/4	3+1	0+1/2+2/3+3/4
5	5	4/5	4+1	0+1/2+2/3+3/4+4/5
6	6	4/5	4+1	0+1/2+2/3+3/4+4/5

所以答案是（C）。

4.6.4　几个有趣的数

【例4-32】求最小、最大值。在若干个数中求最大值，一般先假设一个较小的数为最大值的初值，若无法估计较小的值，则取第一个数为最大值的初值。然后将每一个数与最大值比较，若该数大于最大值，将该数替换为最大值。依次逐一比较。若在若干个数中求最小值，其方法与求最大值类似。

例如，随机产生10个100～200之间的数，求最大值，实现代码为

```
Private Sub Command1_Click()
    Max = 100
    For i = 1 To 10
        x = Int(Rnd * 101 + 100)
        Print x;
        If x > Max Then Max = x
    Next i
    Print
    Print " 最大值 ="; Max
End Sub
```

【例4-33】输入一整数，判断其是否为素数。所谓素数，是指一个大于2，且不能被1和本身以外的整数整除的整数。若m是素数，则m只能被1和m自身整除，也就是说，不能被2，3，…，m-1整除。根据一个命题的逆否命题等于其本身，则如果2，3，…，m-1之中只要有一个数能整除m，则m就不是素数。实现代码为

```
Private Sub form_click()
    Dim flag As Boolean      'flag 作为标志
    Dim  number As Integer   'number 为输入的整数
    Dim i As Integer         'i 为循环变量，为2到number -1的任意数
    number = Val(InputBox(" 请输入一个整数 "))
    flag = True             ' 作为标志用 ,true 表示素数, false 表示不是素数
    For i = 2 To number - 1 Step 1' 从2到小于本数之间取值
```

```
            If number Mod i = 0 Then      '是否能整除
                flag = False              '标志为假
                Exit For                  '退出循环,请读者思考此句的作用?
            End If
        Next i
        If flag = True Then
            Print number & " 是素数 "
        Else
            Print number & " 不是素数 "
        End If
End Sub
```

【例 4-34】水仙花数。所谓水仙花数,是这样的一个 3 位数,其各位数字立方和等于该数字本身。例如,153=1*1*1 + 5*5*5 + 3*3*3,所以 153 是水仙花数。所以,水仙花数算法的关键是如何将一个数转化为它的每一位的数,在此采用算术运算符 mod 和 \ 来实现。

方法 1
```
Dim i, a, b, c As Integer
For i = 100 To 999
    a = i Mod 10                          '取个位
    b = (i \ 10) Mod 10                   '取十位
    c = i \ 100                           '取百位
    If i = a * a * a + b * b * b + c * c * c Then
        Print i
    End If
Next i
```

方法 2
```
Dim i, a, b, c As Integer
For i = 100 To 999
    a = i Mod 10                          '个位
    b = (i Mod 100) \ 10                  '十位,先求后两位,然后求十位
    c = i \ 100                           '百位
    If i = a * a * a + b * b * b + c * c * c Then
        Print i
    End If
Next i
```

方法 3

利用 3 重循环,将 3 个个位数连接成一个 3 位数进行判断,例如,将 i、j、k3 个个位数连成一个 3 位数的表达式为 i*100+j*10+k,判断 i*100+j*10+k=i^3+j^3+k^3。实现代码为

```
Dim i, j, k, str, a
For i = 1 To 9
    For j = 0 To 9
```

```
            For k = 0 To 9
                If i * 100 + j * 10 + k = i ^ 3 + j ^ 3 + k ^ 3 Then
                    a = a & i & j & k & Space(2)
                End If
            Next k
        Next j
    Next i
    Print a
```

【例 4-35】显示 1 到 100 之间的完数。所谓完数，是这样一个整数，其所有的因子，除去其本身外，因子相加之和等于其自身。例如，整数 6，其因子为 1、2、3、6，除去整数 6 本身，其余的因子 1+2+3 之和与自身 6 相等，因此，6 就是一个完数。在此，借鉴素数和水仙花数中的思路，实现代码为

```
Private Sub form_click()
    Dim i ,j As Integer           'i 表示因子，j 表示所要判断的数是否为完数
    For j = 1 To 100              'j 表示从 0 到 100 之间数
        s = 0                     '和的初始值
        For i = 1 To (j - 1)
                                  '对于整数 j，其因子的范围不包括完数本身，所以为 1 到 j-1
            If j Mod i = 0 Then   '求因子
                s = s + I         '累加
            End If
        Next i
        If s = j Then             '因子之和与原数进行比较
            Print j & " 输入的数是完数 "
        End If
    Next j
End Sub
```

4.7　其他辅助语句

4.7.1　退出与结束语句

1．Exit 语句

Exit 语句有多种形式：Exit For、Exit Do、Exit Sub、Exit Function 等。Exit 语句的作用是退出某种控制结构的执行。

① Exit For，退出 For...Next 循环。
② Exit Do，退出 Do...Loop 循环。
③ Exit Sub，退出子过程。
④ Exit Function，退出子函数。

2. End 语句

End 语句也有多种形式：End、End If、End Select、End With、End Type、End Sub、End Function 等。其中，"End"用于结束一个程序的运行；其余表示某个结构的结束，与对应的结构语句配对出现。

4.7.2 With 语句

With 语句的作用是对某个对象执行一系列的操作，而不用重复指出对象的名称。其语法格式为

```
With   对象
    语句块
End With
```

一般情况下，要改变一个对象的多个属性，可以在 With 控制结构中加上属性的赋值语句，这时候只是引用对象一次而不是在每个属性赋值时都要引用它。如，下列代码用于修改 Label1 的多个属性值。

```
With  Label1
    .Height = 2000
    .Width = 2000
    .FontSize=22
    .Caption = "MyLabel"
End With
```

以上语句等价于下列语句。

```
Label1.Height = 2000
Label1.Width = 2000
Label1.FontSize=22
Label1.Caption = "MyLabel"
```

4.8　小结

本章介绍了 Visual Basic 语言的基础控制结构，包括算法，流程图，三种基本结构：顺序结构、选择结构和循环结构，以及一些辅助语句。

算法作为解决某个问题或实现某项功能的方法和步骤，具备确定性、可行性、有穷性、输入性和输出性 5 个特性。

4.9　习题

1. 选择题

① 运行下列程序之后，显示的结果为_____。

```
J1=10
```

J2=30

If J1<J2 Then Print J2; J1

A. 10　　　　　B. 30　　　　　C. 10 30　　　　　D. 30 10

② 下面语句正确的是_____。

A. If X ≥ Y Then T=A :A=B: B=T　B. If X ≥ Y Then T=A: A=B: B=T

C. If X>=Y Then T=A :A=B: B=T　D. If X>=Y Then T=A:A=B:B=T

③ 下列程序段的执行结果为_____。

X=5

Y=-20

If Not X>0 Then X=Y-3 Else Y=X+3

Print X-Y;Y-X

A. -3 3　　　　B. 5-8　　　　C. 3-3　　　　D. 25-25

④ 下列程序段的执行结果为_____。

A=75

If A>60 Then I=1

If A>70 Then I=2

If A>80 Then I=3

If A>90 Then I=4

Print "I=":I

A. I=1　　　　B. I=2　　　　C. I=3　　　　D. I=4

⑤ 下列程序段的执行结果为_____。

X=Int(Rnd+4)

Select Case X

　　Case 5

　　　Print "优秀"

　　Case 4

　　　Print "良好"

　　Case 3

　　　Print "通过"

　　Case Else

　　　Print "不通过"

End Select

A. 优秀　　　　B. 良好　　　　C. 通过　　　　D. 不通过

⑥ 下列程序段的执行结果为_____。

X=1

Y=1

For I=1 To 3　step 1

　　F=X+Y

　　X=Y

　　Y=F

```
           Print F
    Next I
```
A. 2 3 6　　　　B. 2 2 2　　　　C. 2 3 4　　　　D. 2 3 5

⑦ 下列程序段的执行结果为_____。
```
    I=4
    A=5
    Do
        I=I+1
        A= A+2
    Loop Until I>=7
    Print "I=";I
    Print "A=";A
```
A. I=7　　　　B. I=7　　　　C. I=8　　　　D. I=7
　 A=5　　　　　 A=13　　　　　 A=7　　　　　 A=11

⑧ 下列程序段的执行结果为_____。
```
    A=0 : B=1
    Do
        A=A+B
        B=B+1
    Loop While A<10
    Print A;B
```
A. 10 5　　　　B. A B　　　　C. 0 1　　　　D. 10 30

⑨ 下面程序的内层循环次数是_____。
```
    For i=1 to 3
        For j=1 to I
            For k=j to 3
                Print "*"
            Next k
        Next j
    Next i
```
A. 3　　　　B. 14　　　　C. 9　　　　D. 21

⑩ 下面程序的运行结果是_____。
```
    Private Sub Command1_Click()
        x=1: y=1
        For i=1 to 3
            x=x+y: y=y+x
        Next i
        print x,y
    End Sub
```
A. 6 6　　　　B. 5 8　　　　C. 13 21　　　　D. 34 35

2. 简答题

① 什么是算法？有何特征？

② 结构化程序设计有哪 3 种基本结构？

③ 用程序流程图描述根据交通灯通过十字路口的过程。

3. 编程题

① 编写一个判断给定坐标在第几象限的程序，界面如图 4-19 所示。

图 4-19　程序运行界面

② 有一道如下的题，8 个数字只能看清 3 个，第 5 个数字不清楚，但知道其不是 1，请问不清楚的 5 个数是什么？（不清楚的 5 个数用 * 表示。）

$$[* \times (*3+*)]^2 = 8**9$$

③ 一个两位数的正整数，如果将其个位数与十位数字对调所生成的数称为对调数，如 28 和 82 为对调数。现给定一个两位的正整数，请找到另一个两位的正整数，使这两个数之和等于它们各自的对调数之和，如 56+32=65+23。

④ 利用随机函数产生 20 个 50 ~ 100 之间的随机数，显示最大值，最小值和平均值。

⑤ 用 Visual Basic 分别实现如下图形的输出。

```
       1              *****
      222              ****
     33333              ***
    4444444              **
                          *
```

⑥ 计算 $S = 1+1/2^2+1/3^2+1/4^2 + \cdots 1/n^2$ 的值，当第 i 项 $1/i^2 \leq 10^{-5}$ 时结束。

⑦ 打印 1~1000 中所有能被 3 和 7 同时整除的奇数。

⑧ 计算小于 1000 且靠近 1000 的 10 个素数之和。

⑨ 我国古代数学家在《算经》中出了一道题："鸡翁一，值钱五；鸡母一，值钱三；鸡雏三，值钱一。百钱买百鸡，问鸡翁、母、雏各几何？"意为：公鸡每只 5 元，母鸡每只 3 元，小鸡 3 只 1 元，用 100 元买 100 只鸡，问公鸡、母鸡、小鸡各多少？

第 5 章 数组及自定义类型

前面所介绍的变量只能存取一个数据，而在实际应用中经常需要处理相同性质的成批数据，这种情况下，变量就不适用了。例如：①输入全班 50 名学生某门课程的成绩，求出高于平均分的学生人数；②某公司有近万名职工，制造工资报表等。此时的有效方法是通过数组来存储数据。本章将介绍数组的概念、定义声明和基本操作。

5.1 数组的概念

5.1.1 数组的概念

数组是一组具有相同类型和名称的变量的集合。

变量的名称为数组名，变量称为数组元素，用数字（下标）来标识，因此数组元素又称为下标变量。数组名及下标可以唯一标识数组中的一个元素。

比如要存放整数 1 到 10，可以声明 10 个整形变量存放，也可以用一个数组 inum 存放，整数 1 到 10 分别存放在 inum（1）、inum（2）、inum（3）…、inum（10）中，其中数组名称为 inum，括号中的数字为下标，inum（3）表示该数组中下标为 3 的那个数组元素。

说明

① 数组的命名与简单变量的命名规则相同。

② 下标必须用小括号括起来，不能把数组元素 inum（3）写成 inum3，后者是简单变量。

③ 下标必须是整数，否则将被自动取整（舍去小数部分），如 s（3.8）将被视为 s（3）。

④ 下标的最大和最小值分别称为数组的上界和下界，默认情况下，数组的下标为 0。数组的元素在上下界内是连续的。

⑤ 数组并不是一种数据类型，而是一组相同类型数据的集合。

⑥ 数组在使用之前必须先声明，声明数组的目的是为数组分配存储空间，数组名即为这个存储空间的名称，而数组元素即为存储空间的每一个单元。每个单元的大小与数组的类型有关。

5.1.2 数组的分类

Visual Basic 中的数组，按不同的方式可分为以下几类。

按数组的大小（元素个数）是否可以改变分为：静态（定长）数组、动态（可变长）数组。静态数组中数组元素的个数固定不变，而动态数组中数组的元素个数可以根据需要增加或减少。

按元素的数据类型可分为：数值型数组、字符串数组、日期型数组、变体数组等。每一个数组只能存取一种类型的数据。

按数组的维数可分为：一维数组、二维数组、多维数组。如果一个数组的元素只有一个下标，则称这个数组为一维数组。例如，前文介绍的数组 inum。用两个下标来表示元素的数组称为二维数组。对于可以表示成表格形式的数据，如矩阵、行列式等，用二维数组来表示是比较方便的。若要表示一到六班（设各班有 40 人）共 240 个学生的英语成绩，可以用二维数组表示 G（6，40），第一个下标表示班级号，第二个下标表示学号，则一班 30 号学生的成绩可以表示成 G（1，30）。

根据需要，还可以使用三维数组、四维数组等，VB 最多允许有 60 维。

5.2 静态数组

静态数组是大小固的数组，其中包含的数组元素个数不变，占用的存储空间不变。

5.2.1 数组的声明

静态数组声明的格式为

  Dim 数组名（下标 1[，下标 2，…]）[As 类型]

说明

① 维数定义：声明数组的维数以及各维的范围，几个下标为几维数组。

② 每一维下标的定义格式为：[下界 To] 上界。若省略下界，则为 0，下标定义时必须为常数。若希望下标从 1 开始，可在模块的通用部分使用 Option Base 语句将设为 1。

其使用格式为

  Option Base 0|1   ' 后面的参数只能取 0 或 1

例如

  Option Base 1   ' 将数组声明中缺省 < 下界 > 下标设为 1

③ 每一维大小：上界 – 下界 +1。

④ 数组大小：每一维大小的乘积。

⑤ 数组类型：和变量声明类型时相同，如果省略 As 子句，则数组的类型为变体类型。

例如

  Dim score（1 to 15）as long

  Dim fscore（15）as single

  Dim sname（1 to 3，1 to 30）as string

  Dim sid（3，3，4）as string

第一行语句声明了一维数组 score，共有 15 个数组元素，分别为 score（1）、score（2）、score（3）到 score（15），为长整形数组，占用 4*15 共 60 个字节存储空间。

第二行语句声明了一维数组 fscore，省略了下标的下界，所以下界为 0，共有 16 个数组元素，分别为 score（0）、score（1）、score（2）到 score（15），为长整形数组，占用 4*16 共 64 个字节存储空间。

第三行语句声明了二维字符串类型数组 sname，第一维大小为 4，第二维大小为 30，共有 120 个数组元素，分别为 sname（1,1）、sname（1,2）、sname（1,3）到 sname（1,30）、sname（2,1）、sname（2,2）到 sname（1,30）、sname（3,1）、sname（3,2）、sname（3,3）到 sname（3,30）。

第四行语句声明了三维字符串类型数组 sid，第一维、第二维大小为 4，第三维大小为 5，共有 80 个数组元素。

5.2.2 数组的使用

在建立（声明）一个数组之后，就可以使用数组。使用数组就是对数组的元素进行各种操作，如赋值、表达式运算、输入或输出等。

对数组元素的操作与对简单变量的操作基本一样，引用数组元素时要注意以下几点。

① 数组声明语句不仅定义数组、为数组分配存储空间，而且还能对数组进行初始化，数值型数组的元素值初始化为 0，字符型数组的元素值初始化为空，布尔型数组的元素值初始化为 False。

② 引用数组元素的方法是在数组名后的小括号中指定下标。如

```
snum=score（0）
sname=strname（3,4）
```

其中，score（0）表示数组 score 中索引值为 0 的元素，strname（3,4）表示二维数组 strname 中行下标为 3，列下标为 4 的元素。

③ 数组名、数组类型和维数必须与数组声明时一致。

④ 下标值应在数组声明时所指定的范围之内。

⑤ 在同一过程中，数组与简单变量不能同名。

5.3 动态数组

在数组的实际应用当中，在程序设计阶段有时并不知道数组元素的大小，而无法声明准确的数组大小，或在某个过程中需要一个特别大的数组，如果在程序一开始，就声明一个大数组，则内存长期被占用，会降低系统效率。遇到这些情况，可以使用动态数组，前者可以一面输入数据一面随着数据量的增加而重新声明数组的大小，而后者可在需要使用特别大数组的过程中重新声明数组大小，离开过程前取消该数组。

5.3.1 动态数组的声明

要创建动态数组，需要分两步进行。

① 与前面的静态数组的声明类似，只是不说明维数和界限，并不分配内存。

② 实际使用时用 ReDim 语句分配实际的内存空间，格式为

```
ReDim [preserve] 数组名（维界定义1 [,维界定义2 …]） [As 类型]
```

例如，可先在模块级声明中建立动态数组 DynA。

```
    Dim DynA() As Integer
```
然后，在过程中给数组分配空间。
```
Sub TestArray()
    ...
    ReDim DynA(9, 1 to 20)       '声明数组为二维
    ...
End Sub
```

5.3.2　动态数组的使用

① ReDim 语句的维界定义中的上下界可以是常量，也可以是有了确定值的变量。

② ReDim 语句只能出现在过程体内，为数组临时分配存储空间，当所在过程结束时，分配的存储空间就会释放。在过程中可以多次使用 ReDim 语句来改变数组的大小。

③ 使用 Redim 语句时，如果不使用 Preserve 选项，则原来数组中的值丢失，即数组中的内容全部被重新初始化。

④ 使用 Redim 语句时，如果使用 Preserve 选项，在对数组重新说明时，将会保留数组中原来的数据。但是不能改变维数，并且只能改变最后一维的大小，前面维的大小不能改变。例如

```
Dim exa() As Integer
Private Sub Form_Click()
    ReDim exa(2, 2)              '正确，二维数组
    ReDim Preserve exa(2, 4)     '正确，保留数组原数据，只可改变最后一维大小
    ReDim Preserve exa(4, 2)     '下标越界，使用 Preserve 选项只可改变
                                 '最后一维大小
    ReDim Preserve exa(2, 2, 4)  '下标越界，使用 Preserve 选项不能改变维数
    ...
End Sub
```

⑤ 使用 ReDim 语句时，可以省略"As 类型"，即维持数组原来的数据类型。但如果使用"As 类型"，其中的"类型"应该和此数组最初的数据类型一致，即使用 ReDim 语句不可以改变数组的数据类型。例如

```
Dim exa() As Integer             '整形
Private Sub Form_Click()
ReDim exa(2, 2)                  '正确，省略"As 类型"，表示整形
ReDim exa(2, 4) As Integer       '正确，整形，与初始定义一致
ReDim exa(2, 2, 2) As Single     '错误，不能改变数组元素的数据类型
...
End Sub
```

⑥ 在 ReDim 语句中可以定义多个动态数组，但是这些数组必须都已事先用不带维数和界限的数组声明语句进行了声明。例如

```
Dim a11%(), a12$(), a13!()       '先声明
Private Sub Form_Click()
ReDim a11(2, 3), a12(4, 5), a13(5, 6, 7)
```

```
...
End Sub
```

5.4 数组的基本操作

数组是程序设计中最常用的结构类型,将数组元素的下标和循环语句结合使用,能解决大量的实际问题。数组在声明时用数组名表示该数组的整体,但在具体操作时是针对每个数组元素进行的。

5.4.1 常用数组函数及语句

1. LBound 函数和 UBound 函数

LBound 函数返回数组某维的下界(最小下标)。格式为

LBound(数组名,[维值])

UBound 函数返回数组某维的上界(最大下标)。格式为

UBound(数组名,[维值])

说明

① 对于一维数组,在使用这两个函数时,可以省略维值。例如

```
Dim a(100) As Integer
Print LBound(a), Ubound(a)    '运行的结果会输出 0 和 100 两个数
```

② 对于多维数组,在使用这两个函数时,要指定维值从而说明是要获取哪一维的下界或上界。例如

```
Option Base 1
Dim a(0 To 10, 10)
Private Sub Form_Click()
    Print UBound(a, 2)        '打印第二维的上界,10
    Print LBound(a, 1)        '打印第一维的下界,0
    Print LBound(a, 2)        '打印第二维的下界,1
End Sub
```

③ 也可以通过使用这两个函数获得数组某一维的大小。例如

```
Dim b(9, 1 To 5)
m = UBound(b, 1) - Lbound(b, 1) + 1    '获得第一维的大小:10
n = UBound(b, 2) - Lbound(b, 2) + 1    '获得第二维的大小:5
s = m * n                              '计算数组的大小:50
```

2. IsArray 函数

IsArray 函数用来判断一个变量是否是数组,如果是返回 True,否则返回 False。
例如

```
Dim a%(5), b%
Print IsArray(a), IsArray(b)    '运行结果是打印出 True    False
```

5.4.2 数组元素的赋值

1. 利用循环语句对数组元素逐一赋值

（1）产生随机数赋值

例如

```
Dim a%(10)
Private Sub Form_Load()
    For i=0 To 10
        a(i)=Int(100*Rnd)+1      '产生 0 到 100 之间的随机数赋值给数组元素
    Next i
End Sub
```

（2）通过 InputBox 函数输入

```
Dim b%(10)
Private Sub Form_Click()
    For i = 0 To 10
        b(i) = InputBox("给数组元素赋值", "数组 b 赋值")
    Next i
End Sub
```

2. 利用 Array 函数

利用 Array 函数可以把一个数据集赋值给一个 Variant 类型的变量（只能是 Variant 型变量，不能是 Variant 型数组），再将该 Variant 变量创建成一个一维数组。例如

```
Dim a As Variant, b, c(5) As Variant
a = Array(11, 12, 13, 14, 15)        'a 数组有 5 个元素
b = Array("abc", "cdefgh", "xyz")    'b 数组有 3 个元素
For i = LBound(a) To UBound(a)
    Print a(i)
Next i
For i = LBound(b) To UBound(b)
    Print b(i)
Next i
c = Array(0, 1, 2, 3, 4)             '错误，不能使用 Array 函数给数组赋值
```

5.4.3 数组间的赋值

在 Visual Basic 6.0 中，只要通过一个简单的赋值语句即可实现。例如

```
Dim a%(5), b%()
a(0) = 1: a(1) = 4: a(2) = 8: a(3) = 20: a(4) = 67: a(5) = 3
b = a                                '将 a 数组的各个元素的值对应的赋值给 b 数组
```

其中的"b = a"语句相当于如下程序段：

```
ReDim b(Ubound(a))
For i = 0 To Ubound(a)
```

```
        b(i) = a(i)
Next i
```
使用赋值语句对数组赋值时,赋值语句两边的数组的数据类型必须一致;并且赋值语句左边的数组必须是动态数组,赋值时系统自动将动态数组 ReDim 成右边相同大小的数组。

5.4.4 数组元素的输出

数组元素的输出可以使用循环语句和 Print 语句来实现,在前面的例子中我们已经使用过。例如

```
Dim a%(10)
…
For i = LBound(a) To UBound(a)
    Print "a(" + I + ")=";a(i)
Next i
…
```

5.4.5 求数组中极值及所在下标

以下程序段为求数组元素中的最大值及所对应下标。最小值和其类似。

```
Dim Max As Integer, iMax As Integer,    iA%(1 to 10)
    …
Max=iA(1): iMax=1              'Max 存放最大元素的值,iMax 存放最大元素的下标
For i = 2 To 10
    If  iA(i)>Max   Then
        Max=iA(i)
        iMax=i
    End If
Next I
…
```

5.4.6 数组元素的插入

在有序数组 a(1 to n)(原有 n-1 个元素)插入一个值 Key 元素。使得插入 key 后的数组仍然有序。

算法思想如下所示。

① 在 1 to n 位置中,查找要插入的位置 k(1<=k<=n-1)。
② 找到位置后腾出该位置,从最后一个元素开始到第 K 个元素往后移动一个位置。
③ 将数据 Key 插入到腾出的第 k 个元素的位置。

例如将 14 插入到以下数组中去。

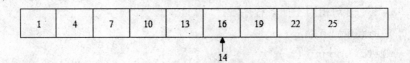

实现代码为
...
```
Dim a%(1 To 10)                               '声明数组
Dim i%, k%, key%, key1 As Variant
For i = 1 To 9                                '生成数组值
    a(i) = (i - 1) * 3 + 1
Next i
For i = 1 To 9
    Print a(i); Spc(1);
Next i
Do                                            '输入插入值
    For k = 1 To 9                            '找插入位置
        If 14 < a(k) Then Exit For
    Next k
    For i = 9 To k Step -1                    '留出插入位置
        a(i + 1) = a(i)
    Next i
    a(k) = 14                                 '插入
    For i = 1 To 10                           '显示插入后的数组
        Picture2.Print a(i); Spc(1);
    Next i
...
```

5.4.7 数组元素的删除

算法思想：首先也是要找到欲删除的元素的位置 k；然后从 k+1 到 n 个位置开始向前移动；最后将数组元素个数减 1。

| 1 | 4 | 7 | 10 | 13 | 14 | 16 | 19 | 22 | 25 |

例如将元素 14 从以下数组中删去。

实现代码为
```
Dim a%(1 To 10), i%, k%
For i = 1 To 10
    a(i) = (i - 1) * 3 + 1
Next
For i = 1 To 10
    Picture1.Print a(i);
Next i
For k = 1 To 10
    If a(k) = 13 Then Exit For
```

```
Next k
For i = k To 9
    a(i) = a(i + 1)
Next i
Picture1.Print
For i = 1 To 10
    Picture1.Print a(i);
Next i
```

5.4.8 数组中常见错误和注意事项

（1）静态数组声明下标出现变量

```
n = InputBox("输入数组的上界")
Dim a(1 To n) As Integer
```

（2）数组下标越界

引用的下标比数组声明时的下标范围大或小。

```
Dim a(1 To 30) As Long, i%
a(1) = 1: a(2) = 1
For i = 3 To 30
    a(i) = a(i - 2) + a(i - 1)
Next i
```

（3）数组维数错

数组声明时的维数与引用数组元素时的维数不一致。

```
Dim a(3, 5) As Long
a(I) =10
```

（4）Aarry 函数使用问题

只能对 Variant 的变量或动态数组赋值。

5.5 自定义数据类型

数组能够存放一组类型相同的数据集合，要想存放一组能够存放不同类型的数据，例如，存放一个学生的学号，年龄，家庭住址，手机号码，个人爱好，社会背景等，就必须要用自定义数据类型。因此可以说自定义数据类型是一组类型不同的变量的集合。

5.5.1 自定义数据类型的定义

自定义数据类型定义的语法格式为

```
[Public|Private]Type 自定义类型名
    元素名[(下标)] As 类型名
    …
    [元素名[(下标)] As 类型名]
```

End Type

例如，以下定义了一个有关学生信息的自定义类型。

```
Type StudType
    No As Integer                        '学号
    Name As String * 20                  '姓名
    Sex As String * 1                    '性别
    Mark(1 To 4) As Single               '4门课程成绩
    Total As Single                      '总分
End Type
```

注意

① 自定义类型一般在标准模块（.BAS）中定义，默认是 Public；在窗体必须是 Private。

② 不要将自定义类型名和该类型的变量名混淆，前者表示了如同 Integer、Single 等的类型名，后者 VB 根据变量的类型分配所需的内存空间，存储数据。

③ 自定义类型一般和数组结合使用，简化程序的编写。

5.5.2 自定义数据类型变量的声明和使用

自定义数据类型变量的声明和作用方法如下。

（1）声明格式

  Dim 变量名 As 自定义类型名

例如

  Dim Student As StudType

（2）引用方式

  变量名 . 元素名

例如，要表示 Student 变量中的姓名，第 4 门课程的成绩，则用如下形式。

  Student.Name, Student.Mark(4)

以下代码说明自定义数据类型的使用方法。

```
Private Type MANType
    No As Integer                        '学号
    Name As String                       '姓名
    Sex As String * 1                    '性别
    Birthdate As Date                    '出生年月
    Speciality as string                 '特长
End Type
Private Sub Command1_Click()
    Dim Man As MANType
    With Man
        .No = 25000
        .Name = "秦雪梅"
        .Sex = "女"
        .Speciality=" 鉴赏书画 "
```

```
        .Birthdate = #8/13/1800#
        Print .No;"";.Name;"";.Sex;"";Format(.Birthdate,"yyyy年mm月dd日")
    End With
End Sub
```
说明

同种自定义类型变量可相互赋值。它相当于将一个变量中的各元素的值对应的赋给另一个变量中的元素。

5.5.3 自定义类型数组的应用

自定义一个学生记录类型：有姓名、专业、总分组成，声明一个存放最多 100 个学生记录的数组；要求，按"新增"按钮，将文本框输入的学生信息加到数组中；按"前一个"或"后一个"按钮，显示当前元素前或后的记录；按"最高"按钮则显示总分最高的记录；任何时候在窗体上显示数组中输入的纪录和当前数组元素的位置。

【例 5-1】利用自定义类型数组，编一类似数据管理（输入、显示、查询）的程序。程序结果如图 5-1 所示。

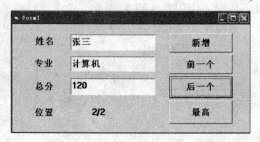

图 5-1 运行结果

实现代码为

```
Private Type StudType
    Name As String * 10
    Special As String * 10
    Total As Single
End Type                        '该定义在 lbc5_7.bas 中，是全局类型的
Dim n%, i%                      '窗体级变量
Dim stud(100) As StudType
Private Sub Command1_Click()
    Dim max%, maxi%, j
    If n < 100 Then             '总条数
        If Text1.Text <> "" Then n = n + 1    '必须有姓名
    Else
        MsgBox prompt:=" 人数已经达到 100 了 "
        Exit Sub
    End If
```

```
        If n = 0 Or n = i Then Exit Sub
        i = n
        With stud(n)
            .Name = Text1
            .Special = Text2
            .Total = Val(Text3)
        End With
        Text1.Text = "": Text2.Text = "": Text3.Text = ""
        Label5.Caption = i & "/" & n            '位置
End Sub
Private Sub Command2_Click()
    If i = 0 Then Exit Sub
    If i > 1 Then i = i - 1
    With stud(i)
        Text1 = .Name
        Text2 = .Special
        Text3 = .Total
    End With
    Label5.Caption = i & "/" & n                '位置
End Sub
Private Sub Command3_Click()
    If i = 0 Then Exit Sub
    If i < n Then i = i + 1
    With stud(i)
        Text1 = .Name
        Text2 = .Special
        Text3 = .Total
    End With
    Label5.Caption = i & "/" & n                '位置
End Sub
Private Sub Command4_Click()
    If n = 0 Then Exit Sub
    max = stud(1).Total
    maxi = 1
    For j = 2 To n
        If stud(j).Total > max Then
            maxi = j
        End If
    Next j
    With stud(maxi)
```

```
            Text1.Text = .Name
            Text2.Text = .Special
            Text3.Text = .Total
        End With
        i = maxi
        Label5.Caption = i & "/" & n        '位置
End Sub
Private Sub Form_Load()                    '准备
    Dim stud(1 To 100) As StudType
    Label1.Caption = "姓名"
    Label2.Caption = "专业"
    Label3.Caption = "总分"
    Label4.Caption = "位置"
    Label5 = ""
    Text1.Text = ""
    Text2.Text = ""
    Text3.Text = ""
    Command1.Caption = "新增"
    Command2.Caption = "前一个"
    Command3.Caption = "后一个"
    Command4.Caption = "最高"
End Sub
```

5.6 数组应用举例

以上我们学习了有关数组的定义及使用方法，下面通过几个例子说明有关数组的应用。

【例5-2】输入若干名学生的成绩，计算平均分和高于平均分的人数。

```
Dim aver!, sum!, i%, n%
Dim mark(1 To 100) As Integer
aver = 0
sum = 0
n = 0
For i = 1 To 100
    mark(i) = Int(Rnd * 101)
    sum = sum + mark(i)
Next i
aver = sum / 100
For i = 1 To 100
    If mark(i) > aver Then
```

```
            n = n + 1
        End If
    Next i
    Print n, aver
    For i = 1 To 100
    Print mark(i)
    Next i
```

【例 5-3】 将数组中的各个元素的位置进行逆序操作，即将数组第 1 个元素与最后一个元素交换位置，第 2 个元素与倒数第 2 个元素交换位置，依次类推。

```
Option Base 1
Private Sub Command1_Click()
Dim i%, t%: Dim a(1 To 10) As Integer
    For i = 1 To 10
        a(i) = i - 1
    Next i
    For i = 1 To 10
        Print a(i);
    Next i
    For i = 1 To 10 \ 2
        t = a(i)
        a(i) = a(10 - i + 1)
        a(10 - i + 1) = t
    Next i
    For i = 1 To 10
        Print a(i);
    Next i
End Sub
```

【例 5-4】 输入一串字符，统计各字母出现的次数，大小写字母不区分，如图 5-2 所示。

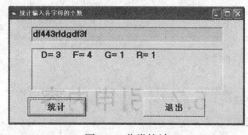

图 5-2　分类统计

分析

① 统计 26 个字母出现的个数，先声明一个具有 26 个元素的数组，每个元素的下标表示对应的字母，元素的值表示对应字母出现的次数。

② 从输入的字符串中逐一取出字符，转换成大写字符（使得大小写不区分），进行判断。

③ 运行界面设计：一个文本框（用于输入），一个图片框（用于显示），两个命令按钮（统计和退出）。

```
Private Sub Form_Load()
    Text1.Text = ""
    Text1.TabIndex = 0
    Text1.ScrollBars = 1                              '只读属性
    Command1.Caption = "统计"
    Command2.Caption = "退出"
    Form2.Caption = "统计输入各字母的个数"
End Sub
Private Sub Command1_Click()
    Dim Aph(1 To 26) As Integer, i%, length%, j%, c As String * 1
    length = Len(Text1.Text)
    For i = 1 To length
        c = UCase(Mid(Text1.Text, i, 1))
        If c >= "A" And c <= "Z" Then        '大写字符 A 的 ASC 码值为 65
            j = Asc(c) - 64
            Aph(j) = Aph(j) + 1
        End If
    Next I
    Picture1.Cls                                      '清除已显示的内容
    j = 0
    For i = 1 To 26
        If Aph(i) <> 0 Then
            Picture1.Print Spc(2); Chr(i + 64); "="; Format(Aph(i),"@@");                                '格式输出占 2 位
            j = j + 1
            If j Mod 8 = 0 Then Picture1.Print    '每行输出 8 个
        End If
    Next i
End Sub
```

5.7　引申内容

5.7.1　数组的排序

1. 选择法

对已有 n 个元素的数组，按照非递增的顺序（降序）排序。选择法排序的思想如下。

① 从 n 个数中找出最大数，并记录其下标，然后与第 1 个数交换位置。

② 从除去第 1 个数的 n−1 个数中再按照步骤①找出最大的数,并记录其下标,然后和数组的第 2 个数交换位置。

③ 一直重复步骤① n−1 次,最后构成递减序列。

实际上,选择法排序也称为比较法排序,每一遍都是进行比较,从而找出最大数记录其下标,并交换到它的有序位置,使用循环嵌套实现。

如果要按递增顺序(升序)排序,则每次要找最小的数。

选择法排序的算法可以用以下代码实现(以数组 a 降序排序为例,假设有 n 个元素)。

```
For i = LBound(a) To UBound(a) - 1        '外层循环n-1次
    iMax = i                              '第i轮比较,假设第i个元素为最大元素
    For j = i + 1 To UBound(a)            '在数组第i～n个元素中找出实际最大元素的下标
        If a(j) > a(iMax) Then iMax = j
    Next j
                                          '找到以后与第i个元素交换位置
    tmp = a(i)
    a(i) = a(iMax)
    a(iMax) = tmp
Next i
```

第 1 次外循环结束,最大的数则被交换到第 1 个元素的位置,第 2 次外循环结束,次大的数则被交换到数组第 2 个元素的位置,…,直至 n−1 遍外循环结束,数组即按递减循序排列。在内循环中记录下标直至外循环结束才交换,而不是在内循环中直接交换,这样是为了减少交换次数。

2. 冒泡法

对已有 n 个元素的数组,按照非递减的顺序(升序)排序。冒泡排序的思想如下。

① 将第 1 个和第 2 个元素比较,如果第 1 个元素大于第 2 个元素,则将第 1 个元素和第 2 个元素交换位置。

② 比较第 2 个和第 3 个元素,依此类推,直到比较第 n−1 个元素和第 n 个元素。

③ 对前 n−1 个元素重复进行第①步和第②步。最后构成递减序列。

如果要按递减顺序(降序)排序,则如果前一个元素小于后一个元素,则交换位置。

冒泡法排序的算法可以用以下代码实现(以数组 a 升序排序为例,假设有 n 个元素)。

```
For i = UBound(a) - 1 To LBound(a) Step -1
    For j = LBound(a) To i                       '比较次数逐步减少
        If a(j) > a(j + 1) Then
            tmp = a(j)
            a(j) = a(j + 1)
            a(j + 1) = tmp
        End If
    Next j
Next i
```

第 1 次外循环结束,则最大的数被交换到数组最后一个元素的位置,第 2 次外循环结束,

则次大的数被交换到数组倒数第二个元素的位置，…，直至 $n-1$ 次外循环结束，数组即按递增顺序排列。

在这种排序过程中，小数如同气泡一样逐层上浮，而大数逐个下沉，因此，被形象地喻为"冒泡"。

5.7.2 数组中的查找元素算法

1. 顺序查找

顺序查找是把待查找的数与数组中的数从头到尾逐一比较，用一变量 idx 来表示当前比较的位置，初始为数组的最小下标，当待查找的数与数组中 idx 位置的元素相等时即可结束，否则 idx=idx+1 继续比较，当 idx 大于数组的最大长度，也应该结束查找，并且表示在数组中没有找到待查找数据。

顺序查找的算法可以用以下代码实现（假设 x 为待查找数据，search 为目标数组）。

```
Dim idx%
For idx = LBound(search) To UBound(search)
    If search(idx) = x Then Exit For
Next idx
If idx > UBound(search) Then
    '未找到, 处理代码
Else
    '找到, idx 的值即为所在数组元素的下标, 处理代码
End If
```

2. 折半查找

折半查找法，又称二分法，是对有序数列进行查找的一种高效查找办法。其基本思想是逐步缩小查找范围，因为是有序数列，所以采取半分作为分割范围可使比较次数最少。下面我们以升序有序数组为例，学习折半查找算法思想。

假设 3 个整形变量 top、bottom 和 middle，分别为以按升序排序的有序数组 search 的第 1 个元素、最后 1 个元素以及中间元素的下标，其中 middle=(top+bottom)\2。

① 若待查找的数 x 等于 search(middle)，则已经找到，位置就是 middle，结束查找；否则继续第②步。

② 如果 x 小于 search(middle)，则是升序数组，如果 x 存在于此数组，则 x 必定为下标在 top 和 middle−1 的范围之内的元素，下一步查找只需在此范围之内进行即可。即 top 不变，bottom 变为 middle−1，重复①即可。

③ 如果 x 大于 search(middle)，同样，如果 x 存在于此数组，则 x 必定为下标在 middle+1 和 bottom 的范围内的元素，下一步查找只需在此范围之内进行即可。即 top 变为 middle+1，bottom 不变，重复①即可。

④ 如果上述循环循环到 top>bottom，则表明此数列中没有我们要找的数，应该退出循环。

折半查找的算法可以表示为

```
Dim bExist As Boolean                       '是否找到标志
bExist = False
Dim top%, bottom%, middle%
```

```
top = LBound(search)
bottom = UBound(search)
middle = (top + bottom) \ 2
Do While top <= bottom
    middle = (top + bottom) \ 2
    If x = search(middle) Then
        bExist = True
        Exit Do
    ElseIf x > search(middle) Then
        top = middle + 1
    Else
        bottom = middle - 1
    End If
Loop
If bExist Then
    '找到,middle即所在数组元素下标,处理代码
Else
    '未找到,处理代码
End If
```

5.7.3 控件数组

1．控件数组的概念

在 Visual Basic 中有一种特殊的数组被称为控件数组，所谓控件数组就是以同一类型的控件为元素的数组。控件数组中的各控件具有相同的名字，即控件数组名（Name 属性）；也具有共同的控件类型，如都为文本框，或都为命令按钮，还具有大部分相同的属性。

建立控件数组时，系统会给每一个元素唯一的索引号（Index），即每一个控件数组元素都具有 Index 属性，该 Index 属性即为该控件在控件数组中的下标值，控件数组的第一个元素的下标为 0。一个控件数组至少有一个元素，元素数目可在系统资源和内存允许的范围内增加，数组的大小也取决于每个控件所需的内存和 Windows 资源，控件数组中允许使用的最大索引值为 32 767。

控件数组适用于若干个控件执行的操作相似的场合，控件数组共享同样的事件过程。例如，假如一个控件数组含有 3 个命令按钮，则不管单击哪个命令按钮，都会调用同一个 Click 事件过程。这样可以节约程序员编写代码的事件，也使得程序更加精练，结构更加紧凑。

为了区分控件数组中的各个元素，Visual Basic 会把下标值传给相应的事件过程，从而在事件过程中可以根据不同的控件做出不同的响应，执行不同的事先编写好的代码。

2．建立控件数组

控件数组是针对控件建立的，因此与普通的数组的定义不同。我们可以在设计阶段建立控件数组，也可以在运行阶段添加控件数组。

（1）在设计阶段建立控件数组

在设计阶段建立控件数组可以通过以下 3 种不同的方法实现。

① 将多个控件取相同的名字，步骤如下。
- 在窗体上绘制出作为控件数组元素的所有控件，或者在已有的控件中选择要作为控件数组元素的所有控件，但要保证它们都为同一种类型的控件。
- 选定要作为控件数组第一个元素的控件，在属性窗口中将其 Name 属性设置为控件数组名，也可沿用原有的 Name 属性作为控件名。

将其他控件的 Name 属性也改为上一步相同的名字，这时 Visual Basic 将显示一个对话框，要求确认是否要创建控件数组，单击"是"按钮则将控件添加到控件数组中，如图 5-3 所示。

图 5-3　建立控件数组

② 复制现有的控件，并将其粘贴到窗体上，步骤如下。
- 在窗体上绘制一个控件并选中，或者选中一个已有的控件。
- 执行"编辑"菜单中的"复制"命令（快捷键为 Ctrl+C）。
- 执行"编辑"菜单中的"粘贴"命令（快捷键为 Ctrl+V），这时将显示图 5-3 的对话框，询问是否创建控件数组。
- 单击对话框中的"是"按钮，窗体的左上角将出现一个控件，它就是控件数组的第 2 个元素。
- 重复上述操作，建立控件数组的其他元素。

③ 给控件设置 Index 属性，步骤如下。
- 在窗体上绘制一个控件并选中，或者选中一个已有的控件。
- 在属性窗口中设置其 Index 属性，如设置为 0，再用方法①或方法②向控件数组添加其他的控件，这种方法 Visual Basic 不再显示要求确认是否创建控件数组的对话框。

控件数组建立后，只要改变一个控件的 Name 属性，并将其 Index 属性置为空，就能把该控件从控件数组中删除，从而成为一个独立的控件。

（2）在运行阶段添加控件数组

建立的步骤如下。
- 在窗体上绘制一个控件，将其 Index 属性设为 0，表示为控件数组，这是建立的控件数组的第一个元素，当然也可进行 Name 属性的设置。
- 在编程时通过 Load 方法添加其余的若干个元素，也可通过 Unload 方法删除某个添加的元素。
- 通过设置每个添加的元素的 Left 和 Top 属性，确定其在窗体上的位置，并将其 Visible 属性设为 True。

5.8　小结

本章详细介绍了静态数组和动态数组的声明定义，引用方法。对数组的常用基本操作进行了阐述，如数组的赋值、数组的输出、数组的插入和删除等。本章还介绍了自定义类型数据结构的声明和使用方法，并以实例说明了自定义类型数组的使用。在引申说明里，为读者介绍了数组的排序、查找的算法及控件数组的使用。

5.9 习题

1. 选择题

① 用下面的语句所定义的数组的元素个数为（　　）。

　　Dim b（-3 to 4）As Iinteger

A. 6　　　　　　B. 7　　　　　　C. 8　　　　　　D. 9

② 列数组声明语句中错误的是（　　）。

A. Dim abc（8，8）As Integer　　　　B. Dim abc[8，8] As Integer

C. Dim abc%（8，8）As Integer　　　D. Dim abc（）As Integer

③ 在窗体上画一个命令按钮（其 Name 属性为 Command1），然后编写如下代码。

```
Private Sub Command1_Click()
    Dim a(10)
    For i = LBound(a) To UBound(a)
        a(i) = i * 10
    Next i
    Print a(i)
End Sub
```

程序运行后，单击命令按钮后的结果是（　　）。

A. 数组"下标越界"错误　　　　　　B. 10

C. 100　　　　　　　　　　　　　　D. 110

④ 在窗体上画一个命令按钮（其 Name 属性为 Command1），然后编写如下代码。

```
Private Sub Command1_Click()
Dim arr1(10) As Integer, arr2(10) As Integer
    n = 3
    For i = 1 To 5
        arr1(i) = i
        arr2(n) = 2 * n + i
    Next i
    Print arr1(n); arr2(n)
End Sub
```

程序运行后，单击命令按钮输出结果是（　　）。

A. 13　3　　　　B. 3　13　　　　C. 11　3　　　　D. 3　11

⑤ 在窗体上画一个命令按钮（其 Name 属性为 Commnd1），然后编写如下代码。

```
Private Sub Command1_Click()
    Dim a%(1 To 10), p%(1 To 3)
```

```
        k = 5
        For i = 1 To 10
            a(i) = i
        Next i
        For i = 1 To 3
            p(i) = a(i * i)
        Next i
        For i = 1 To 3
            k = k + p(i) * 2
        Next i
        Print k
    End Sub
```
运行后，单击命令按钮，输出是（   ）。
A. 5   B. 28   C. 33   D. 3

⑥ 在窗体上画一个命令按钮（其 Name 属性为 Commad1），然后编写如下代码。
```
    Option Base 1
    Private Sub command1_click()
        Dim a
        a = Array(1, 2, 3, 4)
        j = 1
        For i = 4 To 1 Step -1
            s = s + a(i) * j
            j = j * 10
        Next i
        Print s
    End Sub
```
运行面的程序，单击命令按钮，其输出结果是（   ）。
A. 1234   B. 12   C. 34   D. 4321

⑦ 在窗体上画一个命令按钮（其 Name 属性为 Commad1），然后编写如下代码。
```
    Private Sub Command1_Click()
        Dim a As Variant
        a = Array(1, 2, 3, 4, 5)
        Sum = 0
        For i = LBound(a) To UBound(a)
            Sum = Sum + a(i)
        Next i
        x = Sum / 5
        For i = LBound(a) To UBound(a)
            If a(i) > x Then Print a(i);
        Next i
```

End Sub

运行程序，单击命令按钮，其输出结果是（　　）。

A. 1 2　　　　　B. 1 2 3　　　　　C. 3 4 5　　　　　D. 4 5

⑧ Public conters（2 To 14）As Integer 声明正确的是（　　）。

A. 定义一个公用变量 conters，其值可以是 2 到 14 的一个整型数
B. 定义一个公用数组 conters，数组内可以存 14 个整数
C. 定义一个公用数组 conters，数组内可以存 13 个整数
D. 定义一个公用数组 conters，数组内可以存 12 个整数

⑨ 在 Visual Basic 中数组分类方法有多种，下面错误的是（　　）。

A. 依据数组的大小确定与否将其分为固定大小数组和动态数组两类
B. 依据数组的维数不同可以分为一维数组、二维数组，直至最大为六十维数组
C. 依据数组的维数不同可以分为一维数组、二维数组，直至最大为十六维数组
D. 依据对象不同，将其分为变量数组和对象数组

2. 填空题

① 利用 Array 函数可以把一个数据集赋值给一个_____类型的变量。

② 阅读下面的程序。

```
Option Base 1
Private Sub Form_Click()
    Print
    Dim a(3) As Integer
    Print " 输入的数据是：";
    For i = 1 To 3
        a(i) = InputBox(" 输入数据 ")
        Print a(i);
    Next i
    Print
    If a(1) < a(2) Then
        t = a(1)
        a(1) = a(2)
        a(2) = _____
    End If
    If a(2) > a(3) Then
        m = a(2)
    ElseIf a(1) > a(3) Then
        m = _____
    Else
        m = _____
    End If
    Print " 中间数是："; m
End Sub
```

程序运行后，单击窗体，在输入对话框中分别输入 3 个整数，程序将输出 3 个数中的中间数，如图 5-4 所示。请填空。

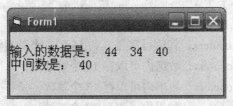

图 5-4　运行结果

③ 在窗体上添加一个按钮（其 Name 属性为 Command1），然后编写如下代码。

```
Private Sub Command1_Click()
    Dim n() As Integer
    Dim a, b As Integer
    a = InputBox("Enter the first nmber")
    b = InputBox("Enter the second number")
    ReDim n(a To b)
    For k = LBound(n, 1) To UBound(n, 1)
        n(k) = k
        Print "n(" & k & ")="; n(k)
    Next k
End Sub
```

程序运行后，单击按钮，在输入对话框中分别输入 2 和 3，结果为____、____。

3. 编程题

① 现有 3 个大小相同的一维数组 a、b、c，要求编写程序从键盘（通过 InputBox）输入数据，对数组 a 和 b 分别进行初始化操作，然后将数组 a 和 b 的对应元素相加，并将结果保存到数组 c 中，即 c(1)=a(1)+b(1)、c(2)=a(2)+b(2)、…，并将数组 a、b、c 的元素分别输出到窗体上。

② 请编写程序实现如下功能：对输入的字符串，分别统计其中各个英文字母出现的次数（不区分大小写），并要求显示统计结果。

③ 矩阵（二维数组）操作，利用随机数（假设范围：10 ~ 80）产生一个 8×8 矩阵 A，现要求如下

a. 求矩阵的两对角线元素之和。

b. 求矩阵的最大值和下标。

c. 分别输出矩阵的上三角和下三角元素。

d. 将矩阵的第 1 行元素与第 4 行元素交换位置，即第 1 行变为第 4 行，第 4 行变为第 1 行。

e. 将矩阵的两对角线元素均设为 1，其余均设为 0。

④ 现有一个 6×8 矩阵，请编写程序将其转置（即行变为列，列变为行）。

第 6 章 过　　程

通过前面章节的学习，可知道设计一个 VB 应用程序的步骤是：首先设计界面，然后设计代码。在设计代码的过程中主要是设计事件过程代码，而在事件过程代码中有时还会调用系统函数。这些事件过程和系统函数在 VB 中被统称为过程，它们是程序中能够独立运行的最小代码单位。

系统函数是系统提供给编程人员设计代码时使用的，每个系统函数都包含一段代码（这些代码程序设计者是看不到的），完成相应的功能，在设计代码中只需直接调用即可，所以称为系统函数；相对于系统函数，事件过程代码是程序设计人员在设计程序中编写的，所以被称为自定义过程。

VB 中的自定义过程分为自定义子过程（Sub）和自定义函数过程（Function）。本章将详细讨论这两种过程。

6.1　应用程序组成

应用程序组成决定了程序的设计过程和执行效率，VB 中的应用程序是用分层方式组织的：一个应用程序通常包含若干个模块，每个模块都包含有相应的过程代码。在 VB 开发环境中，要设计一个应用程序，首先必须创建一个工程（vbp），然后再添加相应的模块：包括窗体模块（frm）、标准模块（bas）和类模块（cls，本书不讲，可参阅相关资料）。应用程序的结构如图 6-1 所示。

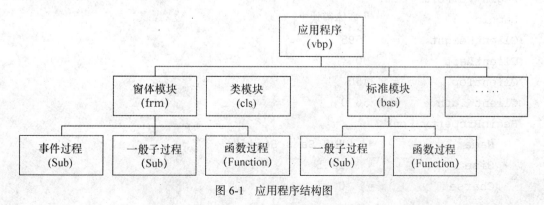

图 6-1　应用程序结构图

应用程序可以从 Main() 过程（如果要在程序中定义 Main 过程的话，该过程必须定义在某个标准模块内）开始执行，也可以从某个窗体模块开始执行。这可以通过菜单"工程"→"工程属性"窗口来设置。

6.1.1 窗体模块

每个应用程序的设计都包括人机界面部分，这在 VB 中是通过窗体模块来实现的。在 VB 中要设计应用程序的界面就要用到 VB 中的窗体控件、工具箱中的标准控件（如文本框、命令按钮等）和 VB 开发环境中提供的各种各样的 ActiveX 控件（使用前要通过选择菜单"工程"→"部件"命令来加载）。

在 VB 中创建一个标准 EXE 工程时，系统会自动创建一个窗体。当然很多时候在一个工程中有可能包含不止一个窗体，这时可以通过选择菜单"工程"→"添加窗体"命令来向工程中添加新的窗体。

当把一个窗体设计好后，就可以将其保存到磁盘上，形成一个窗体模块文件。窗体模块文件是用来组织与管理窗体模块的，其扩展名为"frm"。可以用 Windows 提供的"写字板"或"记事本"程序打开窗体模块文件，此时可以看到其中包含窗体和窗体中对象的属性设置以及为该窗体模块设计的事件过程代码等。

设计图 6-2 所示的一个界面：一个窗体 Form1 上只有一个命令按钮 Command1（窗体上显示的字符 E 是程序运行时显示的），并在代码窗口设计事件过程 Command1_Click()。则保存到磁盘的窗体模块文件内容如下。

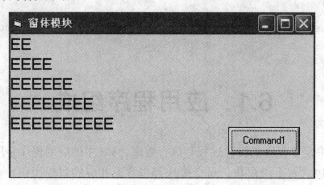

图 6-2　窗体界面

```
VERSION 5.00
Begin VB.Form Form1
    Caption         =   "窗体模块"
    ClientHeight    =   2595
    ClientLeft      =   60
    ClientTop       =   450
    ClientWidth     =   5670
    BeginProperty Font
        Name        =   "MS Sans Serif"
        Size        =   13.5
        Charset     =   0
```

```
      Weight          =       400
      Underline       =       0                              'False
      Italic          =       0                              'False
      Strikethrough   =       0                              'False
   EndProperty
   LinkTopic        =       "Form1"
   ScaleHeight      =       2595
   ScaleWidth       =       5670
   StartUpPosition  =       3                                'Windows Default
   Begin VB.CommandButton Command1
      Caption         =       "Command1"
      BeginProperty Font
         Name         =       "MS Sans Serif"
         Size         =       8.25
         Charset      =       0
         Weight       =       400
         Underline    =       0       'False
         Italic       =       0       'False
         Strikethrough =      0       'False
      EndProperty
      Height          =       495
      Left            =       4080
      TabIndex        =       0
      Top             =       1680
      Width           =       1335
   End
End
Attribute VB_Name = "Form1"
Attribute VB_GlobalNameSpace = False
Attribute VB_Creatable = False
Attribute VB_PredeclaredId = True
Attribute VB_Exposed = False
Private Sub Command1_Click()                '定义事件过程 Command1_Click
   Dim i As Integer, n As Integer
   Form1.Cls                                '清空当前窗体 Form1
   n = Int(1 + Rnd(Time()) * 7)             '产生 1 ~ 7 的随机整数
   For i = 1 To n                           '显示 n 行字符
      Print String(i + i, Chr(64 + n))      '每行显示 2i 个字符（A ~ G）
   Next i
End Sub
```

从上述窗体模块文件内容不难看出,窗体上的控件对象及其属性也是用代码表示的,不过在设计界面时不需要编写这些代码(它们是 VB 自动生成的),只需要按照界面设计的操作方法设计就可以了。上述文件中只有过程 Command1_Click() 是用户在代码窗口编写的。

6.1.2　标准模块

通常将全局(Public)的自定义数据类型、常量、变量以及被多个过程调用的过程代码等,尤其是与窗体或窗体上的对象无关的过程代码,定义成 Public(全局)类型,并保存在标准模块中,供本模块或其他模块使用。这样既可以提高程序的可读性,又可以减少编程工作量。

标准模块不是 VB 应用程序所必须的,可根据情况决定是否使用。要给一个工程添加标准模块,可以通过选择"工程"→"添加模块"命令向工程中添加新的标准模块。

当把一个标准模块设计好后,就可以将其保存到磁盘上,形成一个标准模块文件,其扩展名为"bas"。同样可以用 Windows 提供的"写字板"或"记事本"打开标准模块文件,此时可以看到其中包含自定义的数据类型、常量、变量和所设计的过程代码等。

如下代码段是在标准模块 Module1 的代码窗口中定义了一个全局变量 m_path 和一个全局函数过程 sum 的标准模块文件的内容。

```
Attribute VB_Name = "Module1"
Public m_path As Integer                          '定义全局变量 m_path
'定义全局函数过程 sum,功能为求 1+2+……+n 的值
Public Function sum(ByVal n As Integer) As Long
    Dim i As Integer
    sum = 0                                       '给函数名赋初值
    For i = 1 To n
        sum = sum + i                             '累加
    Next i
End Function
```

上述代码段除第一行是 VB 自动生成的之外,其他代码行都是在代码窗口中录入的。

6.2　自定义子过程

自定义子过程根据过程所取名称的方法不同又分为事件过程和一般子过程。

6.2.1　事件过程的定义

1. 件过程的定义格式

事件过程定义的一般格式为

```
[Private | Public] Sub 对象名_事件名([形参列表])
    [过程级变量或常量定义]
    [语句块 1]
    [Exit Sub]
    [语句块 2]
```

End Sub

其中

① Private 与 Public 二者必选其一，以决定该过程的作用范围。如果选择 Private，表示该过程是私有（或模块级）的，它只能被该过程所在模块内定义的其他过程调用，而不能被其他模块内的过程调用；如果选择 Public，则表示该过程是公有（或全局）的，此时该过程可以被整个工程中定义的所有其他过程调用。默认情况下为 Public。一般来说，事件过程都被定义为 Private 类型的。

② Sub...End Sub 是定义事件过程的一种固定结构。Sub 是事件过程定义的开始，End Sub 是事件过程定义的结束，两者之间的部分被称为过程体。

③ "对象名_事件名"是所定义的事件过程的过程名。对象名是窗体上具体对象的名称，如果是窗体本身，则必须为 Form；事件名是对应该对象的相应的事件名称；事件过程的过程名必须由对象名、"_"和事件名构成。每个事件过程都与具体的窗体相对应。

④ [形参列表] 是事件过程的参数列表。有些事件过程有形式参数，有些则没有。对有形式参数的事件过程，当对该对象发生相应事件时，系统会将相应参数传递给对应的形式参数，在过程执行中可以使用这些参数。事件过程是否有形式参数是由系统确定的。

⑤ 在一个过程内部定义的变量或常量称为过程级变量或常量。这些变量和常量的作用范围仅限于该过程内部。

⑥ Exit Sub 是 VB 的一条语句，其作用是退出该事件过程。Sub 过程中可以没有该语句，也可以有多条。该语句一般跟 If 语句配合使用。

2. 事件过程的定义方法

事件过程的定义方法如下：首先打开要设计事件过程的窗体或在工程资源管理窗口中选择相应的窗体为当前窗体，然后用鼠标左键双击窗体上的对象，或在具体窗体的代码窗口上的对象列表框和事件列表框中选择相应的对象和事件，也可以选择菜单"工具"→"添加过程"，或在代码窗口中直接录入等都可以定义事件过程。

在 VB 开发环境中，除计时控件（Timer）只有一个事件（Timer）外，一般来说每个控件都有多个事件。在设计程序中并不需要对每个控件对象的每个事件设计事件过程，而只需要对那些要求对某个事件响应的对象设计相应的事件过程即可。

6.2.2 事件过程的调用

事件过程的调用方法有以下两种。

①自动调用。在程序运行中，某个对象发生相应事件时，系统会自动调用相应的事件过程。这也是事件过程最常用的调用执行方法，也可称为事件驱动的程序执行方法。

②使用调用语句。在程序代码中也可以使用调用语句来调用事件过程，格式为

  Call 事件过程名（[实参列表]）

或

  事件过程名 [实参列表]

其中

- 关键字 Call 可有可无。如果有 Call，并且事件过程定义中有形式参数，那么调用时实际参数两边的小括号不能省略，如果定义中没有形式参数，则调用时小括号可以省略；如果没有 Call，并且定义中有形式参数，则调用时事件过程名后的小括号可有可无，如果定义中没有形式参数，则调用时事件过程名后的小括号必须省略。

- 实参列表是由变量、常量或表达式等构成的列表，它们被对应传递给过程中的形式参数。实参列表形式为

  实参 1[，实参 2][，实参 3]……
- 如果一个 Public 过程定义在窗体模块中，则在该窗体模块中的其他过程可直接调用该过程，而其他模块内的过程调用该过程时该过程名前必须加上"窗体名."，如：窗体名.过程名()；如果一个 Public 过程定义在标准模块中，则该过程可以被工程中任何模块中的过程直接调用。

【例 6-1】事件过程的定义与执行。在下列窗体 Form1 的程序代码中，定义了 4 个事件过程，其中事件过程 Form_Activate 调用了 Command1_Click，事件过程 Command3_Click 调用了 Command2_Click。

```
Option Explicit                     '要求变量先定义后使用
Private Sub Form_Activate()         '对象 Form1 的事件 Activate 的事件过程
    Call Command1_Click             '调用 Command1_Click，使用 Call
End Sub
Private Sub Command1_Click()        '对象 Command1 的事件 Click 的事件过程
    Print "ABCDEFG"                 '在窗体上显示字符串 "ABCDEFG"
    Print Len("ABCDEFG")            '显示字符串 "ABCDEFG" 的长度
    Print "abcdefg"                 '在窗体上显示字符串 "abcdefg"
    Print Len("abcdefg")            '显示字符串 "abcdefg" 的长度
End Sub
Private Sub Command2_Click()        '对象 Command2 的事件 Click 的事件过程
    Form1.Cls                       '清空该窗体 (Form1)
End Sub
Private Sub Command3_Click()        '对象 Command3 的事件 Click 的事件过程
    Command2_Click                  '调用 Command2_Click，不能有括号
End Sub
```

上述程序的执行过程如下。

① 当窗体显示出来并成为当前窗体时，会自动产生窗体的 Activate 事件，此时系统会自动调用执行窗体的 Form_Activate 事件过程；Form_Activate 又会调用执行 Command1_Click 事件过程并在窗体上显示两个字符串及其长度；Command1_Click 执行完毕后又会返回到 Form_Activate 继续执行，如图 6-3 所示。

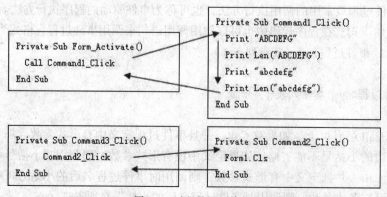

图 6-3 过程的调用执行

② 当用鼠标左键分别单击命令按钮 Command1 和 Command2 时，对 Command1 和 Command2 就分别产生了 Click 事件，此时会自动调用 Command1_Click 和 Command2_Click 事件过程。

③ 当用鼠标左键单击命令按钮 Command3 时，同样会调用 Command3_Click 事件过程；Command3_Click 又会调用 Command2_Click 事件过程并清空 Form1 窗体；Command2_Click 执行完毕后又会返回到 Command3_Click 继续执行。

6.2.3　一般子过程的定义

1. 一般子过程的定义格式

一般子过程定义的格式为

[Private | Public] Sub 一般子过程名（[形参列表]）
　　　[过程级变量或常量定义]
　　　[语句块1]
　　　[Exit Sub]
　　　[语句块2]
End Sub

其中

① 一般子过程名是所定义的一般子过程的过程名。一般子过程的取名规则跟标识符的取名规则相同，都是由字母、数字和下划线构成，且第一个字符必须是字母。如果在窗体模块中，一般子过程的名称还必须与该窗体模块中所有可能的事件过程的取名不同（如果相同就成为事件过程）。

② [形参列表]是一般子过程的参数列表。如果该子过程有形式参数，那么当调用该过程时，就必须给其传递相应的实际参数。实际参数与形式参数是一一对应的（位置和类型）。

形参列表形式为

形参名1[As 类型][, 形参名2[As 类型]] [, 形参名3[As 类型]]……

③ 一般来说，一般子过程中的 Public 过程的定义都放在标准模块内。

④ 其他部分跟事件过程中的相应部分说明相同。

2. 一般子过程的定义方法

一般子过程的定义方法如下：首先打开要定义一般子过程的代码窗口（窗体或者标准模块的代码窗口），选择菜单"工具"→"添加过程"，或直接在代码窗口中录入代码，这些方法都可以定义一般子过程。

6.2.4　一般子过程的调用

除 Main 过程外，一般子过程必须被其他过程调用才能得到执行，否则一般子过程永远也得不到执行。

调用一般子过程的语句格式为

　　Call 一般子过程名（[实参列表]）

或

　　　一般子过程名 [实参列表]

其中语句格式中各部分说明与事件过程相同。

【例 6-2】一般子过程的定义与执行。在下列程序代码中，定义了两个事件过程和三个一般子过程，其中事件过程 Command1_Click 调用了一般子过程 fun1 和 fun3，事件过程 Command2_Click 调用了一般子过程 fun2 和 fun3。

```
Option Explicit                          '要求变量先定义后使用
Private Sub Command1_Click()
    Call fun1(10)                        '调用一般子过程 fun1，使用 Call，实参是 10
    Call fun3                            '调用一般子过程 fun3，使用 Call，没有参数
End Sub
Private Sub Command2_Click()
    fun2(5)                              '调用一般子过程 fun2，不使用 Call，实参是 5
    fun2 5                               '调用一般子过程 fun2，不使用 Call，实参是 5
    fun3                                 '调用一般子过程 fun3，不使用 Call，没有参数
    End Sub
Private Sub fun1(ByVal n As Integer)     '一般子过程 fun1 的定义
    Dim i As Integer, sum As Long
    sum = 0
    For i = 1 To n                       '求 1+2+…+n 的值
        sum = sum + i
    Next i
    Print "1+2+…+" & n & "=" & sum       '显示结果
End Sub
Public Sub fun2(ByVal n As Integer)      '一般子过程 fun2 的定义
    Dim i As Integer, fac As Long
    fac = 1
    For i = 1 To n                       '求 n 的阶乘（n!）
      fac = fac * i
    Next i
    Print n & "!=" & fac                 '显示结果
End Sub
Private Sub fun3()                       '一般子过程 fun3 的定义
    Dim i As Integer
    For i = 1 To 5                       '显示等边三角形
       Print Space(5 - i) & String(i + i - 1, "*")
    Next i
End Sub
```

上述程序的执行过程如下。

① 当用鼠标左键单击命令按钮 Command1 时，此时会自动调用执行 Command1_Click。Command1_Click 先调用过程 fun1，并把实参 10 传递给形参 n，接着执行 fun1 求出 1+2+…+10 的值并在窗体上显示出来，然后返回到 Command1_Click 再调用 fun3，接着执行 fun3 显示等边三角形，再返回到 Command1_Click，遇到 End Sub，则 Command1_Click 运行结束。

② 当用鼠标左键单击命令按钮 Command2 时，此时会自动调用执行 Command2_Click。

Command2_Click 先调用过程 fun2，并把实参 5 传递给形参 n，接着执行 fun2 求出 5！的值并在窗体上显示出来，然后返回到 Command2_Click 再调用过程 fun2，再把 5 传递给 n，接着执行 fun2 求出 5！的值并显示出来，然后再返回到 Command2_Click 调用 fun3，接着执行 fun3 显示等边三角形，再返回到 Command2_Click，则运行结束。

6.3 自定义函数过程

Sub 过程在执行完毕返回时并没有返回值，也就是说，其过程名并不带回数据值。要使一个过程在执行完毕返回时，其过程名能够带回一个数据值，就必须把它定义为函数过程，也就是 Function 过程。

6.3.1 函数过程的定义

1. 函数过程的定义格式

函数过程定义的一般格式为

[Public | Private] Function 函数过程名(形参列表) [As 类型]
　　[过程级变量或常量定义]
　[语句块 1]
　函数名 = 表达式
　[Exit Function]
　[语句块 2]
　函数名 = 表达式
End Function

其中

① Function…End Function 是定义函数过程的一种固定结构。Function 是函数过程定义的开始，End Function 是函数过程定义的结束，两者之间的部分被称为过程体。

② [As 类型] 指出函数过程的返回值类型，即函数名带回值的类型。

③ 在 Function 过程中必须至少有一条"函数名 = 表达式"语句，尤其在退出函数过程之前必须执行该语句，以实现函数过程执行完毕后传回值的目的。这是函数过程与一般子过程的主要区别。

④ Exit Function 是 VB 的一条语句，其作用是退出该函数过程。Function 过程中可以没有该语句，也可以有多条。该语句一般跟 If 语句配合使用。

⑤ 其他部分的说明请参阅 Sub 过程。

2. 函数过程的定义方法

函数过程的定义方法如下：首先打开要设计函数过程的代码窗口（窗体或者标准模块的代码窗口），选择菜单"工具"→"添加过程"，或在代码窗口中直接录入等，这些方法都可以定义函数过程。

6.3.2 函数过程的调用

函数过程与一般子过程一样，它必须被其他过程调用才能得到执行，否则函数过程永远也得不到执行。

调用函数过程的语句形式为

  函数过程名（实参列表）

通常把调用函数过程的返回值赋值给一个变量以供以后使用或将函数过程的调用作为表达式的一部分。

【例 6-3】函数过程的定义与调用。在下列程序代码中，定义了一个事件过程和两个函数过程，其中事件过程 Command1_Click 调用了函数过程 fun1 和 fun2。

```
Option Explicit                                      '要求变量先定义后使用
Private Sub Command1_Click()
    Dim n As Integer, sum As Long, fac As Long
    n = 10
    sum = fun1(n)                                    '调用函数过程 fun1，实参是 n
    Print "1+2+……+" & n & "=" & sum                  '显示结果
    fac = fun2(5)                                    '调用函数过程 fun2，实参是 5
    Print "5!=" & fac                                '显示结果
    fac = fun2(10)                                   '调用函数过程 fun2，实参是 10
    Print "10!=" & fac                               '显示结果
End Sub
Private Function fun1(ByVal n As Integer) As Long    '函数过程 fun1 的定义
    Dim i As Integer, sum As Long
    sum = 0
    For i = 1 To n                                   '求 1+2+…+n 的值
        sum = sum + i
    Next i
    fun1 = sum                                       '给函数名赋值，即函数返回值
    End Function
Public Function fun2(ByVal n As Integer) As Long     '函数过程 fun2 的定义
    Dim i As Integer, fac As Long
    fac = 1
    For i = 1 To n                                   '求 n 的阶乘（n!）
        fac = fac * i
    Next i
    fun2 = fac                                       '给函数名赋值，即函数返回值
End Function
```

上述程序的执行过程如下。

① 当用鼠标左键单击 Command1 时，此时会自动调用执行 Command1_Click。

② Command1_Click 调用函数过程 fun1，并把实参 n(Command1_Click 中定义的 n, 其值为 10) 传递给形参 n（fun1 的形式参数，两个 n 不同），接着执行 fun1 求出 1+2+…+10 的值并存入 sum（fun1 中的 sum），再把 sum 的值赋给函数名 fun1。当函数过程执行完毕返回时，函数名就把该值带回 Command1_Click。

③ 在 Command1_Click 中,再把 fun1 带回的值赋给 sum(Command1_Click 中定义的 sum)并在窗体上显示出来。

④ Command1_Click 再调用两次 fun2,分别求出 5!和 10!并显示出来。

6.4　过程调用中的参数传递

在程序执行过程中,一个过程会调用另一个过程,另一个过程执行完毕后又会返回到前一个过程。前者被称为主调过程,后者被称为被调过程。在大部分情况下,主调过程和被调过程之间都要进行参数传递。

6.4.1　实参和形参的结合

由前面定义过程(包括 Sub 和 Function 过程)的一般格式可知:定义过程时过程名后一对小括号中的参数称为形式参数,简称形参;调用过程时过程名后的一对小括号中的参数称为实际参数,简称"实参"。

在过程调用中,主调过程首先必须把实参(值或地址)传递给被调过程的形参,被调过程执行完毕返回时也可以把形参的值传递给实参。参数的这种传递过程就被称为实参与形参的结合。

在 VB 中,实参与形参的结合可按位置进行,这时要求实参的位置、类型和形参的位置、类型一一对应。

定义过程时,形参可以是变量或数组。

调用过程时,实参可以是与形参类型对应的常量、变量、数组元素、表达式或数组名。

6.4.2　传值和传地址

在参数传递过程中:如果只想把实参的值传递给形参,就用传值方法,或称为按值传递;如果既想把实参的值传递给形参,又想被调过程执行完毕返回时把形参的值再传递给实参,就用传地址方法,或称为按地址传递。

1. 传值(ByVal)

在定义过程(包括 Sub 和 Function 过程)时,如果过程名后的形参列表中形参名前有关键字 ByVal,则该实参与形参之间数据的传递是用传值方法。其一般格式为

ByVal 形参名 1[As 类型][,ByVal 形参名 2[As 类型]]……

此时在参数传递过程中,只是主调过程把实参的值传递给被调过程的形参,而在被调过程返回时并不把形参的值传递给主调过程的实参。

2. 传地址(ByRef)

在定义过程(包括 Sub 和 Function 过程)时,如果过程名后的形参列表中形参名前有关键字 ByRef,则该实参与形参之间数据的传递是用传地址方法。默认情况下(没有 ByVal 和 ByRef)是用传地址方法。其一般格式为

[ByRef] 形参名 1[As 类型][,[ByRef] 形参名 2[As 类型]]……

此时在参数传递过程中,不仅主调过程把实参的值传递给被调过程的形参,而在被调过程返回时也会把形参的值传递给主调过程的实参。

【例6-4】传值和传地址方法的比较。在下列程序代码中，定义了一个事件过程和四个一般子过程。事件过程分别依次给 a 和 b 两个变量赋值并把 a 和 b 作为实参调用四个一般子过程，并且在调用前后显示 a 和 b 的值。运行结果如图 6-4 所示，仔细观察 a 和 b 的值在调用前后有什么变化。

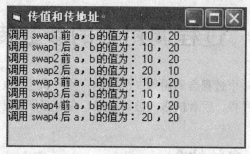

图 6-4　传值与传地址的比较

```
Option Explicit
'下列定义过程中 x 和 y 都是形参
Public Sub swap1(ByVal x As Integer, ByVal y As Integer)   'x 和 y 都是传值
    Dim t As Integer
    t = x: x = y: y = t
End Sub
Public Sub swap2(ByRef x As Integer, y As Integer)         'x 和 y 都是传地址
    Dim t As Integer
    t = x: x = y: y = t
End Sub
Public Sub swap3(ByVal x As Integer, ByRef y As Integer)   'x 是传值，y 传地址
    Dim t As Integer
    t = x: x = y: y = t
End Sub
Public Sub swap4(x As Integer, ByVal y As Integer)         'x 是传地址，y 传值
    Dim t As Integer
    t = x: x = y: y = t
End Sub
Private Sub Form_Click()
    Dim a As Integer, b As Integer
    a = 10: b = 20
    Print "调用 swap1 前 a, b 的值为:"; a; ","; b
    Call swap1(a, b)                                       'a,b 为实参
    Print "调用 swap1 后 a, b 的值为:"; a; ","; b
    a = 10: b = 20
    Print "调用 swap2 前 a, b 的值为:"; a; ","; b
    Call swap2(a, b)                                       'a,b 为实参
    Print "调用 swap2 后 a, b 的值为:"; a; ","; b
```

```
    a = 10: b = 20
    Print "调用 swap3 前 a, b 的值为:"; a; ","; b
    Call swap3(a, b)                                    'a,b 为实参
    Print "调用 swap3 后 a, b 的值为:"; a; ","; b
    a = 10: b = 20
    Print "调用 swap4 前 a, b 的值为:"; a; ","; b
    Call swap4(a, b)                                    'a,b 为实参
    Print "调用 swap4 后 a, b 的值为:"; a; ","; b
End Sub
```
由此可以得出如下结论：传值是单向传递，传地址是双向传递。

关于传地址有以下说明。

① 如果定义过程时某个形参为传地址，那么调用该过程时对应的实参必须是变量或数组元素，这样才能实现实参和形参之间的双向传递。

② 如果定义过程时某个形参为传地址，而调用该过程时对应的实参是常量、表达式等非变量或数组元素，那么 VB 编译系统则自动把该参数作为传值处理。

6.4.3 数组作为参数的传递

在过程定义中，形参不仅可以是变量，也可以是数组，这时如果调用过程，则实参也必须是数组。数组作为参数的传递都是传地址，其格式如下。

过程定义时形参的格式为

[ByRef] 数组名 1( ) [As 类型][,[ByRef] 数组名 2( ) [As 类型]]……

过程调用时实参的格式为

数组名 1[( )][,数组名 2[( )]]……

【例 6-5】数组作为参数的传递。在下列程序代码中定义的 display、sum（函数）和 sort 过程都是用数组作为形式参数。Command1_Click 调用这三个过程并把数组 data 的地址传递给相应过程的形参来完成数组 data 中数据的显示、求和与排序。

```
Option Explicit
Private Sub Command1_Click()
    Dim k As Integer, str As String
    Dim data() As Single, d As Single    '定义 data 为动态数组, 类型为 Single
    ReDim data(0 To 0)                   '定义 data 数组只有一个元素 data(0)
    k = 0
    Do While (True)                      '无限循环
        str = "请输入第 " & k + 1 & " 个数（小于等于 0 时结束）"
        d = Val(InputBox(str))
        If (d <= 0#) Then Exit Do        '如果输入数据小于等于 0, 则停止输入
        k = UBound(data) + 1             '计算数组 data 下标的上界 +1
        ReDim Preserve data(0 To k)      '重新定义大小, 并保留数组原来的值
        data(k) = d                      '把输入的值赋给数组元素
    Loop
```

```vb
        Print "输入的 "; k; " 个数据如下:"
        Call display(data())                    'data() 作为实参, 显示数据
        Print k; " 个数据的和 ="; sum(data)      'data 作为实参, 求和并显示
        Call sort(data())                       'data() 作为实参, 由小到大进行排序
        Print "排序后 "; k; " 个数据如下:"
        Call display(data)                      'data 作为实参, 显示排序后的数据
End Sub
Public Sub display(ByRef d() As Single)         '显示形参数组 d 中的数据
    Dim i As Integer, k As Integer
    k = UBound(d)                               '求数组下标的上界
    For i = 1 To k
        Print d(i),                             '把 d(i) 显示到窗体上
        If ((i Mod 5) = 0) Then Print           '如果一行显示满 5 个, 就换行
    Next i
    Print                                       '换行
End Sub
Public Function sum(d() As Single) As Single    '求形参数组 d 所有元素的和
    Dim i As Integer, k As Integer
    k = UBound(d)                               '求数组下标的上界
    sum = 0#                                    '给函数过程名赋初值 0.0
    For i = 1 To k
        sum = sum + d(i)                        '累加数组 d 的每个元素
    Next i
End Function
Public Sub sort(d() As Single)                  '对形参数组 d 中的所有元素由小到大排序
    Dim i As Integer, j As Integer
    Dim k As Integer, t As Single
    k = UBound(d)
    For i = 1 To k - 1
        For j = 1 To k - i
            If (d(j) > d(j + 1)) Then
                t = d(j)                        '交换 d(j) 和 d(j+1) 的值
                d(j) = d(j + 1)
                d(j + 1) = t
            End If
        Next j
    Next i
End Sub
```

在【例 6-5】Command1_Click 的执行中, 依次输入 10、8、6、4、2、9、7、5、3、1、0 后, 程序的运行结果如图 6-5 所示。

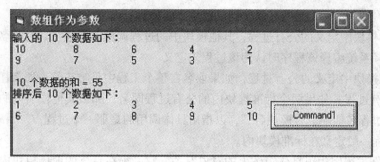

图 6-5　数组作为参数的传递

通过上例可以看出以下 3 点。

① 数组作为形参，只需要以数组名和小括号表示 (如 d())，不需要给出数组的大小。在过程中可以调用系统函数 LBound() 和 UBound() 来确定数组下标的下上界。

② 数组作为实参，只需要以数组名或数组名和小括号表示 (如 data 与 data())，也不需要给出数组的大小。

③ 数组作为参数传递时，都是传地址。如在调用 display、sum 和 sort 过程中，都是把 data 数组的首地址即第一个元素的地址传递给 d，那么数组 data 和 d 就占用同一段内存空间。此时过程中对数组 d 的操作就是对 data 的操作。

6.5　过程与变量的作用域

由前面讨论可知，一个应用程序由若干个模块构成，而一个模块又由若干个过程构成。那么在某个模块中定义的过程能够被应用程序中的哪些过程调用呢？同理，在某个模块中定义的变量或在某个过程中定义的变量又可以被哪些过程访问呢？这就提出了过程作用域与变量作用域的问题。

6.5.1　过程的作用域

由前面定义过程（Sub 过程和 Function 过程）的一般格式可知，在 VB 中，说明过程的关键字有两个：Private 和 Public，从而把过程分为私有过程和公有过程。

1. 私有过程

使用 Private 说明的过程被称为私有过程或模块级过程。该类过程只能被跟其定义在同一模块内的其他过程所调用，在其他模块内定义的过程不能调用该类过程。也就是说，使用 Private 说明的过程的作用域就是定义该过程的模块。

不同模块中的私有过程可以同名。

2. 公有过程

使用 Public 说明的过程被称为公有过程或全局过程。该类过程可以被工程中其他任何过程（不论定义在那个模块内）所调用。也就是说，使用 Public 说明的过程的作用域是整个应用程序。

不同模块中的公有过程也可以同名。具体说明如下。

① 不论本模块中的公有过程与其他模块中的公有过程是否同名，本模块中的过程直接调用

该公有过程时，调用的一定是与其属于同一模块中的公有过程。

② 在窗体模块中定义的公有过程，其他模块中的过程调用时必须在其过程名前加上"窗体名."，否则编译系统编译该程序时认为该过程未定义。

③ 在标准模块中定义的公有过程，如果取名在整个工程中是唯一的，那么任何过程都可以直接调用该公有过程；如果两个标准模块内的公有过程同名，那么其他模块内的过程调用该过程时必须在其过程名前加上"模块名."，以指出具体调用的是那一个过程。

Public 过程一般定义在标准模块内。

这里，事件过程因为跟具体窗体上的对象有关，它必须在具体的窗体模块内定义，而且一般用 Private 关键字来说明，所以它的作用域一般是定义它的窗体模块。

6.5.2 变量的作用域

变量可以定义在一个过程内部，也可以定义在一个模块的开始部分（在所有过程之外，对窗体模块来说即为通用部分）。定义一个变量可以使用关键字 Dim，也可以使用 Private 和 Public 等。这种在不同位置、使用不同关键字定义的变量，就决定了程序某些地方可以访问这些变量，某些地方不能访问这些变量，从而使其访问权限受到了一定的限制。变量的这种访问权限就被称为变量的作用域。

1. 过程级变量

在一个过程内部用关键字 Dim（或 Static）定义的变量或不定义直接使用的变量被称为过程级变量（或局部变量）。该类变量的作用域就是定义它们的过程。在程序运行到一个过程时，会给该过程中的过程级变量分配内存空间，退出该过程时会释放过程级变量所占用的内存空间（Static 变量除外）。由于不同过程的过程级变量占用不同的内存空间，相互之间并不影响，所以不同过程的过程级变量可以同名。

2. 模块级变量

在一个模块的开始部分（在所有过程之外）用关键字 Dim 或 Private 定义的变量被称为模块级变量。该类变量的作用域就是定义它们的模块，即在该模块中定义的所有过程都可以访问这些变量，其他模块中定义的过程不能访问这些变量。在程序将一个模块（如窗体）装入内存时会给该模块中定义的模块级变量分配内存空间，退出该模块（如关闭窗体）时会释放该模块中的模块级变量所占用的内存空间。

3. 全局级变量

在一个模块的开始部分（在所有过程之外）用关键字 Public 定义的变量被称为全局级变量。该类变量可以被应用程序中任何模块中定义的任何过程所访问，也就是说，使用 Public 定义的变量的作用域是整个应用程序。一般地，全局级变量都定义在标准模块内。应用程序开始运行时就会给所有全局级变量分配内存空间，运行结束时释放所有全局级变量所占用的内存空间。

一般来说，不同模块或不同级别的变量可以同名。具体说明如下。

① 过程级变量可以与同一模块中的模块级变量或全局级变量同名，也可以与不同模块中的全局级变量同名。如果出现这种情况，过程级变量会屏蔽模块级变量或全局级变量，即当程序运行到该过程时，在该过程中直接访问的变量是过程级变量。如果要访问全局级变量，必须在变量名前加上"模块名."。

② 模块级变量可以与不同模块中的全局级变量同名。如果出现这种情况，模块级变量会屏

蔽掉全局级变量。此时，如果想访问全局级变量，必须在变量名前加上"模块名."。

③ 不论本模块中的全局变量与其他模块中的全局变量是否同名，本模块过程中直接访问的全局变量，一定是与其属于同一模块中的全局变量。

④ 在窗体模块中定义的全局变量，在其他模块过程中访问时必须在其变量名前加上"窗体名."，否则编译系统编译该程序时认为该变量未定义。

⑤ 在标准模块中定义的全局变量，如果取名在整个工程中是唯一的，那么任何过程都可以直接访问该全局变量。如果两个标准模块内的全局变量同名，那么其他模块内的过程访问该变量时必须在其过程名前加上"模块名."，以指出具体访问的是那一个变量。

【例6-6】变量的作用域。在下列程序代码的开始部分，定义了一个全局级变量和一个模块级变量，在过程 Command1_Click 中定义了与上述变量同名的过程级变量。

```
Option Explicit
Public temp1 As Integer           '定义全局级变量 temp1
Private temp2 As Integer          '定义模块级变量 temp2
Private Sub Form_Load()
    temp1 = 10000                 '给 temp1（全局级变量）赋值
    temp2 = 20000                 '给 temp2（模块级变量）赋值
End Sub
Private Sub Command1_Click()
    Dim temp1 As Integer          '定义过程级变量 temp1 和 temp2
    Dim temp2 As Integer
    temp1 = 1999                  '给 temp1（过程级变量）赋值
    temp2 = 2999                  '给 temp2（过程级变量）赋值
    Print "temp1="; temp1         '显示 temp1（过程级变量）的值
    Print "temp2="; temp2         '显示 temp2（过程级变量）的值
    Print "Me.temp1="; Me.temp1   '显示 temp1（全局级变量）的值，必须加 Me
End Sub
Private Sub Command2_Click()
    Print "temp1="; temp1         '显示 temp1（全局级变量）的值
    Print "temp2="; temp2         '显示 temp2（模块级变量）的值
End Sub
```

有关上述程序的说明如下。

① 在 Command1_Click 中定义的过程级变量 temp1 和 temp2 虽然与全局级变量和模块级变量同名，但它们各自占用不同的内存空间，所以相互之间并不影响。

② 当用鼠标单击 Command1 调用执行过程 Command1_Click 时，在 Command1_Click 中的过程级变量会屏蔽同名的全局级变量和模块级变量，即在过程 Command1_Click 中使用的变量是过程级变量。

③ 在过程 Command1_Click 中，如果要显示全局变量 temp1 的值，必须在其前面加上限定字段"Me."或"窗体名."。其中 Me 代表当前窗体。

6.5.3 动态变量与静态变量

在 VB 程序的过程内，可以用 Dim 定义变量，也可以用 Static 定义变量，两者都被称为过程级变量。VB 对这两种过程级变量的处理方式是不同的。

1. 动态变量

用 Dim 定义的过程级变量被称为动态变量。程序对动态变量的处理是当程序运行到定义动态变量的过程时会给其分配内存空间并进行初始化，当退出该过程时又会释放动态变量所占用的内存空间。

2. 静态变量

用 Static 定义的过程级变量被称为静态变量。程序对静态变量的处理跟全局变量的处理一样，在程序开始运行时给其分配内存空间并进行初始化，在程序运行结束时释放其所占用的内存空间。

可以看出，动态变量和静态变量的生存期是不同的：动态变量的生存期是定义它的过程的执行期间，而静态变量的生存期是整个应用程序执行期间。当然，因为两者都是过程级变量，所以它们的作用域仅限于定义它们的过程内部。

【例 6-7】动态变量与静态变量。在下列程序代码的 Command1_Click 过程中，定义了两个过程级变量，一个是用 Dim 定义，一个是用 Static 定义。

```
Option Explicit
Private Sub Command1_Click()
    Dim count1 As Integer          '定义动态（过程级）变量 count1
    Static count2 As Integer       '定义静态（过程级）变量 count2
    count1 = count1 + 1            '给 count1 加 1
    count2 = count2 + 1            '给 count2 加 1
    Print "count1=";count1," ","count2=";count2   '显示 count1 和 count2 的值
End Sub
```

程序运行时，用鼠标左键单击 Command1 命令按钮 5 次，则过程 Command1_Click 执行 5 次。其执行结果如图 6-6 所示。

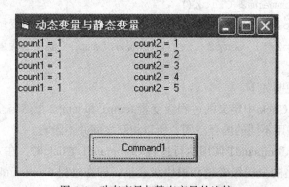

图 6-6 动态变量与静态变量的比较

从图 6-6 中看出，变量 count1 的值始终是 1，而变量 count2 的值一直在累加，执行了 5 次，它的最终值是 5。说明如下。

① 当每次执行过程 Command1_Click 时，会给 count1 分配内存空间，并把其初始化为 0；

然后执行 count1=count1+1，使得 count1 的值为 1，并显示出来；当退出过程 Command1_Click 时，会释放 count1 所占用的空间。这就使得每次执行 Command1_Click 时显示 count1 的值总是 1。

② 当上述程序开始运行时，就会给 count2 分配内存空间并将其初始化为 0（不是在执行 Command1_Click 时给 count2 分配内存空间）；当每次执行过程 Command1_Click 时，就会执行 count2=count2+1，使得 count2 的值累加 1，并显示出来；当程序运行结束时，才会释放 count2 所占用的空间（不是在 Command1_Click 执行结束时，释放 count2）。这就使得每次执行 Command1_Click 时显示 count2 的值总是累加 1。

6.6 综合应用

一个应用程序是由若干个模块（窗体模块、标准模块和类模块（本书不讲））构成的，而一个模块是由若干个过程（事件过程、一般子过程和函数过程）构成的。那么，要在 VB 开发环境下设计一个应用程序，最终也就转化为设计构成该应用程序的各个模块以及各模块中所包含的过程。

所以，在程序设计中，首先通过对要解决问题的分析，把其划分为不同的功能，然后根据所划分的功能以及结合 VB 环境的特点，确定出实现不同功能所需要的过程和模块，并最终完成应用程序的设计。

【例 6-8】设计一简单的学生信息（包括姓名、性别和成绩）管理系统，要求完成如下功能。
（1）能够实现对学生信息的录入。
（2）能够完成对学生信息的删除。
（3）能够实现对学生信息按录入的顺序显示。
（4）能够按姓名和成绩对学生信息进行排序显示。

说明：管理信息系统一般都包括对信息的录入、修改、删除、查询、统计和打印等功能。但由于过程定义刚学过，为简化起见，这里只涉及信息录入、删除和查询部分功能。另外由于数据文件还没有学习，所以对数据的保存可使用数组（保存在内存中）。

分析

① 该程序要实现对学生信息的管理，为了处理方便，可将描述学生的信息作为一个整体，用 Type… End Type 结构定义为一个自定义数据类型，然后用该数据类型定义一个数组用以保存录入的学生信息。

② 要实现对学生信息的录入，可生成一窗体界面。该界面除包括用于录入姓名和成绩的文本框以及录入性别的单选按钮外，还包括一个列表框（用于显示录入的学生信息）、命令按钮"保存"（用于将录入的数据添加于列表框和保存入数组中）、"删除"（用于将在列表框中选择的学生信息删除）和"查询"（用于显示学生信息）等，如图 6-7 所示。

③ "查询"命令按钮用来显示另一窗体。在这个窗体上除用于显示学生信息的列表框之外还包括如下几个命令按钮："原始顺序"（用于按录入顺序显示）、"按姓名排序"（用于对学生信息按姓名排序后显示）和"按成绩排序"（用于对学生信息按成绩排序后显示）等，如图 6-8 所示。

从上面分析可知，该程序中包含两个窗体，一个用于信息的录入和删除，一个用于信息的显示。另外，由于该程序中包括自定义数据类型和对数组的排序功能等，这些跟具体窗体没有关系，可以将这部分放入标准模块中。所以，在该程序中也会生成一个标准模块。

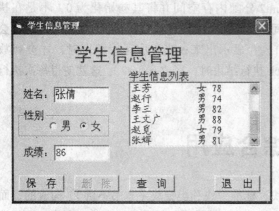

图 6-7　窗体 frmStuden 运行界面　　　　图 6-8　窗体 frmStudentDisp 运行界面

该程序对应的三个模块文件分别是：标准模块文件 modStudent.bas、窗体模块文件 frmStudent.frm 和 frmStudentDisp.frm。其代码如下。

1. 标准模块文件 modStudent.bas

```
Rem ************** 标准模块文件：modStudent.bas **************
Option Explicit                          '强制在变量使用前对其进行定义
'最长显示 6 个汉字或 12 个英文字符（姓名字符串最大长度）
Public Const NAME_STR_LEN As Integer = 12
Public Type Student                      '自定义数据类型
    name As String
    sex As String * 1
    score As Single
End Type
Public stuInf() As Student               '定义全局动态数组 stuInf
'============================================================
'= 主过程：Main
'= 功    能：该程序的执行从 Main 开始（在工程→工程属性中设置）
'= 说    明：一个应用程序只能有一个主过程
'============================================================
Public Sub Main()
    ReDim stuInf(-1 To -1)               '初始化全局数组，下界和上界都为 -1
    frmStudent.Show                       '显示窗体 frmStudent
End Sub
'============================================================
'= 一般过程：save_to_stuInf
'= 形式参数：name- 姓名，sex- 性别，score- 成绩
'= 功    能：将姓名、性别和成绩保存入全局数组 stuInf 中
```

```
'========================================================
Public Sub save_to_stuInf(name As String, sex As String, score As Single)
    Dim k As Integer                        '定义过程级变量
    k = UBound(stuInf)                      '求全局数组 stuInf 的上界
    If (k = -1) Then                        '初始化时上界为 -1
        k = 0
        ReDim stuInf(0 To k)                '重新定义 stuInf 的大小，下界为 0
    Else
        k = k + 1
        ReDim Preserve stuInf(0 To k)       '重新定义数组大小，保留原有数据
    End If
    stuInf(k).name = name                   '给数组元素分量赋值
    stuInf(k).sex = sex
    stuInf(k).score = score
End Sub
'========================================================
'= 一般过程：delete_from_stuInf
'= 形式参数：index- 要删除的数组元素下标
'= 功    能：删除数组 stuInf 中下标为 index 的数组元素
'========================================================
Public Sub delete_from_stuInf(ByVal index As Integer)
    Dim i As Integer, k As Integer          '定义过程级变量
    k = UBound(stuInf)                      '求全局数组 stuInf 的上界
    If (k = 0) Then                         '数组中只有一个元素，index=0
        ReDim stuInf(-1 To -1)              '初始化数组，下界和上界都为 -1
    Else                                    '数组中有多个元素
        k = k - 1
        For i = index To k                  '删除下标为 index 的数组元素
            stuInf(i) = stuInf(i + 1)       '移动数组元素
        Next i
        ReDim Preserve stuInf(0 To k)       '重新定义数组大小，保留原
                                             有数据
    End If
End Sub
'========================================================
'= 一般过程：copy_stuInf_to_d
'= 形式参数：数组 d()，类型为 Student
'= 功    能：把全局数组 stuInf 的内容复制到数组 d 中
'========================================================
Public Sub copy_stuInf_to_d(d() As Student)
```

```vb
        Dim i As Integer, k As Integer      '定义过程级变量
        k = UBound(stuInf)                  '求数组 stuInf 的上界,下界为 0
        ReDim d(0 To k)                     '重新定义 d 的大小
        For i = 0 To k
            d(i) = stuInf(i)                '复制数组 stuInf 到数组 d
        Next i
    End Sub
'========================================
'= 一般过程: sort_d_by_name
'= 形式参数: 数组 d(), 类型为 Student
'= 功    能: 按姓名对数组 d 由小到大排序
'========================================
    Public Sub sort_d_by_name(d() As Student)
        Dim i As Integer, j As Integer      '定义过程级变量
        Dim k As Integer
        Dim t As Student                    '定义变量 t 为 Student 类型
        k = UBound(d)                       '求数组 d 的上界,下界为 0
        For i = 0 To k - 1                  '用冒泡法排序
            For j = 0 To k - i - 1
                If (d(j).name > d(j + 1).name) Then
                    t = d(j)                '交换两个数组元素的值
                    d(j) = d(j + 1)
                    d(j + 1) = t
                End If
            Next j
        Next i
    End Sub
'========================================
'= 一般过程: sort_d_by_score
'= 形式参数: 数组 d(), 类型为 Student
'= 功    能: 按成绩对数组 d 由小到大排序
'========================================
    Public Sub sort_d_by_score(d() As Student)
        Dim i As Integer, j As Integer      '定义过程级变量
        Dim k As Integer
        Dim t As Student                    '定义变量 t 为 Student 类型
        k = UBound(d)                       '求数组 d 的上界,下界为 0
        For i = 0 To k - 1                  '用冒泡法排序
            For j = 0 To k - i - 1
                If (d(j).score > d(j + 1).score) Then
```

```
                t = d(j)                        '交换两个数组元素的值
                d(j) = d(j + 1)
                d(j + 1) = t
            End If
        Next j
    Next i
End Sub
'================================================================
'= 函数过程：name_d_str
'= 形式参数：nameSStr，类型为 String
'= 功    能：通过给字符串 nameSStr（可能是混合字符串）右边插入若
'=           干空格使其变为指定长度，便于字符串的显示
'= 说    明：对"楷体_GB2312"字体来说，两个英文字符正好和一个
'=           汉字的显示宽度相同，所以可用下面算法，但对有些字体
'=           来说，这种方法并不奏效（把列表框的字体设置为楷体）
'================================================================
Public Function name_d_str(ByVal nameSStr As String) As String
    Dim i As Integer, mlen As Integer    '定义过程级变量
    Dim k As Integer
    Dim mnum1 As Integer                 '英文字符个数
    Dim mnum2 As Integer                 '汉字字符个数
    Dim mnum As Integer                  '要显示的字符字节个数
    mnum1 = 0                            '源字符串中英文字符个数
    mnum2 = 0                            '源字符串中汉字字符个数
    mnum = 0                             '源字符串中能显示的字符字节个数
    mlen = Len(nameSStr)                 '求源字符串的长度
    For i = 1 To mlen                    '计算字符串中英文与汉字字符个数
        k = Asc(Mid(nameSStr, i, 1))     '计算指定字符的 Ascii 码
        If (k >= 0 And k <= 255) Then    '英文字符
            mnum1 = mnum1 + 1            '累加英文字符个数
            mnum = mnum + 1              '英文每个字符加 1
        Else                             '汉字字符
            mnum2 = mnum2 + 1            '累加汉字字符个数
            mnum = mnum + 2              '汉字每个字符加 2
        End If
        If (mnum >= NAME_STR_LEN) Then
            Exit For                     '超过能显示的字符个数时退出
        End If
    Next i
    If (mnum < NAME_STR_LEN) Then        '串的长度小于能显示的长度
```

```vb
        nameSStr = nameSStr + Space(NAME_STR_LEN)  '如串:"aabb 王 c" 等
        mlen = NAME_STR_LEN - mnum2                '计算取出字符个数
           name_d_str = Left(nameSStr, mlen)       '给函数名赋值,即函数返回值
        ElseIf (mnum = NAME_STR_LEN) Then          '如   串:"AABBCCDDEEFF" 与
"AABBCCDD 王三 "
        mlen = i                                   '计算取出字符个数
        name_d_str = Left(nameSStr, mlen)          '给函数名赋值,即函数返回值
    Else                                           '如字符串 "11223344556 王 " 等
        mlen = i - 1                               '计算取出字符个数
        name_d_str = Left(nameSStr, mlen) + Space(1)
        End If                                     '给函数名赋值,即函数返回值
End Function
    Rem ***********************     The End     ****************************
```

对该模块说明如下。

① 符号常量 NAME_STR_LEN 用以指出截取姓名字符串中左子串的最大长度。如果录入的姓名串长度小于其值,则右边加空格,否则长出部分将舍去。参见函数 name_d_str()。

② 全局数组 stuInf 为 Student 类型,用以保存录入的学生信息。之所以把它定义为动态数组,是因为事先并不知道要录入多少个学生信息。程序中对学生信息的保存、删除与显示都要对其进行操作。

③ 主过程 Main() 的定义。通过前面章节的学习,可知道程序可以从某个窗体开始执行,也可以从 Main() 开始执行。该程序就是从 Main() 开始执行的。

④ 该模块的其余部分是一些过程的定义。如果这些过程(包括常量、变量、数组等)要被其他两个窗体模块中的过程调用,则必须定义为 Public,否则可以定义为 Private。

2. 窗体模块文件 frmStudent.frm

```vb
    Rem ************* 窗体模块文件:frmStudent.frm **************
    Option Explicit                                '强制在使用变量前对其进行定义
    '===========================
    '= 事件过程:Form_Load,窗体
    '= 功    能:初始化
    '===========================
    Private Sub Form_Load()
        cmdDelete.Enabled = False                  '让命令按钮不可用
    End Sub
    '====================================================
    '= 事件过程:cmdSave_Click,命令按钮
    '= 功    能:将录入的数据保存入列表框 lstStudent 中
    '= 说    明:要求姓名不能为空
    '====================================================
    Private Sub cmdSave_Click()
        Dim mname  As String, msex As String       '定义过程级变量
```

```
    Dim mscore As Single
    mname = LTrim(RTrim(txtName.Text))          '录入的姓名赋给变量 mname
    txtName.Text = mname
    If (Len(mname) = 0) Then                    '如果姓名为空
        MsgBox "姓名不能为空！请重新输入 .",vbOKOnly,"提示框"
        txtName.SetFocus                        '让文本框 txtName 获得焦点
        Exit Sub                                '退出该事件过程
    End If
    mname = name_d_str(mname)                   '调用函数过程 name_d_str
    msex = IIf(optMale.Value, "男", "女")       '录入的性别赋给变量 msex
    mscore = Val(txtScore.Text)                 '录入的成绩赋给变量 mscore
    Call save_to_stuInf(mname, msex, mscore)    '数据存入全局数组 stuInf 中
    lstStudent.AddItem mname & " " & msex & " " & mscore  '数据加入列表框
    txtName.Text = ""                           '清空文本框 txtName
    optMale.Value = True                        '给单选按钮的属性 Value 赋值
    txtScore.Text = ""                          '清空文本框 txtScore
    txtName.SetFocus                            '文本框 txtName 获得焦点
    cmdDelete.Enabled = False                   '让命令按钮变为不可用
End Sub
'===========================================
'= 事件过程：lstStudent_Click，列表框
'= 功    能：让命令按钮 cmdDelete 变为可用
'===========================================
Private Sub lstStudent_Click()
    cmdDelete.Enabled = True                    '让命令按钮变为可用
End Sub
'===========================================
'= 事件过程：cmdDelete_Click，命令按钮
'= 功    能：删除在列表框 lstStudent 中选择的项
'===========================================
Private Sub cmdDelete_Click()
    Dim k As Integer, mname As String           '定义过程级变量
    k = lstStudent.ListIndex                    '取出列表框中选择项的序号
    If (k < 0) Then
        MsgBox "还没有选择要删除的对象！", vbOKOnly, "提示框"
    Else
        mname = RTrim(stuInf(k).name)           '取出选择项中的姓名
        lstStudent.RemoveItem k                 '从 lstStudent 中删除选择项
        Call delete_from_stuInf(k)              '从全局数组 stuInf 中删除选择项
        MsgBox """" & mname & """已被删除！ ",vbOKOnly,"提示框"
```

```vb
        End If
        cmdDelete.Enabled = False              '让命令按钮变为不可
End Sub
'====================================
'= 事件过程：cmdSort_Click，命令按钮
'= 功    能：显示排序和查询窗口
'====================================
Private Sub cmdSort_Click()
    cmdDelete.Enabled = False                  '让命令按钮变为不可用
    frmStudentDisp.Show 1, frmStudent          '显示窗体 frmStudentDisp
End Sub                                        '1- 模态窗口形式，frmStudent- 父窗口
'====================================
'= 事件过程：cmdExit_Click，命令按钮
'= 功    能：终止程序的执行
'====================================
Private Sub cmdExit_Click()
    End                                        '终止程序的运行
End Sub
Rem ******************     The End     ***********************
```

对该模块说明如下。

① 过程 Form_Load() 是在程序加载该窗体时自动执行的。该过程一般用于显示前对窗体的初始化（包括显示的位置、大小、其上对象的状态以及模块级变量的初始化等）。

② 在过程 cmdSort_Click() 中显示窗体 frmStudentDisp 时给出的参数 1 表明该窗体将以模态方式显示，即如果不关闭该窗体的话，对该程序的其他功能不能进行操作。

③ 注意，事件过程都说明为 Private 类型的。

3. 窗体模块文件 frmStudentDisp.frm

```vb
Rem *********** 窗体模块文件：frmStudentDisp.frm *************
Option Explicit                                '强制在使用变量前对其进行定义
'==============================================
'= 事件过程：cmdSortByName_Click()，命令按钮
'= 功    能：按姓名排序
'==============================================
Private Sub cmdSortByName_Click()
    Call sortByNameAndScore(1)                 '调用过程 sortByNameAndScore
End Sub
'==============================================
'= 事件过程：cmdSortByScore_Click()，命令按钮
'= 功    能：按成绩排序
'==============================================
Private Sub cmdSortByScore_Click()
```

```vb
        Call sortByNameAndScore(2)              '调用过程 sortByNameAndScore
End Sub
'==============================================
'= 事件过程:cmdDispArray_Click(),命令按钮
'= 功     能:显示数组 stuInf 中的数据
'==============================================
Private Sub cmdDispArray_Click()
    Dim i As Integer, k As Integer          '定义过程级变量
    Dim str As String
    lstStudent.Clear                        '清空列表框 lstStudent
    k = UBound(stuInf)                      '求全局数组 stuInf 的上界,下界为 0
    If (k < 0) Then                         '初始化数组 stuInf 时上界为 -1
        MsgBox "目前尚未录入数据!",vbOKOnly,"提示框"
        Exit Sub                            '退出过程
    End If
    For i = 0 To k                          '显示数组 stuInf 中的数据
        str=stuInf(i).name&" "& stuInf(i).sex & "  " & stuInf(i).score
        lstStudent.AddItem str
    Next i
End Sub
'==========================================================
'= 一般过程:sortByNameAndScore
'= 参     数:sele=1 时按姓名排序,sele=2 时按成绩排序
'= 功     能:按姓名和成绩排序
'==========================================================
Private Sub sortByNameAndScore(ByVal sele As Integer)
    Dim i As Integer, k As Integer          '定义过程级变量和数组
    Dim d() As Student                      '数组 d 为动态数组
    lstStudent.Clear                        '清空列表框 lstStudent
    k = UBound(stuInf)                      '求全局数组 stuInf 的上界,下界为 0
    If (k < 0) Then                         '初始化数组 stuInf 时上界为 -1
        MsgBox "目前尚未录入数据!",vbOKOnly,"提示框"
        Exit Sub                            '退出过程
    End If
    Call copy_stuInf_to_d(d)                '复制数组 stuInf 中数据到数组 d 中
    If (sele = 1) Then
        Call sort_d_by_name(d)              '对数组 d 中数据按姓名排序
    ElseIf (sele = 2) Then
        Call sort_d_by_score(d)             '对数组 d 中数据按成绩排序
    End If
```

```
    For i = 0 To k                              '显示排序后的数据
        lstStudent.AddItem d(i).name&" " & d(i).sex & "  " & d(i).score
    Next i
End Sub
'================================================
'= 事件过程：cmdExit_Click()，命令按钮
'= 功    能：卸载当前窗体
'================================================
Private Sub cmdExit_Click()
    Unload Me                                    '卸载当前窗体
End Sub
Rem ******************     The End      ********************
```

对该模块说明如下。

① 该窗体模块与 frmStudent 上都有列表框对象，且其名称都为 lstStudent，但由于属于不同的窗体（模块），所以他们之间并不影响。

② 过程 cmdExit_Click() 中的语句 Unload Me 是卸载当前窗体，即从内存中将其删除，而不是隐藏（Hide）。既然要删除也就必然会关闭该窗体。Me 表示当前窗体对象。

③ sortByNameAndScore() 只被该模块中的过程调用，可将其说明为 Private 过程。

对该程序说明如下。

① 该程序的运行过程为：首先执行 Main() 过程（在"工程"→"工程属性"处设置），对全局数组 stuInf 进行初始化，然后显示窗体 frmStudent，在窗体 frmStudent 上可进行学生信息的录入、删除等，如果要查询则会显示另一窗体 frmStudentDisp，在显示窗体上，可对学生信息按录入顺序、姓名排序和成绩排序显示。

② 每个模块前面都有语句 Option Explicit，其作用是告诉编译器强制程序在使用变量前对其进行定义。这样做的好处是可防止变量写错时引起的程序运行错误。因为如果没有 Option Explicit，VB 允许变量不事先定义而直接使用，这样任何一个写错的变量都会被编译器作为一个新的变量。

③ 上面模块和代码中过程的划分与代码的书写格式，只是给学习者提供一种程序设计的方法，并不代表其是最好的。程序设计者可以根据自己的分析和理解做出相应的选择。

6.7　小结

本章主要讲解了应用程序的组成：一个应用程序是由若干个模块（窗体模块和标准模块等）构成的，而一个模块是由若干个过程（Sub 和 Function 过程）构成的。应用程序的执行可以从某个窗体开始，也可以从 Main() 过程开始。

在工程中，设计的每一个窗体就构成一个窗体模块。一般来说，一个窗体模块中包含其上对象的事件过程和作用域为该模块的其他非事件过程，而公用的过程（包括自定义数据类型、全局变量等）则放在标准模块中。

事件过程和一般子过程的定义都采用 Sub…End Sub 结构。在窗体模块中，事件过程的取

名方式为"对象名_事件名",除此之外都为一般子过程。事件过程的调用可采用事件驱动的执行方法,也可与一般子过程一样,采用调用语句来执行。

函数过程的定义采用 Function…End Function 结构。函数过程与一般子过程的主要区别是函数过程有返回值。它的执行也与一般子过程一样,必须采用调用语句来执行。

定义过程时过程名后小括号中的参数被称为形参,调用过程时过程名后的参数被称为实参。实参与形参的结合有两种方式:按值传递和按地址传递。按值传递是单向传递,按地址传递是双向传递。数组参数一定是按地址传递。

过程的作用域有两种:私有(Private)过程和公有(Public)过程。私有过程只能被定义它的同一模块中的其他过程调用,而公有过程可以被整个工程中所有过程调用。

变量的作用域有三种:过程级变量、模块级变量和全局级变量。过程级变量只能被定义它的过程访问,模块级变量可以被定义它的同一模块中所有过程访问,而全局级变量则可被整个工程中所有的过程访问。

本章最后用一个综合实例"学生信息管理系统"来说明在一个工程中,如何划分其中的模块和过程,如何定义其中使用的数据类型、变量与常量等。仔细阅读这部分代码将会使读者掌握某些程序设计的技巧和提高程序设计的能力。

6.8 习题

① 简述 Sub(子)过程和 Function(函数)过程的相同点和不同点。
② 简述什么是形参和实参?在参数传递中传值和传地址有什么不同。
③ 简述什么是全局变量、模块级变量和过程级变量?全局变量和模块级变量能否与过程级变量同名?如果同名会出现什么情况?
④ 为了使某个变量在所有窗体模块中都可访问,应如何定义该变量?
⑤ 指出执行下列事件过程 Command1_Click 后程序的输出结果。

```
Public Sub TestSub(ByVal x As Integer,ByRef y As Integer,z As Integer)
    x=x+1
    y=y+1
    z=z+1
End Sub
Private Sub Command1_Click()
    Dim A As Integer,B As Integer,C As Integer
    A=1:   B=2:   C=3
    Call TestSub(A,B,C)
    Print A,B,C
End Sub
```

⑥ 指出执行下列事件过程 Command1_Click 后程序的输出结果。

```
Private Sub Command1_Click()
    Dim x As Integer,y As Integer
    Dim n As Integer,z As Integer
```

```
        x =1: y=1
        For n=1 To 3
            z = TestFun(x,y)
            Print n,z
        Next n
    End Sub
    Public Function TestFun(x As Integer,y As Integer) As Interger
        Dim n As Integer
        Do While n<=4
            x=x+y
            n=n+1
        Loop
        TestFun=x
    End Function
```

⑦ 设计一个一般子（Sub）过程，其功能为显示下列图形（图形的行数 n 作为形参）。

```
        *
       ***
      *****
     *******
    *********
```

⑧ 设计一函数（Function）过程，其功能为判断一个正整数是否为素数（其中正整数 n 作为函数形参。函数返回 True 说明 n 是素数，返回 False 说明 n 不是素数）。

⑨ 设计一函数（Function）过程，其功能为判断（验证哥德巴赫猜想）一个不小于 6 的偶数可以表示为两个素数之和。例如：6=3+3，8=3+5，10=3+7……（其中正整数 n 作为函数的一个形参。函数返回 True 说明 n 可以表示为两个素数之和，并且通过参数传地址方式传递回两个素数；返回 False 说明 n 不能表示为两个素数之和）。

⑩ 设计一函数（Function）过程，其功能为计算表达式 1+3+…+（2n-1）的值（其中正整数 n 作为函数形参）。

第 7 章
用户界面设计

一个好的应用程序不仅要有强大的功能,还要有美观实用的用户界面。用户界面是应用程序的一个重要组成部分,一个应用程序的界面往往决定了该程序的易用性与可操作性。Visual Basic 中通过在窗体上拖曳控件的方式为创建用户界面提供了非常简便的方法。

通过前面的学习我们已经知道,在 Visual Basic 中编写应用程序的第一步就是设计用户界面,然后针对各个对象编写事件过程。Visual Basic 提供了大量的用户界面设计工具。本章将介绍几种重要的用户界面设计技术,主要内容包括菜单编辑器的使用、通用对话框的使用、多窗体与多文档界面设计、工具栏设计及状态栏设计以及键盘和鼠标事件。

7.1 菜单

7.1.1 菜单简介

菜单对大家来说并不陌生,它是 Windows 环境下用户界面不可缺少的部分。通过菜单对命令进行分组,可以达到方便、直观的效果。用户通过应用程序提供的菜单选择应用程序的各种功能,管理应用系统,控制各种功能模块运行。

在实际应用中,菜单可分为两种基本类型:下拉式菜单和弹出式菜单。如图 7-1 所示。下拉式菜单是由一个主菜单及其所属的若干个子菜单组成;弹出式菜单是用户在某个对象上单击右键时所弹出的菜单。无论哪种菜单,菜单中的所有菜单项从本质上来讲都是与命令按钮类似的控件,也有属性、事件和方法。

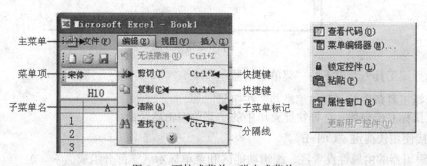

图 7-1 下拉式菜单—弹出式菜单

菜单中的菜单项一般包括了应用程序的全部主要功能。一个菜单项的下一级菜单被称为"子菜单","子菜单"的上一级被称为"父菜单",子菜单可能还有子菜单。一个父菜单可以有多个子菜单,但一个子菜单只能有一个父菜单。

菜单项一般有以下几个组成部分。

① 菜单标题,即菜单的名称,一般用于表明菜单的功能。

② 快捷键,即菜单名后带有下划线的字母。当一个菜单在屏幕上可见时,可以使用"Alt+快捷键字母"来打开子菜单或执行菜单项的功能。

③ 快捷键,即菜单标题后的组合键,如"Ctrl+X"。使用快捷键可以在不打开菜单的情况下,快速执行一个菜单项的功能。

④ 分隔线,用于将菜单划分为一些逻辑组。

有的菜单项可以直接执行,有的菜单项执行时会弹出一个框。所有 Windows 应用程序都遵循以下 3 个约定。

① 凡是菜单名后有一个省略号"…",表示在单击该菜单后会弹出一个相应的对话框,在用户作出相应的选择后,该项功能就以用户所选择的信息去执行。

② 凡是菜单名后有一个小三角"▶",表示它是一个子菜单标题,子菜单标题不能直接执行。当鼠标指向子菜单标题时会显示出它的下一级菜单。

③ 菜单名后不包含上述两种符号的,表示该菜单项命令可以直接执行。

7.1.2 菜单编辑器简介

在 Visual Basic 中,菜单通过菜单编辑器来建立,如图 7-2 所示。若要打开菜单编辑器,可以通过以下方法打开菜单编辑器。

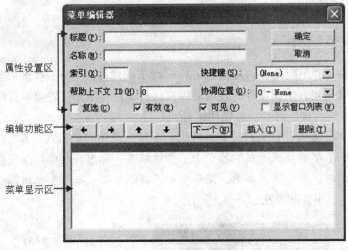

图 7-2 菜单编辑器界面

① 选择"工具"菜单下的"菜单编辑器"。

② 选择工具条中的"菜单编辑器"按钮 。

③ 用鼠标右击窗体,选择快捷菜单中的"菜单编辑器"命令。

④ 直接使用快捷键"Ctrl+E"。

菜单编辑器的由属性设置区、编辑功能区和菜单显示区三部分组成。

1. 属性设置区

标题（P）：菜单项的 Caption 属性，用于显示菜单标题名。如果输入时在菜单标题的某个字母前输入一个"&"符号，则该字母会成为快捷键字母。

需要说明的是，若要使用"分隔线"对菜单进行逻辑分组，只需要在"标题"部分输入一个连字符"-"，然后再设置名称属性即可。注意，虽然"分隔线"是作为菜单控件创建的，但它不能响应 Click 事件。

名称（M）：菜单项的 Name 属性，用于为菜单项输入控件名称。每个菜单项都是一个控件，都必须输入控件名。该名称仅用于程序代码中访问菜单项，并不显示在程序运行时的菜单中。

索引（X）：菜单项的 Index 属性。可以输入一个数字来确定菜单标题在菜单控件数组中的位置或次序，该序号与菜单的屏幕位置无关。该项为可选项。

快捷键（S）：菜单项的 ShortCut 属性。通过下拉列表为菜单项选择快捷键。菜单栏中的菜单标题不能有快捷键。

帮助上下文 ID（H）：菜单项的 HelpContextID 属性。用于输入一个数字，为一个对象返回或设置一个相关联上下文的编号。它被用来为应用程序提供上下文有关的帮助，在 HelpFile 属性指定的帮助文件中查找相应的帮助主题。

协调位置（O）：菜单项的 NegotiatePosition 属性。通过下拉列表选择在窗体中是否显示菜单和如何显示菜单。有 4 个选项：值为 0-None，表示菜单项不显示；值为 1-Left，表示菜单项靠左显示；值为 2-Middle，示菜单项居中显示；值为 3-Right，表示菜单项靠右显示。

复选（C）：菜单项的 Check 属性。用于设置是否允许在菜单项的左边设置复选标记。通常用它来指出切换选项是否处于活动状态。

有效（E）：菜单项的 Enabled 属性。用于设置是否让菜单项对事件做出响应，无效时菜单项呈灰色。

可见（V）：菜单项的 Visible 属性。用于设置菜单项是否显示在菜单上。

显示窗口列表（W）：用于设置在多文档界面（MDI）的应用程序中，确定菜单控件是否包含一个已打开的各个文档的列表。

对于每个菜单项，其最重要的两个属性是"标题"和"名称"，且名称属性作为菜单的必要属性，必须指定。

2. 编辑功能区

编辑功能区共有 7 个按钮，用于对输入的菜单项进行简单编辑。

左箭头：单击该按钮可以将菜单列表中选定的菜单项向左移动一个子菜单等级，即成为上一级菜单。

右箭头：单击该按钮可以将菜单列表中选定的菜单标题向右移动一个子菜单等级，即成为下一级菜单。

上箭头：单击该按钮可以将菜单列表中选定的菜单标题在同级菜单内向上移动一个显示位置。

下箭头：单击该按钮可将菜单列表中选定的菜单标题在同级菜单内向下移动一个显示位置。

下一个（N）：开始一个新的菜单项。

插入（I）：在菜单项列表当前选定菜单项的上方插入一行。

删除（T）：删除当前选定的菜单项。

3. 菜单显示区

用于显示各菜单标题和菜单项的分级列表。菜单项的缩进表示各菜单项的分级位置。

当一个窗体的菜单创建完成后，退出菜单编辑器，所设计的菜单就显示在窗体上。只要选取一个没有子菜单的菜单项，就会打开代码编辑窗口，并产生一个与该菜单项相关的 Click 事件过程，用户可以编写相关的代码。

若当前窗体已经建立了菜单，再次打开菜单编辑器后，系统就会在菜单编辑中显示出菜单的结构，用户可以对菜单进行修改。

对于菜单项属性，也可以在属性窗口中设置。当前窗体建立菜单后，可以在属性窗口的对象列表框中选择每一个菜单项，然后设置其属性，如图 7-3 所示。

图 7-3 属性窗口中设置菜单项属性

7.1.3 下拉式菜单

熟悉了菜单编辑器后，创建下拉菜单就比较容易了。下面我们以一个例子来说明创建过程及方法。

【例 7-1】创建一个下拉式菜单，相关属性设置参见表 7-1。

设计方法及步骤如下。

① 启动 Visual Basic，在集成开发环境中打开菜单编辑器。

② 首先在"标题"文本框中输入"文件（&F）"，在"名称"文本框中输入"mnuFile"；单击"下一个"按钮，在"标题"文本框和"名称"文本框中依次输入"编辑（&E）"、"mnuEdit"；用同样的方法在"标题"文本框和"名称"文本框中输入"格式"、"mnuFormat"。至此，我们建立了一级菜单，如图 7-4 所示。

表 7-1 菜单属性设置

标　题	名　称	快 捷 键
文件（F）	mnuFile	
…新建（N）	mnuNew	Ctrl+N
…打开（O）	mnuOpen	Ctrl+O
…保存（S）	mnuSave	Ctrl+S
编辑（E）	mnuEdit	
格式	mnuFormat	

③ 下面建立子菜单（二级菜单）。在菜单列表区选择"编辑"菜单项，单击"插入"按钮，则在"编辑"菜单之上出现了一个空行。由于建立的是子菜单，所以单击向右箭头"→"，此时菜单缩进，显示 4 个"."，表示为下一级菜单。在"标题"文本框中输入"新建（&N）"，在"名称"文本框中输入"mnuNew"，在"快捷键"下拉列表框中选择"Ctrl+N"，如图 7-5 所示。用同样的方法分别建立"打开"和"保存"子菜单。关闭菜单编辑器，最终的运行效果如图 7-6 所示。

图 7-4 设计界面及预览结果

若要为菜单项输入事件代码过程,在窗体中单击菜单项,即可打开菜单项的 Click 事件过程。

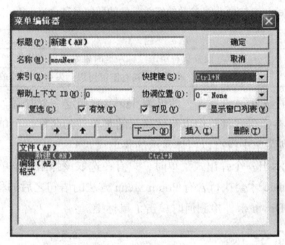

图 7-5 设置快捷键　　　　　图 7-6 菜单最终显示结果

7.1.4 弹出式菜单

当用户在窗体的某个对象上单击鼠标右键时就会弹出与该对象相关的菜单,它是独立于菜单栏的浮动菜单。在不同的对象上单击鼠标右键,弹出的菜单的命令也是不同的。弹出式菜单一般提供与当前鼠标指针所指对象相关的操作命令。

创建弹出式菜单主要分为两步。

1. 设计弹出式菜单

弹出式菜单的设计方法与下拉式菜单的设计方法相同,也是用菜单编辑器设计。由于菜单编辑器中设计的菜单通常都是作为下拉式菜单出现在窗体的顶部,所以,在设计弹出式菜单时,应该将菜单名的 Visible 属性设置为 False,即在菜单编辑器中不选中"可见"复选框。

2. 使用 PopupMenu 方法显示菜单

PopupMenu 方法的语法格式为

　　对象名.PopupMenu 菜单名, flag, X, Y, boldcommand

该语句的功能是在 MDI 窗体或窗体对象上当前鼠标的位置或指定的坐标位置显示弹出式菜单。

有关参数说明如下。

① 菜单名：必选项，弹出式菜单的名称。

② X、Y 参数：给出弹出式菜单相对于窗体的纵坐标和横坐标。若省略，则弹出式菜单显示在鼠标指针当前所在的位置。

③ flag 参数：在 PopupMenu 方法中，通过该参数可以详细地定义弹出式菜单的显示位置和显示条件。该参数由位置常数和行为常数组成，位置常数指出弹出式菜单的显示位置，行为常数指出弹出式菜单的显示条件。位置常数参见表 7-2，行为常数参见表 7-3。

表 7-2　　　　　　　　PopupMenu 方法中 flag 参数的位置常数的取值及其含义

取 值	常 量	含 义
0	VbPopupMenuLeftAlign	设置 X 所定义的位置为该弹出式菜单的左边界，该值为默认值
4	VbPopupMenuCenterAlign	设置 X 所定义的位置为该弹出式菜单的中心
8	VbPopupMenuRightAlign	设置 X 所定义的位置为该弹出式菜单的右边界

表 7-3　　　　　　　　PopupMenu 方法中 flag 参数的行为常数的取值及其含义

取 值	常 量	含 义
0	VbPopupMenuLeftButton	设置只有单击鼠标左键时触发弹出式菜单
2	VbPopupMenuRightButton	设置单击鼠标左键和右键都可以触发弹出式菜单

要指定位置常数和行为常数，可用 or 运算符连接，即可为 flag 参数指定一个取值。

④ boldcommand 参数：用于指定在弹出式菜单中以粗体显示的菜单项的名称，菜单中只能有一个粗体显示的菜单项。若省略，则菜单中没有以粗体显示的菜单项。

说明：当通过 PopupMenu 方法显示出一个弹出式菜单时，只有在选取该弹出式菜单中的一个菜单项或取消该菜单以后，Visual Basic 才会执行含有 PopupMenu 方法的语句之后的程序。

可以通过 MouseUp 事件或 MouseDown 事件检测何时单击了鼠标键。

7.1.5　菜单事件与菜单命令

菜单只能够响应 Click 事件，为菜单编写程序就是编写菜单项的 Click 事件过程。下面举例说明。

【例 7-2】如图 7-7 所示，窗体中有一个 Label1 控件。要求为 Label1 对象设计一个弹出式菜单用于设置 Label1 的 ForeColor 属性为红色，FontName 属性为黑色，FontSize 属性为 20。

图 7-7　例 7-2 运行界面

本例中，将窗体 Form1 的 Caption 属性设置为"弹出式菜单示例"；标签 Label1 的 Caption 属性设置为"Visual Basic 6.0"，Auto 属性设置为 True。在菜单编辑器中设计弹出式菜单，菜单属性设置见表 7-4。

表 7-4　　　　　　　　　　　　弹出式菜单属性设置

控 件	标 题	名 称	可 见
菜单标题	标签	PopLabel	False
菜单项	红色（标签的下一级菜单）	mnuColor	True
	黑体（标签的下一级菜单）	mnuFont	True
	20 号（标签的下一级菜单）	mnuSize	True

Label1 的 MouseDown 事件过程代码为
```
Private Sub Label1_MouseDown(Button As Integer, Shift As Integer, X As Single, Y As Single)
    If Button = 2 Then
        PopupMenu PopLabel
    End If
End Sub
```
各菜单项的 Click 事件过程代码为
```
Private Sub mnuColor_Click()
    Label1.ForeColor = QBColor(12)
End Sub
Private Sub mnuFont_Click()
    Label1.FontName = "黑体"
End Sub
Private Sub mnuSize_Click()
    Label1.FontSize = 20
End Sub
```

7.2 通用对话框

通用对话框（CommonDialog）是一种 ActiveX 控件，提供 Windows 常见的对话框命令，例如打开（Open）、另保存（Save As）、颜色（Color）、字体（Font）、打印（Printer）以及帮助（Help）等，使得应用程序更加专业，同时也减少了用户的编程时间。该控件不是 Visual Basic 的内部控件，包含在 Microsoft Common Dialog Control 6.0 部件中，使用时可以通过以下方法将其添加到工具箱中。

① 执行"工程"菜单中的"部件"命令，打开"部件"对话框。
② 在对话框中选择"控件"选项卡，在控件列表中选择"Microsoft Common Dialog Control 6.0"。
③ 单击"确定"按钮，工具箱中会出现 CommonDialog 图标" "。

1. 通用对话框的基本属性

通用对话框控件的许多属性与其他控件一样，比如 Name 属性、位置相关属性等，在具体应用中还有以下常用属性。

① Action 属性

用于设置或返回通用对话框的类型。该属性的取值及含义如表 7-5 所示。

表 7-5　　　　　　　　　　　　　Action 属性取值及含义

属性值	含义	属性值	含义
0-None	无对话框	4-Font	"字体"对话框
1-Open	"打开"对话框	5-Print	"打开"对话框
2-Save As	"另存为"对话框	6-Help	"帮助"对话框
3-Color	"颜色"对话框		

② DialogTitle 属性

DialogTile 属性用于设置通用对话框的标题。

③ CancelError 属性

CancelError 属性用于设置当用户单击"取消"按钮时是否发生错误，其值为逻辑型。图 7-8 所示为该属性值为 True，单击"取消"按钮后出现错误警告。

图 7-8 错误警告

2. 通用对话框常用方法

通用对话框控件使用一组 Show 方法来打开指定类型的对话框，如表 7-6 所示。

表 7-6　　　　　　　　　　　　Show 方法及含义

方法名	含义	方法名	含义
ShowOpen	"打开"对话框	ShowFont	"字体"对话框
ShowSave	"另存为"对话框	ShowPrint	"打开"对话框
ShowColor	"颜色"对话框	ShowHelp	"帮助"对话框

对于通用对话框，有以下几点需要说明。

①在设计状态下，通用对话框在窗体上只显示控件图标，在运行时，窗体上不会显示通用对话框，直到程序中用 Action 属性或 Show 方法激活指定对话框时才显示相应的对话框。

②通用对话框的属性不仅可以在属性窗口中进行设置，还可以在控件的"属性页"对话框中进行设置，如图 7-9 所示。

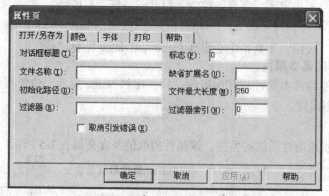

图 7-9 通用对话框属性页

打开"属性页"对话框可以使用以下方法。

①在窗体中选中对话框对象，然后在属性窗口中选中"自定义"后，单击其后的"…"按钮。

②直接用鼠标右击对话框对象,选择快捷菜单中的"属性"命令。

7.2.1 "打开"对话框和"另存为"对话框

1."打开"对话框

程序运行时,若将对话框的 Action 属性设置为 1 或使用 ShowOpen 方法,即可打开一个"打开"对话框,如图 7-10 所示。该对话框的属性除了基本属性外,还有如下属性。

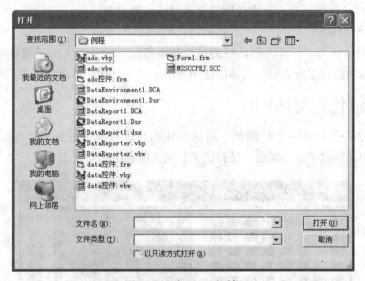

图 7-10 "打开"对话框

(1) FileName 属性

FileName 属性用于设置或返回用户选择的文件路径及文件名,即当用户在对话框中用鼠标单击选中文件或通过键盘输入一个文件名时,该文件名及路径被保存在 FileName 属性中。

(2) FileTitle 属性

FileTile 属性与 FileName 属性类似,都是用于保存用户选择或输入的文件名,不同的是 FileTile 属性只保存文件名而不保存文件路径信息。

(3) Filter 属性

Filter 属性用于设置对话框中的"文件类型"下拉列表框中所显示的文件过滤器列表。设置格式为

描述1|过滤器1|描述2|过滤器2 …

其中,描述是指列表框中显示的字符串,过滤器是指实际在文件列表框中要显示的文件类型。如若该属性设置值为"图像文件(*.JPG)|*.JPG|位图文件(*.BNP)|*.BMP",则会在文件类型列表框中显示图 7-11 所示的列表。

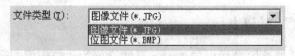

图 7-11 Filter 属性设置

(4) FilterIndex 属性

FilterIndex 属性与 Filter 属性配合使用,用于设置启动对话后,文件类型列表框中默认的显

示文件类型。图 7-11 所示为 FilterIndex 属性为 1 的结果，若设置为 2，则默认显示的文件类型为"位图文件（*.BMP）"。

（5）InitDir 属性

InitDir 属性用于设置对话框中显示文件的初始目录，若要显示当前目录，则该属性不需要设置。

说明：该对话框并不能真正打开用户指定的文件，它只是提供一个打开文件的界面便于用户选择需要的文件，若要真正打开文件则需要通过编程来实现。

2. "另存为"对话框

"另存为"对话框与"打开"对话框的属性基本相同，只是当 Action 属性设置为 2 或使用 ShowSave 方法显示的通用对话框。具体的使用方法也与"打开"对话框相同，在此不再赘述。

7.2.2 "颜色"对话框

应用程序可以打开一个"颜色"对话框让用户进行颜色的选择，如图 7-12 所示。在"颜色"对话框中，提供了基本颜色，还提供了自定义颜色供用户使用。

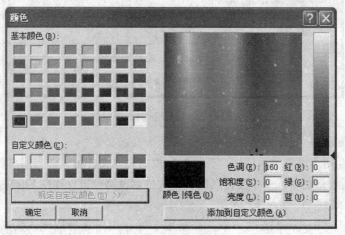

图 7-12 "颜色"对话框

对于"颜色"对话框，除了基本属性外，还有一个重要的属性：Color 属性。该属性用于保存用户选择的颜色值。如下面的语句可以在单击 Command1 按钮后打开一个颜色对话框，当用户选择颜色并单击"确定"按钮后，将用户选择的颜色设置为 Label1 的 ForeColor 属性值。

```
Pivate Sub Command1_Click()
    CommonDialog1.Action=3           ' 也可以使用 CommonDialog1.ShowColor 方法
    Label1.ForeColor=CommonDialog1.Color
End Sub
```

7.2.3 "字体"对话框

"字体"对话框是当通用对话框的 Action 属性设置为 4 或使用 ShowFont 方法时打开的对话框，如图 7-13 所示。该对话框允许用户从中选择字体、字号、样式等。当用户单击"确定"按钮后，用户所作的相关选择保存到通用对话框控件的 FontName、FontSize、FontBold、FontItalic、FontUnderLine、FontStrikeThrough 等属性中。

第7章 用户界面设计

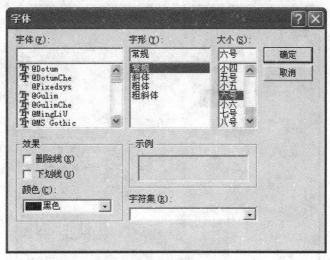

图7-13 "字体"对话框

说明：使用"字体"对话框之前，必须将通用对话框的Flags属性设置为以下常用属性之一，否则会出现字体不存在的错误，如图7-14所示。

图7-14 字体对话框错误信息

- cdlCFScreenFonts（&H1）：显示屏幕字体。
- cdlCFPrinterFonts（&H2）：显示打印机字体。
- cdCFBoth（&3）：显示打印机字体和屏幕字体。
- cdCFEffects（&100）：在"字体"对话框显示删除线和下划线复选框以及颜色列表框。

说明：常数cdCFEffects不能单独使用，应该与其他常数一起用"or"运算连接使用。

使用以下代码可以打开图7-13所示的字体对话框。

```
Private Sub Form_Click()
    CommonDialog1.Flags = cdlCFBoth Or cdlCFEffects
    CommonDialog1.Action = 4
End Sub
```

7.2.4 "打印"对话框

"打印"对话框是当通用对话框的Action属性设置为5或使用ShowPrinter方法时打开的对话框。如图7-15所示。

"打印"对话框的主要属性有以下几种。

① FromPage（起始页号）属性：打印的起始页号。
② ToPage（终止页号）属性：打印的终止页号。
③ Copies（打印份数）属性：要打印的份数。

177

图 7-15 "打印"对话框

④ Min（最小）属性：设置打印的最小页码。
⑤ Max（最大）属性：设置打印的最大页码。

7.2.5 "帮助"对话框

"帮助"对话框是当通用对话框的 Action 属性设置为 6 或使用 ShowHelp 方法时打开的对话框。该对话框是一个标准的"帮助"对话框，可以用于制作在线帮助。"帮助"对话框不能制作应用程序的帮助文件，只能使用已经作好的帮助文件，并将帮助文件与界面连接起来，达到显示并检索帮助信息的目的。

"帮助"对话框常用的属性有以下几个。

（1）HelpCommand 属性

HelpCommand 属性用于设置或返回所需要的在线 Help 帮助类型。

（2）HelpFile 属性

HelpFile 属性用于指定 Help 文件的路径及文件名称。

（3）HelpKey 属性

HelpKey 属性用于指定帮助信息的内容，在"帮助"对话框中显示由该帮助关键字指定的帮助信息。

（4）HelpContext 属性

HelpContext 属性用于设置或返回所需要的 HelpTopic 的 Context ID，一般与 HelpCommand 属性（设置为 vbHelpContents）一起使用，指定要显示的 HelpTopic。

使用"帮助"对话框之前，首先要设置 HelpFile 属性和 HelpCommand 属性，然后再使用 Show 方法或属性 Action=6 显示帮助文件信息。如，使用以下代码可以显示指定的 Winhelp32.hlp 文件（帮助文件名称需要根据实际应用确定）。

```
Private Sub Command1_Click()
    CommonDialog1.HelpFile="winhelp32.hlp"
```

```
        CommonDialog1.HelpCommand=cdlHelpContents
        CommonDialog1.ShowHelp
    End Sub
```

7.2.6 通用对话框举例

【例 7-3】设计如图 7-16 所示的界面。通过菜单来实现简单的文本编辑功能。

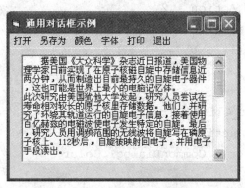

图 7-16 例 7-3 运行界面

对于本例,首先需要根据 7.1 节的内容设计相应菜单。将 Microsoft Common Dialog Control 6.0 控件添加到 Visual Basic 的标准工具箱中。将 TextBox 控件添加到窗体中用于文本内容的编辑,各对象相关属性参见表 7-7。本例中有关文件操作部分内容请参见第 8 章。

表 7-7　　　　　　　　　　例 7-3 各对象相关属性设置

对象	属性	设 置 值
TextBox	Name	Text1
	MultiLine	True
	ScrollBars	2-Vertical
CommonDialog	Name	CommonDialog1
	FileName	*.txt
	InitDir	C:\
	Filter	Text Files(*.txt)|*.txt|All Files(*.*)|*.*
	FilterIndex	1

相关事件过程代码为
```
Private Sub Form_Load()
    Text1.Text = ""
End Sub
Private Sub Openfile_Click()
    CommonDialog1.Action = 1
    Open CommonDialog1.FileName For Input As #1    '打开文件读取文件内容
    Do While Not EOF(1)
        Line Input #1, inputdata                    '读取文件内容
        Text1.Text = Text1.Text + inputdata + vbCrLf
```

```
        Loop
        Close #1
    End Sub
    Private Sub SaveAs_Click()
        CommonDialog1.FileName = "Default.txt"
        CommonDialog1.DefaultExt = "txt"
        CommonDialog1.Action = 2
        Open CommonDialog1.FileName For Output As #1
        Print #1, Text1.Text
        Close #1
    End Sub
    Private Sub Color_Click()
        CommonDialog1.Action = 3
        Text1.ForeColor = CommonDialog1.Color
    End Sub
    Private Sub Font_Click()
        CommonDialog1.Flags = cdlCFBoth Or cdlCFEffects
        CommonDialog1.Action = 4
        Text1.FontName = CommonDialog1.FontName
        Text1.FontSize = CommonDialog1.FontSize
        Text1.FontBold = CommonDialog1.FontBold
        Text1.FontItalic = CommonDialog1.FontItalic
        Text1.FontStrikethru = CommonDialog1.FontStrikethru
        Text1.FontUnderline = CommonDialog1.FontUnderline
    End Sub
    Private Sub Print_Click()
        CommonDialog1.Action = 5
        For i = 1 To CommonDialog1.Copies
            Printer.Print Text1.Text               '打印文本框中的内容
        Next i
        Printer.EndDoc                             '结束文档打印
    End Sub
    Private Sub Exit_Click()
        End
    End Sub
```

7.3　多重窗体和多文档界面

前面我们学习的应用程序都是建立在一个窗体之上的简单程序。在实际应用中，对于复杂的应用程序，一个窗体是不能满足需要的，往往需要多个窗体才能实现。本小节我们将要学习有关多重窗体和多文档界面的有关知识。

7.3.1 多重窗体

所谓多重窗体，是指在一个较为复杂的应用程序中包含有多个窗体，每个窗体都是平等独立的，分别以独立的 .frm 文件保存，且每个窗体都有各自的界面以及属性、事件和方法，它们之间可以相互调用以完成不同功能。当一个工程中有多个窗体时，工程资源管理器窗口的显示如图 7-17 所示。

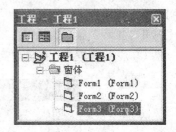

图 7-17 多窗体时的工程资源管理器窗口

下面首先介绍 Visual Basic 中有关窗体的语句和方法，然后通过一个实例说明如何建立多重窗体的应用程序。

1. 有关窗体的语句

（1）Load 语句

Load 语句的作用是将一个窗体由计算机的外存储设备加载到内存。加载到内存的窗体并不会立即显示出来，需要通过窗体的 Show 方法来显示。由于窗体已经存在于内存，所以此时可以引用加载窗体中的控件及各种属性。该语句的语法格式为

    Load 窗体名

执行 Load 语句时，将依次触发窗体的 Initialize 事件和 Load 事件。

（2）Unload 语句

Unload 语句的功能与 Load 相反，其作用是将指定的窗体从内存中清除。其语法格式为

    Unload 窗体名

Unload 语句的一种常用方法是 Unload Me，其中 Me 表示 Unload Me 语句所在的窗体，该语句表示将窗体本身关闭。

执行 Unload 语句时，将触发窗体的 Unload 事件。

2. 有关窗体的方法

（1）Show 方法

Show 方法用于显示一个窗体。使用该方法时：若窗体已经被加载到内存，该方法直接显示该窗体；若窗体还未被加载到内存，则首先自动将指定的窗体加载到内存，然后再将窗体显示出来。其语法格式为

    窗体名.Show [模式]

其中，模式为可选参数，用于确定窗体的状态，可以取 0 和 1 两个值。若值为 1，表示窗体是"模式型（Modal）"，在这种窗体中，用户无法将鼠标移到其他窗口，只有在关闭该窗体后才能对其他窗体进行操作；若值为 0，表示窗体是"非模式型（Modeless）"，即不关闭当前窗体也可以对其他窗体进行操作。

Show 方法使得指定窗体成为活动窗体，执行该方法时将触发窗体的 Activate 事件。

（2）Hide 方法

Hide 方法用于将指定的窗体隐藏起来。注意，隐藏窗体不等于从内存中清除窗体，隐藏后的窗体还在内存中存在。其语法格式为

    窗体名.Hide

3. 设置启动对象

在多重窗体的应用程序中，需要指定程序运行时的启动对象。所谓启动对象，是指应用程序运行时首先被加载和执行的对象。启动对象可以是窗体，也可以是标准模块中名为 Main 的自定义过程。一般情况下，系统默认启动的是第一个创建的窗体。若需要指定其他对象，可以采用以下方式设置。

打开"工程"菜单，选择"工程属性"命令，打开图 7-18 所示的工程属性对话框。在"启动对象（S）"列表框中选择需要启动的对象即可。

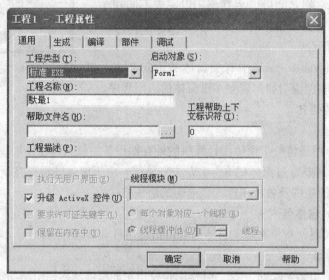

图 7-18　工程属性对话框

下面通过一个简单实例说明多重窗体的使用。

【例 7-4】设计图 7-19 所示的模拟注册程序，当用户输入相关信息并选择参加兴趣小组后，单击"注册"按钮，显示注册成功。

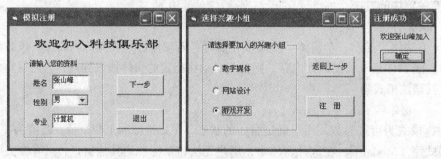

图 7-19　例 7-4 运行界面

本例中，设计 2 个窗体。对于 Form1 窗体：将其 Caption 属性值设为"模拟注册"；Frame1 的 Caption 属性值设为"请输入您的资料"；Text1 和 Text2 的 Text 属性值设为空；Combo1 组合框的 List 属性值设为"男"、"女"，Style=2；Command1 和 Command2 的 Caption 分别设为"下一步"和"退出"。对于 Form2 窗体：将其 Caption 属性设置为"选择兴趣小组"，Frame1 的 Caption 属性值设为"请选择要参加的兴趣小组"；Command1 和 Command2 的 Caption 分别设为"返回上一步"和"注册"；Option1、Option2 以及 Option3 的 Caption 分别设为"数字媒体"、

"网站设计"和"游戏开发"。然后给每个窗体分别编写下面的代码。

Form1 窗体代码为
```
Private Sub Form_Load()
    Combo1.AddItem "男"
    Combo1.AddItem "女"
End Sub
Private Sub Command1_Click()
    Me.Hide
    Form2.Show
End Sub
Private Sub Command2_Click()
    End
End Sub
```
Form2 窗体代码为
```
Private Sub Command1_Click()
    Me.Hide
    Form1.Show
End Sub
Private Sub Command2_Click()
    MsgBox "欢迎" + Form1.Text1.Text + "加入", , "注册成功"
    End
End Sub
```

7.3.2 多文档界面

1. 单文档界面与多文档界面

在实际应用中，Windows 应用程序主要有两种界面：单文档界面（Single Document Interface,SDI）和多文档界面（Multiple Document Interface，MDI）。

单文档界面并不是指只有一个窗体的界面，单文档界面的应用程序可以包含多个窗体，但各个窗体是相互独立的，它们在屏幕上独立显示、最大化或最小化，与其他窗体无关。单文档界面应用程序在任何时候只能打开一个文档，要打开另一个文档界面，必须先关闭原来打开的文档界面。前面我们创建的应用程序都属于单文档界面应用程序。

多文档界面是指应用程序由多个窗体界面组成，但这些窗体不是独立的。其中只有一个窗体被称为 MDI 父窗体（简称 MDI 窗体），其他窗体被称为 MDI 子窗体。子窗体的活动范围限制在 MDI 窗体中，不能将其移动到 MDI 窗体之外，运行时可以同时打开多个文档界面。如果 MDI 子窗体有菜单，则当 MDI 子窗体为活动窗体时，子窗体的菜单将自动取代 MDI 窗体的菜单。

在 Visual Basic 中，MDI 子窗体是指 MDIChild 属性值为 True 的标准窗体，需要注意的是，MDIChild 属性只能在属性窗口中设置，不能在代码中进行设置。

需要注意的是，在一个 MDI 窗体内可以建立多个 MDI 子窗体，而对于一个应用程序来说，MDI 窗体只能有一个。

2. 创建多文档界面

（1）创建一个标准 EXE 工程

（2）添加 MDI 窗体

选择"工程"菜单下的"添加 MDI 窗体"命令或单击工具栏上的"添加窗体"按钮后选择"添加 MDI 窗体"命令，打开图 7-20 所示对话框。选择"MDI 窗体"并单击"打开"按钮，即可创建一个 MDI 窗体。MDI 窗体的默认名称为 MDIForm1。

从工程资源管理器窗口中可以看到，工程中不但包含 Form1 窗体，而且包含了 MDIForm1 窗体，如图 7-21 所示。

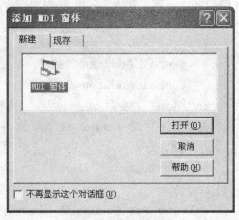

图 7-20　添加 MDI 窗体

（3）添加 MDI 子窗体

建立了 MDI 窗体后，可以通过单击"工程"菜单下的"添加窗体"命令或者工具栏上的"添加窗体"按钮向工程中添加一个窗体。添加的窗体可以是一个新建窗体，也可以是一个已经存在的窗体，然后将添加的窗体的 MDIChild 属性设置为 True 即可，如图 7-22 所示。可以采用同样的方法向 MDI 窗体中添加多个 MDI 子窗体。

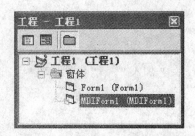

图 7-21　添加 MDI 窗体后的工程资源管理器窗口

图 7-22　MDI 子窗体

对于多文档界面应用程序，设计时注意以下几点。

① 若要启动多文档界面程序，需要在"工程属性"中将其设置为启动窗体。

② 在 MDI 窗体上可以创建 PictureBox 控件、Timer 控件、菜单和具有 Align 属性的自定义控件。在 MDI 窗体上创建对象的方法与普通窗体中的操作方法相同。

③ 不能在 MDI 窗体中直接创建其他控件对象，如 Text 控件、CommandButton 控件等。若要将这些控件放置在 MDI 窗体上，可以先在 MDI 窗体上放置一个 PictureBox 控件，然后再将其他控件放置在 PictureBox 控件中。

④ 不能使用 Print 方法在 MDI 窗体上显示文本，可以在 MDI 窗体中的 PictureBox 控件中使用 Print 方法来显示文本。

⑤ 一般情况下，在 MDI 窗体上只放置菜单栏、工具栏以及任务栏。子窗体的设计与普通窗体的设计完全相同。也可以先设计好窗体，然后再将窗体的 MDIChild 属性设置为 True，操作顺序不影响窗体的行为。

⑥ MDI 窗体分为上下两部分，其中上面一部分被称为 MDI 窗体控制区，下面一部分被称为 MDI 工作区。在控制区内可以创建控件对象，而子窗体则位于工作区内。为了在 MDI 窗体上给 MDI 子窗体规定工作区，可以在 MDI 窗体上创建一个 PictureBox 对象，同时也创建了 MDI 窗体的控制区，然后就可以在 MDI 窗体的控制区内建立控件。

注意，在 MDI 窗体内创建 PictureBox 对象时，无论在 MDI 窗体的什么位置创建，所建立的控制区总是位于 MDI 窗体的上部，如图 7-23 所示。若调整 MDI 窗体大小，控制区宽度也会随之改变，且总是与窗体宽度相同，通过调整 PictureBox 对象的大小，可以调整控制区的高度。

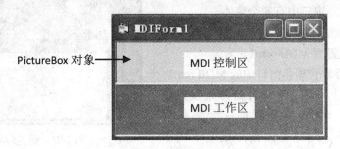

图 7-23　在 MDI 子窗体添加 PictureBox 对象

3. MDI 窗体的属性和方法

MDI 窗体具有的属性、事件和方法大部分与普通窗体的类似，以下是 MDI 窗体特有的属性、事件和方法。

（1）AutoShowChildren 属性

AutoShowchildre 属性用于设置是否自动显示子窗体，该属性值为逻辑型。值为 True，表示 MDI 子窗体在加载时自动显示；值为 False，表示 MDI 子窗体在加载时不会自动显示。在应用中，可以用 AutoShowChildren 属性加载 MDI 子窗体，保持其隐藏状态直到用 Show 方法将它显示出来。

（2）ScrollBars 属性

ScrollBars 属性用于设置 MDI 窗体在必要时是否显示滚动条。当该属性值为 True（默认值），如果一个或多个子窗体延伸到 MDI 窗体外时，MDI 窗体上会出现滚动条。

（3）Arrange 方法

Arrange 方法用于设置 MDI 窗体中各子窗体或最小化时的图标以何种方式排列。其语法格式为

　　MDI 窗体名称.Arrange arrangement

其中，参数 arrangement 是一个整型值，取值为 0～3，其含义参见表 7-8。

表 7-8　　　　　　　　　　　Arrange 方法中参数的值及其含义

参 数 值	含　义
0-vbCascade	层叠所有非最小化 MDI 子窗体
1-vbTileHorizontal	水平平铺所有非最小化 MDI 子窗体
2-vbTileVertical	垂直平铺所有非最小化 MDI 子窗体
3-vbArrangeIcons	重排最小化 MDI 子窗体的图标

下面通过一个实例，介绍多文档窗体的基本使用方法。

【例 7-5】 设计图 7-24 所示的界面，单击"排列子窗体"按钮可以重新排列子窗体。设计过程如下。

① 启动 Visaul Basic，新建一个工程。选择"工程"菜单下的"添加 MDI 窗体"命令，即可建立一个名为 MDIForm1 的窗体。此时工程资源管理器窗口中有 2 个窗体：Form1 和 MDIForm1。

② 在工程资源管理器窗口中选择 Form1，将它的 MDIChild 属性设置为 True，使该窗体成为 MDIForm1 的子窗体。选择"工程"菜单中的"添加窗体"命令，建立两个新窗体 Form2 和 Form3，并将它们的 MDIChild 属性设置为 True。此时工程资源管理器窗口中有 4 个窗体。

③ 选择"工程"菜单中的"工程属性"命令，将启动窗体设置为 MDIForm1。

④ 双击工程资源管理器窗口中的 MDIFrom1，使其成为当前窗口。为了在 MDI 窗体上设置命令按钮，首先在 MDI 窗体上添加一个图片框（PictureBox）对象，此时窗体被分成上下两个区域，图片框总是占据上半部。在图片框添加两

图 7-24 例 7-5 运行界面

个命令按钮 Command1 和 Command2，并将它们的 Caption 属性分别设置为"排列子窗体"和"退出"。

⑤ 对 MDIForm1 窗体，添加以下代码。

```
Private Sub MDIForm_Load()
    Form1.Show
    Form2.Show
    Form3.Show
End Sub
Private Sub Command1_Click()
    Dim choose As Integer
    choose = InputBox("排列方式选择，请输入一个数值:(0--3)")
    Select Case choose
        Case 0
            MDIForm1.Arrange 0
        Case 1
            MDIForm1.Arrange 1
        Case 2
            MDIForm1.Arrange 2
        Case 3
            MDIForm1.Arrange 3
    End Select
End Sub
Private Sub Command2_Click()
    End
End Sub
```

⑥ 运行程序，图 7-25 所示为选择排列方式为 2 时的效果。

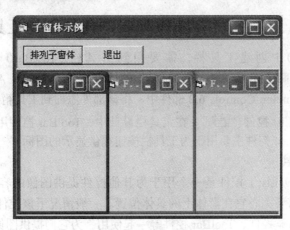

图 7-25　重新排列子窗体

本例只是对 MDI 做了示意性操作，在应用程序中，还需要作许多处理，如通常要为各个窗体设计菜单、根据需要动态增加和卸载窗体以及用各种属性方法丰富界面设计等。

7.4　工具栏

在 Windows 应用程序中，工具栏已经成为不可缺少的部分。工具栏一般位于菜单栏的下面，由许多工具按钮组成。它们的功能和菜单中一些常用命令的功能相同，为用户提供了便捷的操作方式，如"复制"、"剪切"、"粘贴"等。在 Visual Basic 6.0 中，可以使用手工方式制作工具栏，还可以使用工具栏控件（ToolBar）和图像列表控件（ImageList）创建工具栏。

7.4.1　通过手工方式创建工具栏

在窗体或 MDI 窗体上手工创建工具栏，一般是用 PictureBox 控件作为工具栏容器，用 CommandButton 控件或 Image 控件制作工具栏按钮。

手工方式创建工具栏的方法与步骤如下。

① 在窗体或 MDI 窗体上添加 PictureBox 控件。若是普通窗体，需要将 PictureBox 对象的 Align 属性设置为 1-Align Top，PictureBox 对象会自动伸展宽度到窗体宽度且置于窗体的顶部；若是 MDI 窗体，则不需要设置。

在 PictureBox 对象中添加 CommandButton 控件或 Image 控件作为工具栏按钮，然后为工具栏中的每一个控件设置 Picture 属性，指定一个图片。需要说明的是，Picture 属性设置的图片一般是用于按钮工具正常显示时的图片，还可以为每个按钮工具设置以下几个属性。

- DisabledPicture 属性：该属性可设置一个图片用于表示按钮无效或不可用时的状态。
- DownPicture 属性：该属性可设置一个图片用于表示按钮被按下时的状态。
- ToolTipText 属性：该属性可用于设置工具按钮的提示信息。

为工具按钮编写代码。

一般情况下，我们都是通过单击工具栏中的工具按钮来完成某种操作的，所以需要为工具按钮的 Click 事件过程编写代码以完成相应的操作。通常按钮的 Click 事件代码都是调用相应菜单项的事件过程。

7.4.2 使用工具栏控件和图像列表框控件创建工具栏

在 Visual Basic 6.0 中创建工具栏，需要用到工具栏（ToolBar）控件和图像列表框（ImageList）控件。这两个控件不是 Visual Basic 的标准控件，它们是 ActiveX 控件，包含在 Microsoft Windows Common Controls 6.0 部件中。将该部件添加到工具箱中，即可看到 ToolBar 控件"⊥⊥"和 ImageList 控件"☐"。在工具栏设计中，ToolBar 控件用于设置工具栏按钮和处理用户操作，ImageList 控件主要用于为工具栏按钮提供显示的图标。

1. 图像列表框控件

图像列表框（ImageList）控件是一个用于为其他控件提供图像的容器，运行时该控件不可见，所以添加后不需要关心它在窗体上的具体位置。一般情况下该控件不单独使用，常常与 ListView 控件、TreeView 控件、ToolBar 控件等一起使用，为它们提供图像。

在 ImageList 控件中可以添加任意大小的图像，这些图像可以是位图文件、GIF 文件、JPG 文件以及图标文件，显示时添加的所有图像的大小是相同的。一般情况下是以第一幅添加的图像大小为基准，当然用户也可以自定义图像的大小。

ImageList 控件的属性通常是在该控件的属性页中进行设置。将控件添加到窗体后，用鼠标右击，选择"属性"菜单命令即可打开图 7-26 所示的"属性页"对话框。

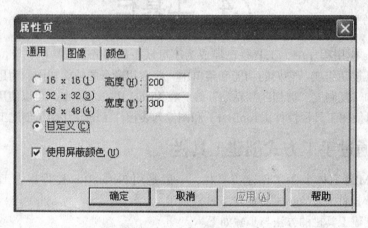

图 7-26 ImageList 控件属性页

在"通用"选项卡中用户可以选择"16×16""32×32""48×48"来确定显示图像的大小。如果选择了"自定义"，用户需要在"高度"和"宽度"框中输入图像的大小。

"图像"选项卡主要用于向 ImageList 控件中添加图像。如图 7-27 所示。单击"插入图片"按钮，打开一个"选定图片..."对话框，用户可以将选中的图像添加到 ImageList 控件中。重复插入图片操作，可以为 ImageList 控件添加多个图像文件。单击"确定"按钮，即可完成图像的添加。

说明，如果在安装 Visual Basic 时选择了安装图片，则可以在其所在驱动器的"\Program Files\Microsoft Visual Studio\Common\Graphics"目录下找到包含大量 Windows 标准按钮的图标文件。

在添加图像时，系统为每一幅添加的图像自动设置一个索引号用于标识每一幅图像，第一个添加的图像的索引号为 1，第二个为 2，依次类推。同时，我们还可以为每一幅图像指定一个唯一的关键字。当在其他控件中需要引用图像时，就可以直接使用索引号或关键字来引用。

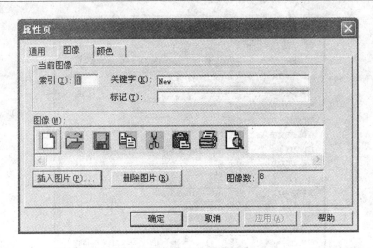

图 7-27 添加图像

ImageList 控件有一个常用的方法 OverLay，该方法用于将控件中的两幅图像进行叠加输出。如以下语句可以将控件中索引号为 1 和 2 的两幅图像叠加后在 PictureBox 控件中显示。

```
Picture1.Picture=ImageList1.OverLay(1, 2)
```

2. 工具栏控件

工具栏（ToolBar）控件是 Windows 环境中最常用的控件之一。使用工具栏控件可以方便地在应用程序中创建工具栏，增加程序的使用性。

工具栏控件被添加到窗体上后，默认位置是位于窗体的上方，能够自动适应窗体的宽度且不能改变大小。我们可以通过属性窗口修改 Align 属性的值来改变工具栏位置，使其位于窗体的左边、下边以及右边，具体设置值参见表 7-9。

表 7-9　　　　　　　　　　　Align 属性值及其含义

常　数	数　值	含　　义
vbAlignNone	0	无对齐方式。可以在程序中设置位置，若在 MDI 窗体上，则忽略该设置
vbAlignTop	1	工具栏位于窗体顶部。默认值
vbAlignBottom	2	工具栏位于窗体底部
vbAlignLeft	3	工具栏位于窗体左边
vbAlignRight	4	工具栏位于窗体右边

如果用户要创建一个浮动的工具栏，可以将 Align 属性设置为 0，此时用户可以任意调整工具栏在窗体上的位置及大小。

工具栏控件的属性通常在控件的"属性页"对话框进行设置。将控件添加到窗体后，用鼠标右击，选择"属性"菜单命令即可打开图 7-28 所示的"属性页"对话框。

（1）"通用"选项卡

"通用"选项卡中的"图像列表（I）"下拉列表用于设置与工具栏控件相关联的 ImageList 控件。若在窗体中添加了一个或多个 ImageList 控件，则在下拉列表中会出现一个或多个 ImageList 控件可供选择，用户可以选择其一作为工具栏按钮的图像源，图 7-28 中选择 ImageList1 作为工具栏按钮的图像源。

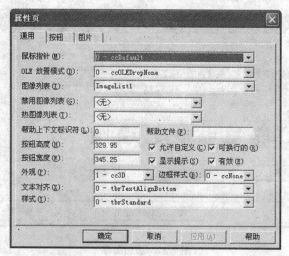

图 7-28　ToolBar 控件属性页

其他几个重要的属性及其含义如下。

- "允许自定义（C）"（AllowCustomize）属性用于设置当程序运行时用户是否可以通过双击工具栏打开"自定义工具栏"对话框自定义工具栏。该值为逻辑值，若值为 True，则双击工具栏时打开图 7-29 所示对话框供用户进行工具栏的定义。

图 7-29　自定义工具栏

- "显示提示（S）"（ShowTips）属性用于设置当用户将鼠标停留在工具栏的按钮上时是否允许显示工具提示信息。该属性为逻辑值，默认为 True，表示允许。
- "可换行的（R）"（Wrappable）属性用于设置在一行内容无法显示全部按钮时，是否换行显示按钮。
- "有效（E）"（Enabled）属性用于设置工具栏中的按钮是否可用。

另外，在"通用"选项卡中，使用"外观（P）"、"边框样式（B）"、"样式（Y）"等可以设置工具栏的外观属性。

（2）"按钮"选项卡

选择"按钮"选项卡，打开图 7-30 所示对话框。在该选项卡中，单击"插入按钮（N）"按钮，可以在工具栏中添加一个按钮，进行相关属性的设置即可完成一个按钮的建立。重复使用"插入按钮（N）"按钮

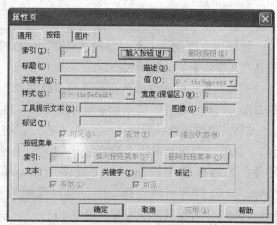

图 7-30　"按钮"选项卡

就可以在工具栏中建立多个按钮。有关按钮属性的设置如下。

- "索引（I）"（Index）属性：工具栏控件中的所有按钮构成一个按钮集合，称为 Buttons。在工具栏中添加和删除按钮，实际上是对工具栏控件的 Buttons 集合进行添加和删除元素的操作。按钮就像数组中的元素一样，第一个被添加的按钮的索引号为 1，第二个为 2，依此类推。通过索引号可以访问工具栏中的各个按钮。如，以下语句是将索引号为 1 的按钮的标题设置为"新建"。

    `ToolBar1.Buttons(1).Caption=" 新建 "`

- "标题（C）"（Caption）属性：用于设置或返回按钮上显示的文本。若不输入任何内容，则按钮只显示图标。
- "关键字（K）"（Key）属性：设置按钮的名称，在程序中也可以使用关键字来引用按钮。
- "工具提示文本（X）"（ToolTipText）属性：设置当用户将鼠标停留在按钮上时显示有关按钮的提示信息。
- "图像（G）"（Image）属性：为按钮指定显示的图像的索引号或关键字。该索引号和关键字是在 ImageList 控件中为每个图像指定索引号和关键字。
- "样式（S）"（Style）属性：设置按钮的样式。具体设置值参见表 7-10。

表 7-10　　　　　　　　　　　　　"样式（S）"属性值及其含义

属性值	含　　义
0-tbrDefault	标准按钮，默认值
1-tbrCheck	开关按钮，即按钮按下后保持下沉状态，再次单击恢复原状
2-tbrButtonGroup	编组按钮，即将按钮分组，属于同一组的按钮每次只能有一个被按下
3-tbrSeparator	分隔按钮，用于将各个分组按钮分隔，在工具栏上不显示按钮，只使各分组相隔 8 个像素
4-tbrPlaceholder	占位按钮，在工具栏中不显示，只占据一定的位置以便显示其他控件
5-tbrDropdown	下拉按钮，单击它可以打开一个下拉菜单

- "值（V）"（Value）属性：设置或返回按钮的按下或放开状态，一般用于对开关按钮和编组按钮的初态进行设置。取值为 0-tbrUnpressed 表示放开状态，1-tbrPressed 表示按下状态。

工具栏控件常用的事件是 ButtonClick 事件，即当用户单击工具栏中的对象时发生该事件。一般在程序中，使用按钮的索引号（Index）或关键字（Key）来识别哪个按钮被单击。如，下列语句用于当单击工具栏按钮后进行不同的操作。

```
Private Sub Toolbar1_ButtonClick(ByVal Button As MSComctlLib.Button)
      Select Case Button.Key
          Case "OpenFile"
              CommonDialog1.ShowOpen
          Case "SaveFile"
              CommonDialog1.ShowOpen
      End Select
   End Sub
```

需要注意的是，在引用工具栏按钮时，由于按钮的索引号（Index）可能会在程序运行时发生变化从而导致错误发生，所以最好在 ButtonClick 事件中引用按钮的关键字（Key）以判断哪个按钮被单击。

3. 使用工具栏控件和图像列表框控件创建工具栏

使用工具栏控件和图像列表框控件创建工具栏的具体方法如下。

① 将工具栏控件和图像列表框控件添加到工具箱中。
② 将工具栏控件和图像列表框控件添加到窗体上。
③ 向图像列表框控件中添加图像。
④ 建立工具栏控件与图像列表框控件的关联。
⑤ 使用工具栏控件建立按钮并为按钮添加图像。
⑥ 编写按钮的事件代码。

7.5 状态栏

状态栏也是 Windows 应用程序界面的组成部分,主要用于显示应用程序执行时的状态、提示信息以及系统的有关信息,如系统日期、键盘输入状态、有关位置信息等。图 7-31 为我们熟悉的 Word 的状态栏。状态栏中的每一个单元格被称为一个"窗格 (Panel)"。

图 7-31 Word 状态栏

在 Visual Basic 中,可以使用状态栏(StatusBar)控件制作状态栏,该控件也包含在 Microsoft Windows Common Control 6.0 中,图标为" "。

状态栏控件是由 Panel 对象组成的。状态栏控件最多可以被分成 16 个 Panel 对象,这些对象包含在 Panels 集合中,在程序设计中,我们可以通过该集合对每一个 Panel 对象进行引用。每一个 Panel 对象可以包含文本和图像信息,还可以使用 Style 属性中的值自动地显示公共数据,如日期、时间和键盘状态等。

可以使用状态栏控件的属性页对状态栏进行设置。选中窗体上的状态栏,鼠标右击并选择 "属性" 菜单命令,即可打开图 7-32 所示的对话框。

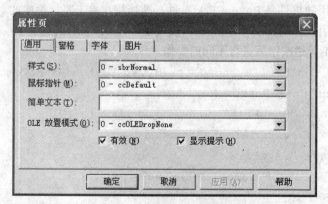

图 7-32 状态栏控件属性页

该对话框由 4 个选项卡组成:"通用" 选项卡、"窗格" 选项卡、"字体" 选项卡和 "图片" 选项卡。其中,在 "通用" 选项卡中,用户可以设置状态栏控件的样式、鼠标位于该控件上时的形状以及其他一些设置；在"窗格"选项卡中，用户可以设置窗格的个数以及每一个窗格的样式；在"字体"选项卡中，用户可以设置状态栏中显示字体的相关属性；在"图片"选项卡中，用户可以设置鼠标位于状态栏时显示的图形，该设置只有当鼠标指针设置为"99-ccCustom"（在"通用"选项卡中设置）时有效。

7.5.1 状态栏控件相关属性

状态栏控件有以下常用属性。

（1）Align 属性

Align 属性用于设置状态栏在窗体上的显示位置，其取值及含义参见表 7-11。

表 7-11　　　　　　　　　　状态栏控件的 Align 属性取值及其含义

属性值	含　　义
0-vbAlignNone	无，状态栏在设计时确定大小及位置。对于 MDI 窗体，忽略该设置值
1-vbAlignTop	状态栏在窗体的顶部
2-vbAlignBottom	状态栏在窗体的下部。默认值
3-vbAlignLeft	状态栏在窗体的左侧
4-vbAlignRight	状态栏在窗体的右侧

（2）Style（样式）属性

Style 属性用于设置状态栏控件的单窗格或多窗格样式，该属性只能取以下两个值：0-sbrNormal，普通样式，状态栏可以添加和显示多个窗格；1-sbrSimple，简单样式，整个状态栏仅为一个窗格。默认值为 0。

（3）Panels 属性

Panels 属性为 Panel 对象的集合。在程序设计中，用户可以通过该属性对每一个 Panel 对象进行引用。如，以下语句可以将状态栏中的第 1 个窗格的显示文本设置为"系统状态"。

　　　　StatusBar1.Panels(1).Text = "系统状态"

状态栏控件的 Panels 集合提供了 Add 方法，用来在程序中动态添加窗格，其一般格式为

　　　　状态栏控件名.Panels.Add[Index],[Key],[Text],[Style]

其中：Index，可选项，要添加窗格的索引号；Key，可选项，要添加窗格的关键字；Text，可选项，要添加窗格显示的文字；Style，可选项，要添加窗格的类型，默认状态为普通窗格，取值为 0 ~ 6 的整数，分别表示系统时间日期、键盘状态等。

（4）ShowTips 属性

ShowTips 属性用于设置当用户鼠标移动到状态栏控件上时是否显示"工具提示文本（X）"文本框中的提示信息。

（5）ToolTipText（工具提示文本）属性

ToolTipText 属性用于设置状态栏工具提示信息。

（6）SimpleText 属性

SimpleText 属性用于获得或设置当状态栏控件的 Style 属性设置为 Simple 时，显示的文本。

7.5.2　Panel 对象

Panel 对象表示在 Panels 集合中的一个单独的窗格，用于状态栏控件。有以下常用属性。

（1）Style 属性

Style 属性用于设置 Panel 对象的显示样式，其取值及其含义参见表 7-12。

表 7-12　　　　　　　　　　Panel 对象的 Style 属性值及其含义

属性值	含　义
0-sbrText	文本和位图，用 Text 属性设置文本。默认值
1-sbrCaps	Caps Lock 键，当激活 Caps Lock 键时，窗格内黑体显示"CAPS"，否则暗淡显示"CAPS"
2-sbrNum	Num Lock 键，当激活 Num Lock 键时，窗格内黑体显示"NUM"，否则暗淡显示"NUM"
3-sbrIns	Insert 键，当激活插入键时，窗格内黑体显示"INS"，否则暗淡显示"INS"
4-sbrScrl	Scroll Lock 键，当激活滚动锁定时，窗格内黑体显示"SCRL"，否则暗淡显示"SCRL"
5-sbrTime	显示当前系统时间
6-sbrDate	显示当前系统日期
7-sbrKana	激活滚动锁定时，窗格内黑体显示"KANA"，否则暗淡显示"KANA"

（2）Bevel（斜面）属性

Bevel 属性用于设置 Panel 对象的外观样式，其取值及其含义参见表 7-13。

表 7-13　　　　　　　　　　Panel 对象的 Bevel 属性值及其含义

属性值	含　义
0-sbrNoBevel	无斜面，文本直接显示在状态栏上
1-sbrInset	窗格凹下显示
2-sbrRaised	窗格凸出显示

Bevel 属性的不同取值的显示效果如图 7-33 所示。

图 7-33　状态栏 Panel 对象 Bevel 属性

7.5.3　状态栏控件和 Panel 对象的其他设置

1. 鼠标设置

当鼠标移动到状态栏上时，可以显示不同的形状。在状态栏的属性页的通用选项卡中，通过"鼠标指针（M）"下拉列表框选择需要的指针类型，其值为 0 ~ 9。若设置鼠标形状为指定的图形，则将该值设置为"99-Custom"，然后在图片选项卡中为指针指定一个图片文件。

2. 窗格选项卡的相关设置

① 索引 (Index)：其作用与工具栏控件、图像列表框控件中的索引号的作用相同。添加窗格时，系统自动为窗格赋予一个值，用于标识状态栏中不同的窗格，在程序中可以通过索引值引用窗格。

② 文本 (Text)：窗格中需要显示的信息。

③ 关键字（Key）：窗格的名称，其作用与索引相同，在程序中也可以通过该值引用窗格。

④ 对齐（Alignment）：窗格显示内容的对齐方式，即 0-sbrLeft 左对齐、1- sbrCenter 中间

对齐、2-sbrRight 右对齐。

如，以下语句将窗格索引号为 1 的显示内容设置为中间对齐方式。

  StatusBar1.Panels(1).Alignment = sbrCenter

⑤ 自动调整大小（AutoSize）：设置窗格的宽度是否自动适应显示内容，其值及含义参见表 7-14。

表 7-14　　　　　　　　　　　Panel 对象的 AutoSize 属性值及含义

属性值	含　　　义
0-sbrNoAutoSize	不自动调整大小。Panel 的宽度总是并且准确地由 Width 属性指定
1-sbrSpring	当父窗体调整大小并且有多余的可用空间时，所有具有这种设置窗格均分空间。但是，窗格的宽度决不会小于 MinWidth 属性指定的宽度
2-sbrContents	调整 Panel 大小以适合它的目录，其宽度决不低于 MinWidth 属性指定的宽度

7.6　文件系统中的列表框设计

Visual Basic 中提供了 3 种与文件系统有关的控件，分别为驱动器列表框、目录列表框和文件列表框。通常将这 3 个控件组合起来使用，可以实现对驱动器、文件及文件路径的控制，如图 7-34 所示。

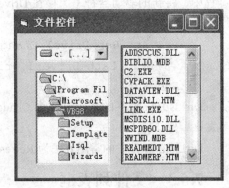

图 7-34　文件系统控件

7.6.1　驱动器列表框

驱动器列表框（DriveListBox）控件是一个下拉列表框，用于运行时显示和设置当前系统中的驱动器名称，如图 7-35 所示。

DriveListBox 控件与 ComboBox 控件类似，除了具有 ComboBox 控件的属性外，该控件最常用的属性是 Drive 属性。该属性在程序运行时用于设置或返回选定的驱动器，设计状态下不可用。

可以用以下方法为 Drive 属性赋值。

① 赋值语句。语法格式为

  驱动器列表框名.Drive=< 驱动器名 >

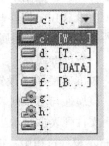

图 7-35　驱动器列表框控件

其中，驱动器名是一个合法的驱动器字符，若指定的驱动器符不存在，则系统会报错。如 Drive1.Drive= "d"。

② 单击下拉列表，选择所需要的驱动器名。

驱动器列表框控件常用的事件是 Change 事件。该事件触发的时机是驱动器列表框控件的 Drive 属性值发生改变，如用户通过代码重新设置了 Drive 属性或通过下拉列表选择了驱动器。

驱动器列表框控件常用的方法是 Refresh 方法。该方法的作用是刷新驱动器列表。

7.6.2 目录列表框

目录列表框（DirListBox）控件用于显示当前驱动器或指定驱动器上的目录结构，如图 7-36 所示。

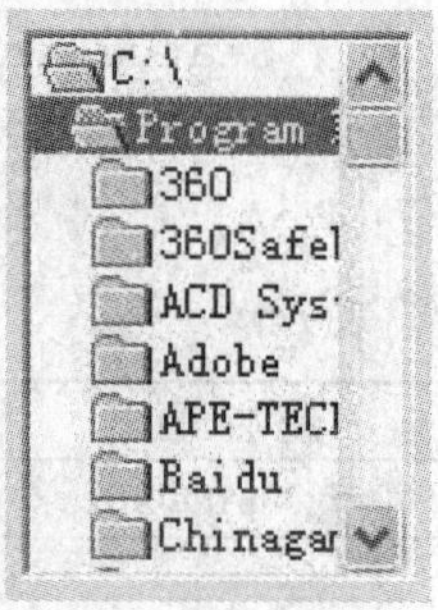

DirListBox 控件类似于 ListBox 控件，除具有 ListBox 控件的属性外，该控件最常用的属性是 Path 属性。Path 属性用于设置或返回当前的工作目录的路径，包括驱动器名、文件夹名。该属性在设计时不可用。

可以使用以下方法为 Path 属性赋值。

① 赋值语句。其语法格式为

目录列表控件名.path=<路径>

如要指定路径为"C:\Program Files"，则可以使用以下语句。

```
Dir1.Path="C:\Program Files"
```

图 7-36 目录列表框控件

② 用鼠标双击需要的文件夹。

一般情况下，DirListBox 控件与 DriveListBox 控件配合使用，当驱动器发生改变时 DirListBox 控件所显示的内容随之发生改变。使用方法为：在 DriveListBox 控件的 Change 事件过程中，将新的驱动器符（保存在 DriveListBox 控件的 Drive 属性中）赋给 DirListBox 的 Path 属性。如

```
Private Sub Drive1_Change()
    Dir1.Path=Driver1.Drive
End Sub
```

DirListBox 控件的常用事件为 Change 事件。当 DirListBox 控件的 Path 属性值发生改变时触发该事件。

DirListBox 控件的常用方法为 Refresh 方法，其作用是刷新目录列表框中显示的内容。

7.6.3 文件列表框

文件列表框（FileListBox）控件用于显示指定目录下的指定类型的文件列表，如图 7-37 所示。

FileListBox 控件与 ListBox 控件类似，除具有 ListBox 控件的属性外，还有以下常用属性。

（1）Path 属性

Path 属性用于设置或返回文件列表框中所显示的文件所在的路径。该属性与目录列表框配合使用，当目录列表框中的路径发生改变时，文件列表框显示当前路径下的文件列表。一般是在目录列表框的 Change 事件过程中，将目录列表框控件的 Path 属性值赋给文件列表框的 Path 属性，如

图 7-37 文件列表框控件

```
Private Sub Dir1_Change()
    File1.Path = Dir1.Path
End Sub
```

（2）Pattern 属性

Pattern 属性用于设置文件列表框中显示的文件类型。该属性使用通配符来限制文件列表框中仅列出指定类型的文件，若要显示多种类型的文件，可以使用分号将多个通配符隔开。如限

制在文件列表框中只显示当前路径下扩展名为 bas 和 vbp 的所有文件，可以使用以下语句。

    File1.Pattern="*.bas;*.vbp"

在实际应用中，我们习惯上将常用的文件通配符放在一个组合框控件中，用户可以从中选择，然后将用户的选择（保存在组合框控件的 Text 属性中）再赋值给文件列表框控件的 Pattern 属性。我们可以在组合框的 Change 事件过程和 Click 事件过程中添加如下代码。

    File1.Pattern=Combo1.Text

（3）FileName 属性

FileName 属性用于返回文件列表框中用户选择的文件名。该属性在设计状态不可用。

FileListBox 控件常用的事件主要是 Click 事件、DblClick 事件。

7.6.4 综合举例

【例 7-6】设计图 7-38 所示的图片浏览器。

图 7-38　例 7-6 运行界面

在本例中，涉及如下几个控件：DriveListBox 控件、DirListBox 控件、FileListBox 控件、ComboList 控件、Label 控件及 Image 控件，其中 Label1、Combo1 及 Image1 对象属性设置见表 7-15，其余对象使用默认值。

各对象相关事件过程代码为

```
Option Explicit
Private Sub Form_Load()Combo1.AddItem "*.jpg"
    Combo1.AddItem "*.bmp"
    Combo1.AddItem "*.tif"
    Combo1.AddItem "*.*"
    Combo1.Text = Combo1.List(0)
    File1.Pattern = "*.jpg"
End Sub
Private Sub Combo1_Change()
    File1.Pattern = Combo1.Text
End Sub
Private Sub Combo1_Click()
```

```
        File1.Pattern = Combo1.Text
    End Sub
    Private Sub Dir1_Change()
        File1.Path = Dir1.Path
        File1.Refresh
    End Sub
    Private Sub Drive1_Change()
        Dir1.Path = Drive1.Drive
    End Sub
    Private Sub File1_Click()
        Image1.Picture = LoadPicture(File1.Path + "\" + File1.FileName)
    End Sub
```

表 7-15　　　　　　　　　　　　　　对象属性及其属性值

对　象	属　性	属　性　值
Label1	Caption	文件类型
Combo1	Text	空
Image1	Stretch	True

7.7　鼠标和键盘

鼠标和键盘是计算机的主要输入设备。Visual Basic 应用程序可以检测并响应鼠标和键盘的多种事件。前面我们学习了鼠标的最基本事件：单击事件 Click、双击事件 DblClick。这两个事件没有参数，不能确定用户是在对象的什么位置上单击的鼠标，也不能确定用户单击的是左键还是右键，更不能确定用户在单击鼠标时是否同时按下了键盘上的 Shift 键、Ctrl 键以及 Alt 键，要想处理这些状态，需要用到本小节的其他几个鼠标事件。另外，利用键盘事件可以响应各种键盘操作，还能处理和解释 ASCII 字符。

7.7.1　鼠标事件

鼠标事件是由用户操作鼠标而引发的能被各种对象识别的事件。除了鼠标的 Click 事件、DblClick 事件外，还有 3 个重要的鼠标事件。

① MouseDown 事件：用户按下鼠标键时被触发。
② MouseUp 事件：用户释放鼠标键时被触发。
③ MouseMove 事件：用户移动鼠标时被触发。

对于这 3 个事件，工具箱中的大部分控件都可以识别，其对应的事件过程分别为

```
Private Sub 对象名_MouseDown(Button As Integer, Shift As Integer, X As Single, Y As Single)
Private Sub 对象名_MouseMove(Button As Integer, Shift As Integer, X As Single, Y As Single)
```

```
Private Sub 对象名_MouseUp(Button As Integer, Shift As Integer, X As
Single, Y As Single)
```
其中：对象名应该是窗体名或控件对象的名称；其他4个参数的取值及其含义如下。

（1）Button参数

Button参数的值是一个整型数，该值反映这3个事件发生时按下了哪一个鼠标键。值为1表示左键；值为2表示右键；值为4表示中间键。

对于MouseMove事件，有可能在移动鼠标时同时按下了两个或三个鼠标键，此时Button参数的返回值应该为相应两个键或三个键的和；若在鼠标移动时未按下任何鼠标键，则Button参数的值为0。如，若在鼠标移动时同时按下左键和右键，则Button参数的值为3。

（2）Shift参数

Shift参数的值也是一个整型数，该反映这3个事件发生时是否按下了键盘上的控制键。值为1表示按下了Shift键；值为2表示按下Ctrl键；值为4表示按下了Alt键。若这3个事件发生时同时按下键盘上的两个或3个控制键，则Shift参数的返回值应该为相应两个或三个控制键值的和；若没有按下控制键，则Shift参数的值为0。

（3）X、Y参数

X、Y参数反映当发生这3个事件时鼠标指针在窗体、图片框等控件上所处的位置坐标。需要注意的是，默认情况下，坐标原点的位置是引发事件对象的左上角。

另外，在使用这3个事件时还应该注意以下几点。

① 在鼠标移动的过程中，会不断触发MouseMove事件，但并非每经过一个点都会触发一次MouseMove事件，而是在鼠标移动过程中每间隔一个很短的时间触发一次该事件，因此，鼠标移动的速度越快，触发的MouseMove事件就越少。

② 在对象上操作一次鼠标，会触发多个鼠标事件。对于不同类型的对象，多个事件触发的顺序可能不同。如：在窗体上单击鼠标，将依次触发MouseDown事件、MouseUp事件、Click事件；在窗体上双击鼠标，将依次触发Mousedown事件、MouseUp事件、Click事件、DblClick事件、MouseUp事件；在命令按钮上单击鼠标，将依次触发MouseDown事件、Click事件、MouseUp事件。

③ 对于一个不可见控件或控件无效时，针对该控件的鼠标操作会传递到位于它下面的对象上。

关于鼠标事件的应用，我们来看下面一个例子。

【例7-7】设计一个程序，当在窗体上按下鼠标左键并移动时，在窗体上画出线条，释放鼠标左键时停止画线。按下Shift键时，画出的线条为红色；按下Ctrl键时，画出的线条为绿色；按下Alt键时，画出的线条为蓝色；3个键都不按时，画出的线条为黑色。

程序代码为

```
Private Sub Form_MouseDown(Button As Integer,Shift As Integer,X As
Single,Y As Single)
    If Button=1 Then
        CurrentX=X                                   '设置画线的起点
        CurrentY=Y
    End If
End Sub
Private Sub Form_MouseMove(Button As Integer,Shift As Integer,X As
```

```
Single,Y As Single)
    Dim DrawColor As Long
    If Button=1 Then
        If Shift=1 Then
            DrawColor=vbRed
        ElseIf Shift=2 Then
            DrawColor=vbGreen
        ElseIf Shift=4 Then
            DrawColor=vbBlue
        Else
            DrawColor=vbBlack
        End If
        Line-(X,Y),DrawColor
    End If
End Sub
```

7.7.2 键盘事件

键盘事件是由通过键盘输入时产生的事件，在需要处理文本的地方或对于接受文本的控件，往往需要对键盘事件进行编程。常用的键盘事件主要有 KeyPress 事件、KeyDown 事件、KeyUp 事件等。

1. KeyPress 事件

当按下和释放一个 ANSI 键时，将触发 KeyPress 事件，ANSI 键包括数字、大小写字母、Enter、BackSpace、Esc、Tab 等，方向键不会产生 KeyPress 事件。其事件过程为

    Private Sub 对象名_KeyPress(KeyAscii As Integer)

其中

对象名：窗体或其他可以响应键盘事件的控件的名称，当控件获得焦点时才能响应键盘事件。

KeyAscii 参数：用于返回按键的 ASCII 值。当键盘上的一个有 ASCII 码的键被按下时，该键的 ASCII 值就被保存到 KeyAscii 参数中，并触发 KeyPress 事件。可以使用下列表达式将 KeyAscii 参数值转换为一个字符。

    Chr（KeyAscii）

2. KeyDown 事件和 KeyUp 事件

当按下键盘上的任意一个键时，触发 KeyDown 事件；当释放键时，触发 KeyUp 事件。这两个事件对应的事件过程为

    Private Sub 对象名_KeyDown(KeyCode As Integer, Shift As Integer)
        Private Sub 对象名_KeyUp(KeyCode As Integer, Shift As Integer)

其中

对象名：窗体或可以响应键盘事件的控件的名称。当控件获得焦点时才能响应键盘事件。

KeyCode 参数：用于返回按键的代码。每一个按键都有相应的键代码。Visual Basic 为每一个键代码声明了一个内部常量。如：F1 键的键代码为 112，相应的内部常量为 vbKeyF1；Home 键的键代码为 36，内部常量为 vbKeyHome。键盘上字母键和数字键的代码与其 ASCII 码相同，

但大小写字母的键代码是不同的。其他键的代码与相应常量参见附录相关内容。

Shift 参数：用于表示当按下 1 个键时，是否同时按下了 Shift 键、Ctrl 键和 Alt 键。值为 1 时表示按下了 Shift 键；值为 2 时表示按下了 Ctrl 键；值为 4 时表示按下了 Alt 键。当同时按下这 3 个键中的 2 个或同时按下这 3 个键时，则 Shift 参数的值为被按下的键的相应数值之和。如，Shift 参数值为 6，表示按下了 Ctrl 键和 Alt 键 2 个键。若 3 个键都没有被按下，则 Shift 参数的值为 0。

对于以下情况不能使用 KeyDown 事件和 KeyUp 事件。
① 当窗体上有一个 Default 属性设置为 True 的按钮控件时，按 Enter 键。
② 当窗体上有一个 Cancel 属性设置为 True 的按钮控件时，按下 Esc 键。
③ 当窗体上有多个可拥有焦点的控件时，按 Tab 键。

下面通过 2 个例子说明键盘事件的使用。

【例 7-8】设计图 7-39 所示的简易键盘指法练习程序。要求：在窗体上动态显示随机的英文字母，若输入正确，则清除字母并随机地显示下一个字母。要求最大时限为 1 分钟。统计输出击键次数、正确击键次数以及正确率。

在窗体上添加：1 个标签 Label1 用来动态显示英文字母；1 个命令按钮 Command1 用来开始程序；1 个图片框 PictureBox 用来输出统计结果；计时器 Timer1 用来控制标签的移动，计时器 Timer2 用来控制总时间。各控件对象相关属性设置参见表 7-16。

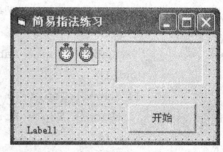

图 7-39 例 7-8 设计界面

表 7-16 对象属性值设置

对 象 名	属 性 名	属 性 值
Form1	Caption	简易指法练习
Label1	Caption	a
Command1	Caption	开始
Timer1	Enabled	False
	Interval	15
Timer2	Enabled	False
	Interval	60000

各事件过程代码为

```
    Dim n As Integer, m As Integer        'n:正确击键数,m:总击键数
    Private Sub Command1_Click()
        Picture1.Cls
        Timer1.Enabled = True
        Timer2.Enabled = True
        Command1.Enabled = False
    End Sub
    Private Sub Form_KeyPress(KeyAscii As Integer)
        m = m + 1                          '总击键数加1
        If Chr(KeyAscii) = Label1.Caption Then
```

```
            Label1.Caption = ""                    '击键正确，正确击键数加1,
                                                                    并清空标签
            n = n + 1
        End If
End Sub
Private Sub Timer1_Timer()
    Randomize
              '击键正确后产生新字符并将标签移到窗体底部，随机产生小写的英文字母
    If Label1.Caption = "" Then
        Label1.Top = Form1.Height - Label1.Height
        Label1.Caption = Chr(CInt(Rnd * 26 + 97))
    Else
        Label1.Top = Label1.Top - 10
    End If
    If Label1.Top <= 0 Then
        Label1.Top = Form1.Height - Label1.Height
    End If
End Sub
Private Sub Timer2_Timer()
    Timer1.Enabled = False
    Timer2.Enabled = False
    Picture1.Cls
    Picture1.Print "击键次数:" & m & "次"
    Picture1.Print "正确次数:" & n & "次"
    If m > 0 Then
        Picture1.Print "正确率为:" & n / m * 100&; "%"
        n = 0
        m = 0
        Command1.Enabled = True
    End If
End Sub
```

程序运行结果如图7-40所示。

【例7-9】下面的事件过程用于判断在使用F1键的同时，是否按下了Shift键、Ctrl键和Alt键，并将相关信息在文本框中显示。

```
Pravite Sub Text1_KeyDown(KeyCode as Integer ,Shift As Interger)
    Dim St As String
    If KeyCode=vbKeyF1 Then
        Select Case Shift
```

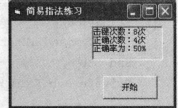

图 7-40 例 7-8 运行界面

```
            Case 7
                St="Shift + Ctrl + Alt +"
            Case 5
                St="Shift + Alt +"
            Case 6
                St="Ctrl + Alt +"
            Case 3
                St="Shift + Ctrl +"
            Case 1
                St="Shift +"
            Case 2
                St="Ctrl +"
            Case 4
                St="Alt +"
            Case Else
                St=""
        End Select
        Text1.Text=" 你按下了 " & St & "F1 键 "
    Else
        Text1.Text=" 你没有按下 F1 键 "
    End If
End Sub
```

7.8 小结

用户界面主要负责用户与应用程序之间的交互，是应用程序的一个重要组成部分。一个好的用户界面并不是只有专业的美术人员才能设计出来。在大多数情况下，界面设计都是由程序设计人员完成。本章介绍了使用 Visual Basic 开发 Windows 环境下应用程序的不可缺少的界面元素，主要包括菜单、通用对话框、多重窗体和多文档界面、工具栏、状态栏、文件系统中的列表框以及与界面设计相关的鼠标和键盘事件。

菜单一般可为两种基本类型，即下拉式菜单和弹出式菜单。下拉式菜单是由一个主菜单及其所属的若干个子菜单组成；弹出式菜单是用户在某个对象上单击右键时所弹出的菜单。从本质上讲，无论是下拉式菜单还是弹出式菜单菜单，都是与命令按钮类似的控件，也有属性、事件和方法。在 Visual Basic 中通过菜单编辑器创建新的菜单和菜单栏。

通用对话框是一种 ActiveX 控件，包含在 Microsoft Common Dialog Control 6.0 部件中，提供了 Windows 常见的对话框命令。使用该控件能够减少用户的编程时间，同时也使得应用程序更加专业。

多文档界面允许创建单个窗口容器包含多个窗口，能够同时处理多个文档。

工具栏和状态栏已经成为 Windows 应用程序中不可缺少的部分。工具栏的功能和菜单中一些常用命令的功能相同，为用户提供了更加便捷的操作方式。在 Visual Basic 6.0 中，可以使用手工方式制作工具栏，还可以使用工具栏控件（ToolBar）和图像列表控件（ImageList）创建工具栏。状态栏主要用于显示应用程序执行时的状态、提示信息以及系统的有关信息。在 Visual Basic 中，可以使用状态栏控件制作状态栏，该控件也包含在 Microsoft Windows Common Control 6.0 中。

Visual Basic 提供了驱动器列表框、目录列表框和文件列表框控件 3 个控件来增加应用程序的文件处理能力。这 3 个控件常常配合使用以实现查看驱动器、目录和文件功能，完成对相关文件的控制。

鼠标和键盘是计算机的主要输入设备，在 Visual Basic 应用程序可以检测并响应鼠标和键盘的多种事件。

7.9 习题

① 关于键盘事件，分别完成如下要求。

a. 编写一个程序，当按下键盘上的某个键时，输出该键的 KeyCode 码。

b. 编写一个程序，使用户按下功能键 F1 时，显示一个 Caption 值为"帮助窗体"的窗体。

c. 编写一个程序，当同时按下 Alt、Shift 和 F5 键时，在窗体上显示"你已经按下了 N 次键"，其中 N 为每按一次组合键数据值就增加一次。

② 设计一个界面，运行结果如图 7-41 所示。要求。

a. 单击"打开"按钮，显示标准的"打开文件"对话框，打开一个文本文件。

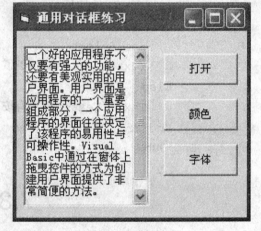

图 7-41　运行界面

b. 单击"颜色"按钮，打开"颜色"对话框，用于设置文本框的背景色。

c. 单击"字体"按钮，显示标准的"字体"对话框，利用该对话框设置文字的字体、样式、大小、效果以及颜色。

③ 设计图 7-42 所示界面，用于进行乘法运算。说明。

a. "开始"菜单包含子菜单"生成随机数"、"清除"、"退出"。其中："生成随机数"菜单项产生 2 个随机整数并显示在相应的文本框中；"清除"菜单项用于清除所有文本框的内容以及已生成的 2 个随机数；"退出"菜单项用于结束程序的执行。

b. "计算"菜单项用于完成乘法计算并显示结果。

图 7-42　运行界面

c. "设置"菜单包含"上限"、"下限"、"默认范围"。其中："上限"和"下限"菜单项用于设置随机数产生的范围（整数）；"默认范围"将随机数的范围设置为 1～100。

第8章 数据文件

文件是存储在外部介质（如磁盘）上的以文件名标识的数据集合。计算机处理的大量数据都是以文件的形式存放在外部介质上的，操作系统也是以文件为单位管理数据的。要想访问外部介质上的数据，必须先按文件名找到指定的文件，然后再从该文件中读取数据。要想把数据存储到外部介质也必须先建立一个文件（以文件名标识）才能向外部介质输出数据。

本章讲述的主要内容：数据文件的概念及其读/写操作。

8.1 数据文件概述

文件一般是指存储在外部介质（如磁盘）上的数据的集合。根据数据的性质，可以把文件分成程序文件和数据文件。我们讨论的主要是数据文件。根据数据的存储方式和结构，可以将文件分为顺序文件、随机文件和二进制文件。

（1）顺序文件

顺序文件将要保存的数据依次逐个转换成 ASCII 字符，然后存入磁盘。

顺序文件是最简单的文件结构，它按次序一个接一个的排列纪录，并且只提供第一个记录的存储位置。当需要读取某一记录时，就必须按顺序从第一条记录开始依次读出数据，直到找到所需记录为止。

（2）随机文件

以随机存取方式存取数据的文件。随机文件是可以按照任意顺序读/写的文件，它的每条记录都有一个记录号，并且所有记录的长度是相等的。读取数据时，只要指定记录号，就可以直接读取记录。随机文件一旦打开，就可以同时进行读/写操作。

随机文件的优点是数据的存取灵活、方便、速度快。主要缺点是占用空间大、数据组织复杂。

（3）二进制文件

磁盘中的文件在本质上都是以二进制方式存储的，二进制文件存取方式是以字节为单位对文件进行访问的，允许程序读/写文件的任何字节，不管是文本文件、可执行文件，都可以二进制方式存取访问。

注：记录，由若干个相互关联的数据项组成。例如，由学生的学习成绩信息组成的记录，它由学号、姓名、各课成绩、总分等数据项组成。

文件的类型不同，访问数据的方式也不同。但不论哪种类型的文件，基本处理步骤是相同的，大致都经过以下 3 步完成。

① 打开（或建立）文件：文件必须在打开和建立后才能使用。

② 进行读 / 写操作：在打开或建立的文件上执行所要求的输入 / 输出操作。在文件处理中，把内存中的数据传输到外部介质（如磁盘）并保存为文件的操作叫做写数据，而把数据文件中的数据传输到内存中的操作叫做读数据。

③ 关闭文件：关闭文件就是将数据写入磁盘，并释放相关的资源。

8.2 文件的读 / 写

本章以顺序文件的访问方式为例介绍文件的读 / 写操作。

8.2.1 打开文件

要对文件操作，首先打开文件。打开文件的格式为

Open "文件名" [For 方式] [Access 存取类型][lock] As [#]文件号 [Len=记录长度]

说明

（1）文件名

文件名可以是字符串常量，也可以字符串变量（包括文件所在的目录路径）。

（2）方式

OutPut- 对文件进行写操作。如果文件不存在，则创建新文件。如果文件已存在，则覆盖文件中已有的内容。用于顺序输出方式，打开时文件指针定位在文件开头。

InPut- 对文件进行读操作，如果文件不存在，则会出错。

Append- 在文件末尾追加纪录，不覆盖文件原有的内容。如果文件不存在，则创建新文件。用于顺序输出方式，打开时文件指针定位在文件的尾部。

省略方式，则默认为 Random 方式打开文件，对于方式为 Binary 的则为二进制方式打开文件。

（3）存取类型

Read-（只读）、Write -（只写）、ReadWrite -（可读可写）。

（4）文件属性

lock（允许还是不允许共享该文件）、Shared（共享）、Lock Read（锁定读取）、Lock Write（锁定写入）、Lock Read Write（锁定读 / 写）。

（5）文件号

1~511，可以用 FreeFile 函数获得一个可利用的文件号。

FreeFile[（intRangeNumber）],有参数，返回值为 1 ~ 225 或 256 ~ 511。若无参数 intRangeNumber 就不必使用圆括号，返回值为 1~255。例如

intFileNumber=FreeFile

Open "student.dat" For Output As intFileNumber

同一个文件可以用几个不同的文件号打开。但是用 output,append 方式时必须先将文件关闭

不能重新打开。而当使用 input，random 或 binary 方式时不必关闭就可以用不同的文件号打开。

（6）记录长度

记录长度为 1～32 767 的整数（单位字节），它指定在计算机内存中用于存放文件数据缓冲区的大小，目的在于改善 I/O 的速度，默认为 512 字节。对于随机文件，该值就是记录长度，对于顺序文件该值就是缓冲字符数。

例如，打开 C:\VB\SCORE，供写入数据，指定文件号为 #1。

```
Open "C:\VB\SCORE" For Output AS #1
```

8.2.2 写入文件

把计算机内存中的数据传输到相关联的外部设备并以文件存放的操作，被称为写（输出）。将数据写入磁盘文件所用命令是 Write# 或 Print# 命令。

（1）Print # 文件号，[输出列表]

输出列表是用 [{Spc（n）|Tab[（n）]}][表达式列表][；|,] 组成的表达式。

分号和逗号分别对应紧凑格式和标准格式。

Print# 语句和 print 方法的输出格式类似。

Print# 语句执行后，并不是立即把缓冲区中的内容写入磁盘，只有在关闭文件，缓冲区已满或缓冲区未满但执行了下一个 print# 语句时才将缓冲区的内容写入磁盘。

如要保存文本框 txtTest 的内容到文件名为 TEST.DAT 的文件中，则可使用下面 2 种方法。

方法 1：把整个文本框的内容一次性地写入文件。

```
Open "TEST.DAT" For Output As #1
Print #1, txtTest.Text
Close #1
```

方法 2：把整个文本框的内容一个字符一个字符地写入文件。

```
Open "TEST.DAT" For Output As #1
For i=1 To len(txtTest.Text)
    Print #1,Mid(txtTest.Text,i,1);
Next i
Close #1
```

（2）Write # 文件号，[输出列表]

输出列表是指用 "，" 或 "；" 分隔的表达式。它与 Print 的区别是：Write 是以紧凑格式将数据存放在文件中并在数据项之间插入 "，"，给字符串加上双引号，将日期型数据用 "#" 号括起来，以 #True# 或 #False# 的格式输出 Boolean 型数据，空数据（NULL）和出错信息的输出格式分别是 #NULL# 和 #Error errorcode#，其中 Errorcode 代表解释输出错误的错误编号。

Write# 语句在将表达式写入到文件后会自动插入一个新行字符，即回车换行符（chr（13）+chr（10））。

如，执行以下程序段

```
…
Open "c:\test.text" For Output As 1
Write #1, 2,"张三", 1
Print #1, 2,"张三", 1
```

```
Close #1
…
```
写入文件的结果是
2,"张三",1
2 张三 1

8.2.3 读文件

把数据文件中的数据传输到内存中的操作叫做读操作（或称输入/读）。

读文件有以下 3 种方式。

（1）Input # 文件号，变量 [,变量,…]

使用 input 读出数据时，变量的类型应与被读的数据类型相匹配，否则结果可能不正确。

用 input 语句把读出的数据赋给数值变量时，以遇到的第一个非空格、非回车和换行符作为数据的开始，再次遇到空格、回车或换行符作为数值的结束。对于字符串数据，同样忽略开头的空格回车和换行符。

为了能用 Input# 语句正确地将文件中的数据读出来，应当在写文件时使用 Write# 语句而不用 Print# 语句。或者使用 Print# 语句时人为地在各量之间插入逗号分隔。

（2）Line Input # 文件号，字符串变量

一次读出一行数据直到遇到回车符（chr（13））或回车换行符（chr（13）+chr（10））送到变量中，遇到的的回车符和换行符被跳过不送入字符串变量中。Line Input 语句主要用来读取文本文件。

（3）Input$（读取字符数,# 文件号）

使用该函数可以随意从文件中读取指定数目的字符。

这个函数只用于用 input 或 binary 方式打开的文件。它与语句 input 不同，它是把文件当成非格式的字符流来读取，返回它所读出的所有字符，包括逗号、回车符、空白列、换行符、引号和前导空格等。

与读文件有关的两个函数。

LOF（文件号）

返回一个长整型数，表示用 open 语句打开的文件的大小，该大小以字节为单位。

在 Visual Basic 中文件的基本单位是记录，每个记录的长度默认是 128 字节，因此对于用 Visual Basic 建立的文件，LOF 返回的将是 128 的整数倍。如果是 0 则说明该文件是空文件。

要取得一个尚未打开文件的大小，应该使用 FileLen 函数，格式为 FileLen（文件名）。如果对于已打开的文件使用该函数，则返回的值表示该文件打开前的长度。

EOF 函数

格式为 EOF（文件号）

返回读/写位置。对于顺序文件用 EOF 函数可测试是否到文件末尾，到文件末尾时，EOF 函数为 True，否则为 False。

对于随机、二进制文件，当最近一个执行的 Get 语句无法读到一个完整的记录时返回 True，否则返回 False。

以下程序为将一个文本文件 test.txt 读入文本框 text1。

方法 1：逐行读。
```
text1.Text = ""
Open "c:\test.TXT" For Input As #1
Do While Not EOF(1)
    Line Input #1, InputData
    Text1.Text = Text1.Text + InputData+vbCrLf
    Loop
    Close #1
```
方法 2：一次性读。
```
    Text1.Text = ""
    Open "c:\test.TXT" For Input As #1
    Text1.Text = Input( LOF(1),1)
    Close #1
```

8.2.4 关闭文件

文件不再使用必须将它关闭，否则有可能使数据丢失。
格式：
　　Close [[#] 文件号][, [#] 文件号]...
例如，Close #1, #2, #3
如果省略了文件号，则表示关闭所有已打开的文件。
关闭文件，还有一个 Reset 语句
其格式为
　　Reset，它关闭所有被打开的磁盘文件。

8.3 文件系统控件

文件系统控件有 3 种（具体内容请参照 7.6 节文件系统中的列表框设计）：
驱动器列表框（DriveListBox）、目录列表框（DirListBox）和文件列表框（FileListBox）。
3 种控件的 Name 默认属性分别是 Drive1、Dir1、File1。
① 驱动器列表框（DriveListBox）。用来显示当前机器上的所有盘符。
- 属性 Drive：指定驱动器，只能在运行时引用或设置。其引用格式为
　　[对象 .]Drive [= drive]，如：Driver1. Drive="C"
- Change 事件：当重新设置 Drive 属性时发 Change 事件。

② 目录列表框（DirListBox）。用来显示当前盘上的所有文件夹。
- 属性 Path：确定路径，只能在运行时引用或设置。其引用格式为
　　[对象 .]Path [= pathname]，如：Dir1.Path="C:\WINDOWS"
- Change 事件：当重新设置 Path 属性时触发 Change 事件

③ 文件列表框（FileListBox）。用来显示当前文件夹下的所有文件名。

- 属性 Path：显示选定文件的路径，只能在运行时引用或设置（属性窗口不可见）。
- 属性 Pattern：显示的文件类型（默认值是 *.*，即所有类型的文件）。引用格式为

  [对象.]Pattern [= value] 例如：filFile1.Pattern = "*.frm"，则在文件列表框内仅显示窗体（*.frm）文件。
- 属性 FileName：只能返回选定文件的文件名（属性窗口不可见）。引用格式为

  [对象.]FileName [= pathname]

  FileName 在引用时只返回文件名，它相当于 File1.List（File1 .ListIndex），还需用 Path 属性获取 FileName 所在路径；设置时可带路径。

说明：文件控件的 List 属性（是一个包含文件控件列表内所有文件名的数组）和 ListIndex（反映 List 数组的下标）属性在文件控件属性窗口不可见，只有在设计程序代码时在提示窗口中可见。

- PathChange 和 PatternChange 事件。重新设置 Path 属性会引发 PathChange 事件；重新设置 Pattern 属性会引发 PatternChange 事件。

【例 8-1】编写程序界面如图 8-1 所示，添加 1 个文本框 text1、1 个驱动器列表框 Drive1、1 个目录列表框 Dir1、1 个文件列表框 File1，用户单击文件列表的文件时，在文本框 text1 上显示该文件的名称。

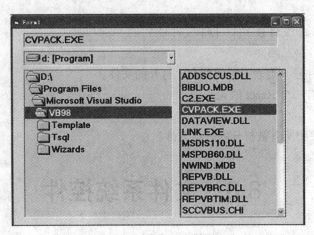

图 8-1 例 8-1 运行结果

各事件过程代码为

```
Private Sub Dir1_Change()
        File1.Path = Dir1.Path
End Sub
Private Sub Drive1_Change()
        Dir1.Path = Drive1.Drive
End Sub
Private Sub File1_Click()
        Text1 = File1.FileName
```

End Sub

8.4 引申内容

8.4.1 随机访问模式

该模式要求文件中的每条记录的长度都是相同的，记录与记录之间不需要特殊的分隔符号。只要给出记录号，可以直接访问某一特定记录，其优点是存取速度快，更新容易。

1. 文件的打开与关闭

文件的打开格式为

Open "文件名" For Random As [#] 文件号【Len=记录长度】

文件的关闭格式为

  Close　# 文件号

注意：文件以随机方式打开后，可以同时进行写入和读出操作，但需要指明记录的长度，系统默认长度为 128 个字节。

2. 读与写

读操作格式为

  Get　[#] 文件号，[记录号]，变量名

说明：Get 命令是从磁盘文件中将一条由记录号指定的记录内容读入记录变量中；记录号是大于 1 的整数，表示对第几条记录进行操作，如果忽略不写，则表示当前记录的下一条记录。

写操作格式为

  Put　[#] 文件号，[记录号]，变量名

说明：Put 命令是将一个记录变量的内容，写入所打开的磁盘文件指定的记录位置；记录号是大于 1 的整数，表示写入的是第几条记录，如果忽略不写，则表示在当前记录后插入一条记录。

8.4.2 二进制访问模式

该模式是最原始的文件类型，直接把二进制码存放在文件中，没有什么格式，以字节数来定位数据，允许程序按所需的任何方式组织和访问数据，也允许对文件中各字节数据进行存取和访问。

打开格式为

  Open "文件名" For Binary As [#] 文件号 [Len=记录长度]

关闭格式为

  Close　# 文件号

该模式与随机模式类似，其读写语句也是 Get 和 Put，区别是二进制模式的访问单位是字节，随机模式的访问单位是记录。在此模式中，可以把文件指针移到文件的任何地方，刚打开时，文件指针指向第一个字节，以后随文件处理命令的执行而移动。文件一旦打开，就可以同时进行读写。

8.4.3 其他常用的文件操作语句和函数

① Loc 函数，返回一个长整型数，在已打开的文件中指定当前读/写位置。其语法格式为

```
Loc（文件号）
```
对于随机文件，Loc 返回上一次对文件进行读出或写入的记录号。对于二进制文件，Loc 返回上一次读出或写入的字节位置。对于顺序文件，返回值是文件当前字节位置除以 128 的值。由于文件只能从头到尾顺序写入或读出，因此，一般不需要使用 Loc 函数。

随机文件的记录号从 1 开始，字节文件的起始位置也是 1。

② Seek 函数，返回一个用 Open 语句打开的文件的当前读写位置，即返回当前定位指针。其语法格式为

```
Seek（文件号）
```
对于随机文件，Seek 返回文件指针指向的将要读出或写入的记录号。对于二进制文件和顺序文件，Seek 返回将要读出或写入的字节位置。

③ Seek 语句，在 open 语句打开文件后，操作系统自动生成一个指示文件读、写位置的隐含的文件指针。Seek 语句用来定位文件指针。其语法格式为

```
Seek（文件号，位置）
```
对于用 Random 方式打开的文件，"位置"是下一个操作的记录号。对于顺序文件，"位置"是下一操作的地址。

Get 或 Put 语句中的记录号优先于用 Seek 语句确定的位置。若文件结尾之后使用 Seek 操作，则进行文件写入的操作会把文件扩大。如果企图对一个位置为负数或零的文件使用 Seek 操作，则会发生错误。

Seek 语句和 Seek 函数的区别：函数返回文件指针的当前位置。对于顺序文件返回的是将要读写的文件位置的信息；对于随机文件，函数返回的是下一个记录号。而语句则是定位文件指针到指定的位置。

④ FileCopy 语句，用于复制一个文件，但不能复制一个已打开的文件。其语法格式为

```
FileCopy   源文件名   目标文件名
```
⑤ Kill 语句，用删除文件，文件名中可以作用通配符 *、？。其语法格式为

```
Kill   文件名
```
⑥ Name 语句，为一个文件或目录重新命名，但在文件名中不能使用通配符，具有移动文件功能，不能对已打开的文件进行重命名操作。其语法格式为

```
Name   旧文件名   新文件名
```
⑦ ChDrive 语句，用于改变当前驱动器。如果驱动器为空，则不变；如果驱动器中有多个字符，则只使用首字母。其语法格式为

```
ChDrive   驱动器
```
⑧ MkDir 语句，创建一个新的目录。其语法格式为

```
MkDir   文件夹名
```
⑨ ChDir 语句，改变当前目录，但不改变默认驱动器。其语法格式为

```
ChDir   文件夹名
```
⑩ RmDir 语句，删除一个存在的目录，但不能删除一个含有文件的目录。其语法格式为

```
RmDir   文件夹名
```
⑪ CurDir（ ）函数，确定任何一个驱动器的当前目录。括号中的驱动器表示需要确定当前目录的驱动器，如果为空，返回当前驱动器的当前目录路径。其语法格式为

```
CurDir[（驱动器）]
```

8.5 小结

本章以顺序文件访问为例向读者介绍了 Visual Basic 中文件的操作,包括文件的打开与关闭、文件的读操作、文件的写操作,以及和文件相关的函数与语句。在文件系统控件一节中,介绍了 3 类和文件相关的控件,并举例说明,使读者可以更好地掌握这部分内容。

8.6 习题

① 什么是文件?什么是记录?
② 根据文件的结构和访问方式,文件分为哪几种类型?
③ 随机文件和顺序文件读写过程区别是什么?
④ Print 语句和 Write 语句的区别是什么?
⑤ 设计一个窗体,将某个学生的学号、姓名、性别、数学、语文、英语等学生成绩输入到一个顺序文件中(xs.dat),其界面如图 8-2 所示。

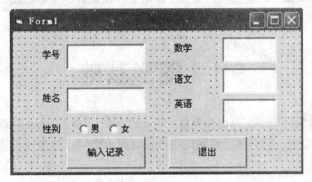

图 8-2　设计界面

第 9 章 图形处理

随着计算机技术的发展，图形在计算机中的应用越来越广泛。Windows 操作系统（与 DOS 相比）之所以得到广泛应用，就在于它的图形界面。应用程序的操作界面、运行结果的显示等都可以使用图形，使用图形可以使程序操作界面更清晰、简洁，运行结果更直观。

Visual Basic 开发环境提供了基本控件窗体（Form）和图片框（PictureBox）用于进行图形绘制，提供了形状（Shape）和直线（Line）控件用于界面设计。要掌握图形绘制和进行更好的界面设计，就必须掌握这些控件的属性、方法和事件。

9.1 图形基础

在 Visual Basic 开发环境中，可以在窗体（Form）和图片框 (PictureBox) 控件对象上进行图形绘制。要进行图形绘制，就必须了解在这些控件对象上如何设置坐标系统、线条样式与所用的绘图颜色等。

9.1.1 坐标系统

要画一个点、一条线，首先必须知道该点的坐标或该线经过点上的坐标。要确定一个点的坐标，首先要确定该点所处的坐标系统。常用的坐标系统有两维直角坐标系统（描述平面图形）、三维直角坐标系统（描述立体图形）、极坐标系统（描述平面图形）以及球坐标系统（描述立体图形）等。

窗体（Form）和图片框 (PictureBox) 控件对象上的坐标系统是两维直角坐标系统。要确定这种坐标系统，只需要确定：坐标原点（0，0）的位置、x 轴和 y 轴的正向、坐标度量单位的大小即可。

可以把坐标系统划分为用户坐标系和设备坐标系两类。用户坐标系就是所画图形所处的原坐标系，而设备坐标系就是要把图形在其中画出来的坐标系。要把一个图形画出来，就要进行两个坐标系中坐标之间的转换。

这里，窗体（Form）和图片框 (PictureBox) 上的坐标系，就是设备坐标系。

1. 默认坐标系统

当在一个工程中创建一个窗体或在一个窗体上创建一个图片框对象时，窗体或图片框上都有一个默认的坐标系统：坐标原点（0，0）在对象的左上角，x 轴正向向右，y 轴正向向下，坐标单位是缇（Twip），即一英寸的 1/1440。默认坐标系如图 9-1 所示。

【例 9-1】在窗体的默认坐标系下画一个圆。
```
Private Sub Command1_Click()
    Circle (0, 0), 2000        '以（0，0）点为圆心，2000 为半径在窗体上画圆
End Sub
```
运行效果如图 9-2 所示。

注意：此时只能看到所画圆的四分之一。画圆时半径不能太大，如果超出窗体的范围时所画圆是看不到的。

图 9-1　窗体上的默认坐标系

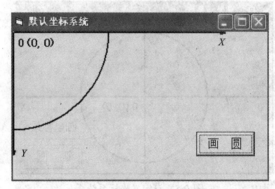

图 9-2　在默认坐标系下画圆

2. 自定义坐标系统

窗体或者图片框上的默认坐标系统不符合通常数学上使用的直角坐标系统，使用起来不直观、不方便。因此，画图时需要先将默认坐标系统转换为数学上的笛卡尔直角坐标系统，即，根据需要可将坐标原点移到窗体或者图片框的中央，y 轴的正向向上，如图 9-3 所示。

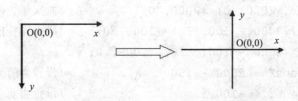

图 9-3　默认坐标系到自定义坐标系的转换

Visual Basic 给窗体和图片框都提供了 Scale 方法用来设置用户自定义坐标系统。Scale 方法是建立用户坐标系较为方便的方法，其语法格式为

[对象名.]Scale [(xLeft,yTop)-(xRight,yBottom)]

其中

① 对象可以是窗体、图片框或打印机。如果省略对象名，则为当前窗体对象。

②（xLeft，yTop）表示对象的左上角点的坐标，（xRight,yBottom）为对象右下角点的坐标。如图 9-4 所示。

图 9-4　Scale 方法的参数

③ 窗体或图片框的 ScaleMode 属性可以用来设置坐标系统所采用的度量单位，默认值为 Twip。

④ 如果调用 Scale 方法不带有参数，坐标系统将恢复为默认坐标系统。

【例 9-2】在窗体上采用 Scale 方法自定义坐标系统并画出坐标轴及一个圆。程序运行效果如图 9-5 所示。

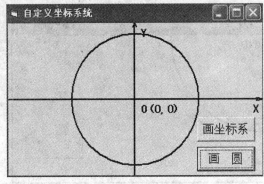

图 9-5　自定义坐标系统

程序代码如下。

```
Private Sub Command1_Click()
    Form1.Scale (-2000, 2000)-(2000, -2000)      '设置自定义坐标系统
    Form1.DrawStyle = 0                          '设置画线样式为实线
    Form1.DrawWidth = 2                          '设置画线宽度为 2 个像素
    Form1.Line (-2000, 0)-(2000, 0)              '画 x 轴，两点的 y 坐标值为 0
    Form1.Line (2000 - 100, 30)-(2000, 0)        '画 x 轴正向的箭头
    Form1.Line (2000 - 100, -30)-(2000, 0)
    Form1.CurrentX = 2000 - 150                  '设置当前 x 坐标 CurrentX
    Form1.CurrentY = -100                        '设置当前 y 坐标 CurrentY
```

```
        Form1.Print "X"                            '在当前点显示 x 坐标轴标志

        Form1.Line (0, -2000)-(0, 2000)            '画 y 轴,两点的 x 坐标值为 0
        Form1.Line (-30, 2000 - 100)-(0, 2000)     '画 y 轴正向的箭头
        Form1.Line (30, 2000 - 100)-(0, 2000)
        Form1.CurrentX = 100                       '设置当前 x 坐标、y 坐标
        Form1.CurrentY = 2000 - 100
        Form1.Print "Y"                            '在当前点显示 y 坐标轴标志

        Form1.CurrentX = 100                       '设置当前 x 坐标、y 坐标
        Form1.CurrentY = -100
        Form1.Print "O(0,0)"                       '在当前点显示原点标志
    End Sub

    Private Sub Command2_Click()
        Form1.Circle (0, 0), 1000                  '以(0,0)点为圆心,1000 为半径在窗
体上画圆
    End Sub
```

关于上述代码有如下说明。

① 代码中的 Form1 是窗体的名称,可以省略。

② Scale 方法后的参数 xLeft(-2000) 小于 xRight(2000),所以 x 轴正向不变(向右);而 yTop(2000) 大于 yBottom(-2000),所以 y 轴方向与默认坐标系下正好相反,正向向上。

③ 由于 x 坐标最小值和最大值之比与 y 坐标最小值和最大值之比都是 -1,所以原点在窗体的中央位置。

④ 注意显示坐标轴标志 x、y、原点的位置设置以及方向的画法。

9.1.2 绘图颜色

在窗体或图片框上画图时,如果在调用绘图方法时不指定颜色,则 Visual Basic 默认采用窗体或图片框对象的 ForeColor 属性所确定的颜色(前景色)进行绘图。Visual Basic 提供了两个设置颜色的函数 RGB( ) 和 QBColor( )。

1. RGB( ) 函数

RGB( ) 采用红、绿、蓝三基色原理,通过红、绿、蓝三基色不同成分混合产生各种不同颜色。其语法格式为

RGB(红,绿,蓝)

红、绿、蓝三基色的成分各使用一个字节表示(如 Windows 下显示设置中的真彩色 24 位就是由三基色构成的),一个字节可以表示 0~255 的任意一个整数。如红基色成分值可以为 0,表示颜色成分中没有红色,也可以用 255 表示,此时表示红色成分的最大值。例如:RGB(255,0,0) 就表示红色,而 RGB(0,0,0) 则表示黑色。对于红、绿、蓝成分取不同的值时所表示的颜色如表 9-1 所示。

表 9-1　　　　　　　　　　　　　　　　RGB 函数取值

红色成分值	绿色成分值	蓝色成分值	表示颜色
0	0	0	黑色
0	0	255	蓝色
0	255	0	绿色
0	255	255	青色
255	0	0	红色
255	0	255	洋红色
255	255	0	黄色
255	255	255	白色

2. QBColor（ ）函数

RGB() 函数可以表示各种颜色，使用起来也直观方便，但 Visual Basic 还是保留了早期 Basic 版本的 QBColor（ ）函数，它可以产生 16 种颜色。其语法格式为

QBColor（颜色码）

其中：颜色码使用 0 ~ 15 之间的整数。颜色码与颜色的对应关系如表 9-2 所示。

表 9-2　　　　　　　　　　QBColor 函数中颜色码与颜色对应表

颜色码	表示颜色	颜色码	表示颜色
0	黑色	8	灰色
1	蓝色	9	亮蓝色
2	绿色	10	亮绿色
3	青色	11	亮青色
4	红色	12	亮红色
5	品红色	13	亮品红色
6	黄色	14	亮黄色
7	白色	15	亮白色

【例 9-3】画出颜色渐变过程图。程序代码如下，运行效果如图 9-6 所示。

图 9-6　颜色渐变过程

```
Private Sub Command1_Click()
    Dim i As Integer, sc As Single
    Dim x As Integer, y As Integer
    Dim r%, g%, b%
```

```
        x = Form1.ScaleWidth            'x方向终点坐标
        y = Form1.ScaleHeight            'y方向终点坐标
        sc = 255# / x                    '设置需改变基色的增量
        For i = 0 To x
            r = (x - i) * sc             '计算颜色成分值
            g = (x - i) * sc
            b = (x - i) * sc
            Form1.Line (i, 0)-(i, y), RGB(r, g, b)   '按 RGB( ) 颜色画线
        Next i
    End Sub
```

对该程序说明如下。

① 所画图形采用默认坐标系统（原点在左上角，x 轴正向向右，y 轴正向向下）。

② 该程序通过在 x 方向上循环，按照 RGB 函数参数变化所产生的不同颜色画线（竖线），来填充整个矩形区域（窗体）。由于画线的颜色是由浅入深，整个区域在视觉上就形成了颜色渐变的效果（颜色由浅入深）。

③ ScaleWidth 和 ScaleHeight 是窗体 Form1 的两个属性，分别表示窗体客户区的宽度和高度（不包括窗体的边界）。

9.1.3 线条样式

1. 线宽

画图时，如果要设置所画线的宽度，可以使用窗体、图形框或打印机控件所提供的 DrawWidth 属性。DrawWidth 属性用来设置所画线的宽度或所画点的大小。它以像素为单位，其最小值为 1。

【例 9-4】用 DrawWidth 属性改变线宽。程序代码如下，运行效果如图 9-7 所示。

图 9-7 线宽演示图

```
Private Sub Command1_Click()
    Dim i As Integer
    Form1.CurrentX = 0                          '设置起始位置 x 坐标为 0
    Form1.CurrentY = ScaleHeight / 2            '设置起始位置 y 坐标为窗体客户区的中间
    Form1.ForeColor = QBColor(0)                '设置画线颜色为黑色
    For i = 1 To 10
        Form1.DrawWidth = i * 3                 '设置画线的宽度
        Form1.Line -Step(ScaleWidth / 15, 0)    '利用相对坐标画线
    Next i
End Sub
```

对该程序说明如下。

① 该程序利用循环共画有 10 条线段，线宽分别为：3、6、9、……、30 个像素。

② 画线时利用了相对坐标（由 Line 方法中的 Step 确定）。刚开始时设置当前坐标即起始点坐标为（CurrentX，CurrentY），然后进入循环先画第一条线段。Line 后面的坐标是相对于起始点的坐标，即终点的坐标为（CurrentX+ ScaleWidth / 15，CurrentY +0）。

③ 当第一条线段画完后，它的终点又变为当前点，即当前坐标（CurrentX，CurrentY）又变为第一条线段的终点，即第二条线段的起始点，而第二条线段的终点又是相对于其起始点的，即第二条线段终点的坐标仍为（CurrentX+ ScaleWidth / 15，CurrentY +0）。依次类推。

2．线型

画图时，如果要设置所画线的线型，可以使用窗体、图形框或打印机控件所提供的 DrawStyle 属性。DrawStyle 属性用来设置所画线的线型。如果要用 DrawStyle 属性改变线型，则 DrawWidth 的值必须设置为 1。

【例 9-5】通过改变 DrawStyle 属性的值在窗体上画出不同的线型。程序代码如下，运行效果如图 9-8 所示。

```
Private Sub Command1_Click()
    Dim i As Integer                'DrawStyle 属性的取值
    Print "DrawStyle  0   1   2   3   4   5   6"
    Print                           '回车换行，即显示一空行
    Print "线形  实线  长虚线  点线  点划线  点点划线  透明线  内实线"
    Print                           '回车换行，即显示一空行
    Print " 图示  ";
    CurrentY = CurrentY + 200       '设置当前 y 坐标 CurrentY
    DrawWidth = 1                   '设置线宽为 1 时 DrawStyle 属性才能产生效果
    For i = 0 To 6
        DrawStyle = i               '设置线型
        CurrentX = CurrentX + 150   '设置当前 x 坐标 CurrentX
        Line -Step(700, 0)          '画线长为 700 像素的线段（利用相对坐标）
    Next i
End Sub
```

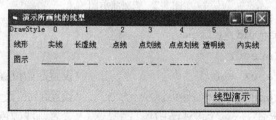

图 9-8　线型演示图

对该程序说明如下。

① 该程序中的字符串显示与所画线段都是在当前窗体上进行的，所以窗体的方法和属性前的窗体对象名称被省略。

② 通过在循环中设置不同的线型（设置 DrawStyle 的值）来画出相应线型的线段。

9.1.4 图形填充

画图时，如果要对一个封闭区域用某种图案进行填充时，可以使用窗体、图片框或打印机控件所提供的 FillStyle 和 FillColor 这两个属性。FillColor 指定填充图案的颜色，FillStyle 指定要填充的图案，共有 8 种内部图案。其中 0 为实填充，它与指定填充图案的颜色有关，1 为透明方式。

【例 9-6】通过改变 FillStyle 属性的值在窗体上画出不同的填充图案。程序代码如下，运行效果如图 9-9 所示。

```
Private Sub Command1_Click()
    Dim i As Integer
    Dim x As Integer, y As Integer         'FillStyle 属性的取值
    Print "FillStyle 0   1   2   3   4   5   6   7"
    Print                                   '回车换行，即显示一空行
    Print " 图示    ";
    x = CurrentX                            '将当前坐标保存到变量 x 和 y 中
    y = CurrentY
    DrawWidth = 1                           '设置线宽为 1
    For i = 0 To 7
        FillColor = QBColor(i)              '设置填充颜色
        FillStyle = i                       '设置填充样式
        Line (x, y)-(x + 500, y + 500), , B '画矩形
        x = x + 600
    Next i
End Sub
```

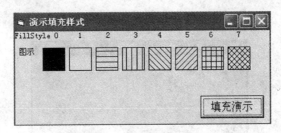

图 9-9　填充图案演示图

对该程序说明如下。

① 通过在循环中设置不同的填充图案（设置 FillStyle 的值），来画出具有相应填充图案的矩形区域。

② Line 方法后有参数 B，说明该 Line 方法是用来画矩形而非画直线段。

9.2　绘图方法

掌握了坐标系统、绘图颜色等绘图所需要的基础知识后，要画出图形，还必须掌握相应的绘图方法。Visual Basic 中的绘图方法是由其绘图控件提供的，这里有窗体（Form）、图片框（PictureBox）和打印机（Printer）等。它们都提供了画点、画线与矩形、画圆与椭圆等基本的

绘图方法，用户可以利用这些基本方法画出自己所需的图形。

9.2.1 当前坐标

窗体、图片框或打印机的 CurrentX 和 CurrentY 属性标示出这些对象在绘图时的当前坐标，即刚开始显示窗体等时，其当前坐标（*CurrentX*，*CurrentY*）为（0，0）。在程序运行过程中，Print、Pset、Line 和 Circle 等方法都会影响当前坐标，也就是说，随着这些方法的执行，当前坐标（*CurrentX*，*CurrentY*）的值也在不断变化。

CurrentX 和 CurrentY 两个属性的值只能在代码中设置，而不能在属性窗口设置。当对象上的坐标系确定后，坐标值（*x*，*y*）表示对象上的绝对坐标位置。

如果在（*x*，*y*）前面加上关键字 Step，则表示对象上的相对位置，即 Step（*x*，*y*）表示（*x*，*y*）是相对于（*CurrentX*，*CurrentY*）的坐标位置，即从当前坐标（*CurrentX*，*CurrentY*）分别平移 *x* 和 *y* 个单位的坐标位置，其绝对坐标值为（*CurrentX*+*x*，*CurrentY*+*y*）。

【例 9-7】在代码中通过改变当前坐标（*CurrentX*，*CurrentY*）的值改变显示位置。程序代码如下，运行效果如图 9-10 所示。

```
Private Sub Command1_Click()
    Dim i As Integer
    Randomize                                   '初始化随机数发生器
    For i = 1 To 100
        Pic1.ForeColor = QBColor(Int(Rnd() * 16))  '随机生成颜色
        Pic1.CurrentX = Pic1.ScaleWidth * Rnd()    '随机生成当前 x 坐标
        Pic1.CurrentY = Pic1.ScaleHeight * Rnd()   '随机生成当前 y 坐标
        Pic1.Print "*"                             '在当前坐标位置按 ForColor 颜色显示"*"
    Next i
End Sub
```

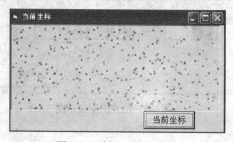

图 9-10 例 9-7 执行结果

对该程序说明如下。

① Pic1 是图片框（PictureBox）控件对象，要设置其属性（CurrentX）或调用其方法（Print）时，该对象名称（Pic1）不能省略。

② Randomize 的作用是初始化随机数发生器。产生随机数前必须执行 Randomize。

③ Rnd（）是产生随机数函数。它产生的随机数在 [0，1) 区间中。

9.2.2 画点（PSet）方法

在窗体、图片框或打印机控件对象上画图时，如果要画一个点，可以使用这些控件所提供

的 PSet 方法。其语法格式为

[对象名.]PSet[Step](x, y)[,颜色]

其中

① 对象名是要在其上画点的对象的名称。如果是当前窗体，则可以省略，否则必须写上具体的对象名称。

②(x, y)为要画点的坐标值。此时如果有关键字 Step，则表示采用相对坐标，即坐标 (x, y) 是相对于当前坐标（CurrentX, CurrentY）的坐标，其绝对坐标值为（CurrentX+x, CurrentY+y）；如果省略 Step 时，参数 (x, y) 为所画点的绝对坐标值。

③ 颜色是指采用什么颜色来画点。如果省略颜色，则利用 ForeColor 属性中的颜色来画点。如果用背景颜色来画一个点，则相当于擦除该点。

④ 可利用 PSet 方法画任意曲线。通过循环用 PSet 画点，采用较小步长，就可以使离散的点连成曲线。

【例 9-8】用 PSet 方法绘制圆的渐开线。圆的渐开线用参数方程表示为

$x = a(\cos t + t\sin t)$

$y = a(\sin t - t\cos t)$

程序代码如下，运行结果如图 9-11 所示。

```
Const PAI As Single = 3.1415927         '定义常量 PAI
Private Sub Command1_Click()
    Dim x As Single, y As Single
    Dim xt As Single, yt As Single
    Dim t As Single, aifa As Integer
    Pic1.ScaleMode = 6                  '设置单位为 MilliMeter
    x = Pic1.ScaleWidth / 2             'x 和 y 为图片框中心点的坐标
    y = Pic1.ScaleHeight / 2
    For aifa = 0 To 1440 Step 1         '循环从 0 到 1440 度，步长为 1 度
        t = PAI * aifa / 180#           '将度转换为弧度
        xt = Cos(t) + t * Sin(t)
        yt = -(Sin(t) - t * Cos(t))
        Pic1.PSet (xt + x, yt + y), vbBlack    '以黑色画点
    Next aifa
End Sub
```

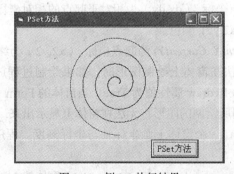

图 9-11 例 9-8 执行结果

对该程序说明如下。

① 该程序是在图片框（PictureBox）控件对象 Pic1 上画图。先设置其坐标单位和求其中心点坐标 (x, y)。

② 每次以一度为步长画一个点，本来是离散曲线，但由于两个点离的很近，所以看起来像连续曲线一样。

③ 代码中求 xt 和 yt 时略去了公式中的 a，可以认为 a 就等于 1；求 yt 时与公式中负号相反，让其取负值，也就是让点绕 x 轴旋转 180 度（为什么？）。

④ 利用 PSet 在 Pic1 上画点时坐标为 $(xt+x, yt+y)$，实际上就是将 (xt, yt) 点在 x 轴方向平移 x 个单位和在 y 轴方向平移 y 个单位。

⑤ 代码中的 vbBlack 为 Visual Basic 中定义的符号常量，表示黑色。Visual Basic 中还有其他符号常量如 vbBlue 表示蓝色、vbRed 表示红色等。

9.2.3　画直线或矩形（Line）方法

在窗体、图片框或打印机控件对象上画图时，如果要画一条直线段或矩形，可以使用这些控件所提供的 Line 方法。其语法格式为

　　　　[对象名.]Line [[Step](x1,y1)]-[Step](x2,y2) [,颜色][,B[F]]

其中

① 对象名指出要在其上画直线段或矩形的对象名称。如果是当前窗体，则可以省略，否则则必须写上具体的对象名称。

② (x1,y1) 为线段起始点坐标或矩形左上角坐标，(x2,y2) 为线段终点坐标或矩形右下角坐标。坐标前如果有关键字 Step，则表示采用相对坐标，即相对于当前坐标（*CurrentX, CurrentY*）的坐标；坐标前如果没有关键字 Step，则该坐标为绝对坐标。

③ 颜色是画直线段或矩形的颜色。如果省略，则利用 ForeColor 属性中的颜色。

④ 关键字 B 表示画矩形，关键字 F 表示用画矩形的颜色来填充所画矩形。F 必须与 B 一起使用；如果只用 B 不用 F，则矩形的填充由 FillStyle 和 Fillcolor 属性的值确定。

⑤ 调用 Line 方法时如果有后面的参数而缺省前面的参数，则前面的“,”不能省略。如语句 Line(100,200)-(1000,2000),,B 中的 B。

Line 方法在画直线时可以简化为以下 3 种格式。

- 语法格式 1：Line(x1,y1)–(x2,y2)，颜色

  其中（x1,y1）为起点坐标，（x2,y2）为终点坐标。

- 语法格式 2：Line(x1,y1)–Step(dx,dy)，颜色

  其中（x1,y1）为起点坐标，（dx,dy）为相对于起点的相对坐标。

- 语法格式 3：Line –(x2,y2)，颜色

  其中当前坐标（*CurrentX, CurrentY*）为起点坐标，（x2,y2）为终点坐标。

需要注意：用 Line 方法在窗体上绘制图形时，如果绘制过程放置在 Form_Load 事件过程内，则必须设置窗体的 AutoRedraw 属性值为 True，当窗体的 Form_Load 事件过程执行完成后，窗体将产生重画过程，否则所绘制的图形将无法在窗体上显示出来。

【例 9-9】用 Line 方法在一个窗体上画坐标轴与坐标刻度。程序代码如下，运行结果如图 9-12 所示。

```
Private Sub Form_Activate()                    '窗体的 Activate 事件过程
```

```
    Dim i As Integer, j As Integer
    Cls                                     '清除窗体
    Scale (-120, 120)-(120, -120)           '原点在窗体中心,x轴向右,y轴向上
    DrawWidth = 2                           '设置画线宽度
    Line (-115, 0)-(115, 0)                 '画 x 轴
    Line (110, 4)-(115, 0)
    Line (110, -4)-(115, 0)
    CurrentX = 110: CurrentY = 20: Print "X"    '显示 x 轴标志
    Line (0, -115)-(0, 115)                 '画 y 轴
    Line (-2, 105)-(0, 115)
    Line (2, 105)-(0, 115)
    CurrentX = 5: CurrentY = 118: Print "Y"     '显示 y 轴标志
    For i = -100 To 100 Step 20             '在 x 轴上标记坐标刻度
        If i <> 0 Then
            Line (i, 5)-(i, 0)
            CurrentX = i - 7: CurrentY = -5: Print i
        Else                                '对原点标志的处理
            CurrentX = 3: CurrentY = -1: Print "0"
        End If
    Next i
    For j = -100 To 100 Step 20             '在 Y 轴上标记坐标刻度
        If j <> 0 Then
            Line (0, j)-(2, j)
            CurrentX = 5: CurrentY = j + 8: Print j
        End If
    Next j
End Sub
```

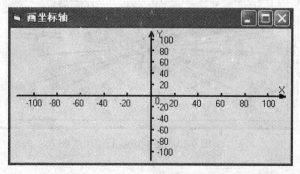

图 9-12 例 9-9 执行结果

对该程序说明如下。

① 窗体上虽然有默认坐标系或可自己定义坐标系,但它并不显示出来。所以要能够直观地看到它,就必须编写代码把它画出来。

② 上述代码先使用 Scale 方法自定义了一个坐标系统，然后将其画出来。画 x 轴（线段）时，两个点的 y 坐标为 0；画 y 轴（线段）时，两个点的 x 坐标为 0；显示坐标轴标志 X 和 Y 时使用了当前坐标（*CurrentX*,*CurrentY*）；最后画出了坐标刻度，并标出了具体的刻度值（注意程序中所采用的方法）。

③ 由于是在当前窗体上画坐标系，所以给属性赋值或调用方法前都没有给出窗体名。

④ 窗体的 Activate 事件是在窗体变为当前窗体时产生的。

【例 9-10】用 Line 方法在一个窗体上画一矩形，然后在该矩形内画随机射线。程序代码如下，运行结果如图 9-13 所示。

```
Private Sub Form_Click()                          '窗体的 Click 事件过程
    Dim i As Integer, colorCode As Integer
    Dim x As Single, y As Single
    Scale (-320, 240)-(320, -240)                 '自定义坐标系
    Line (-300, 220)-(300, -220), , B             '画矩形
    Randomize                                     '初始化随机数发生器
    For i = 1 To 100
        x = 300 * Rnd()                           '产生 x 坐标
        If (Rnd() < 0.5) Then x = -x
        y = 220 * Rnd()                           '产生 y 坐标
        If (Rnd() < 0.5) Then y = -y
        colorCode = 15 * Rnd()                    '产生颜色代码
        Line (0, 0)-(x, y), QBColor(colorCode)    '从原点到点 (x,y) 画直线
    Next i
End Sub
```

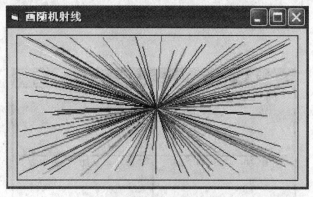

图 9-13　例 9-10 执行结果

9.2.4　画圆、椭圆等的 Circle 方法

在窗体、图片框或打印机控件对象上画图时，如果要画一个圆、椭圆、圆弧或扇形等，可以使用这些控件所提供的 Circle 方法。Circle 方法效果如图 9-14 所示。

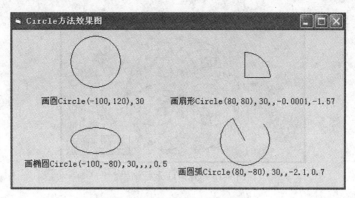

图 9-14 Circle 方法效果图

其语法格式为

[对象.] Circle[Step](x,y), 半径 [,[颜色][,[起始点][,[终止点][, 长短轴比率]]]]

其中

① 对象名指出要在其上画圆、椭圆等的对象名称。如果是当前窗体，则可以省略，否则必须写上具体的对象名称。

②(x, y) 为圆心坐标。坐标前如果有关键字 Step，则表示采用相对坐标，即相对于当前坐标（CurrentX，CurrentY）的坐标；如果没有关键字 Step，则该坐标为绝对坐标。

③ 圆弧和扇形通过参数起始点和终止点控制，采用逆时针方向画弧。起始点和终止点以弧度为单位，取值在 0 ~ 2π 之间。当在起始点和终止点前加一负号"-"时，表示画出圆心到圆弧的径向线。

④ 椭圆通过长短轴比率控制。默认值为 1 或长短轴比率设置为 1 时，画出的是圆。

⑤ 使用 Circle 方法时，如果想缺省掉中间的参数，那么分隔的逗号不能省略。例如画椭圆省掉了颜色、起始点与终止点 3 个参数，则必须加上 4 个连续的逗号，这种情况就表示缺省中间 3 个参数。

⑥ 如果画扇形时要画上 x 轴上的径向线，那么起始点可以用一个很小的数代表 0，或使用 2π。

【例 9-11】用 Circle 方法在窗体上绘制由圆环构成的艺术图案。程序代码如下，运行结果如图 9-15 所示。

```
Private Const PAI As Single = 3.1415927    '定义圆周率常量 PAI
Private Sub Command1_Click()
    Dim aifa!, t!, r!, x!, y!, x0!, y0!    '定义 Single 类型变量
    r = ScaleHeight / 4# * 0.9             '求所画圆的半径
    x0 = ScaleWidth / 2#                   '求客户区中心坐标
    y0 = ScaleHeight / 2#
    For aifa = 0# To 360# Step 18#         '循环绘制圆，等分圆周为 20 份
        t = aifa * PAI / 180#              '转换度为弧度
        x = r * Cos(t) + x0                '求所画圆圆心坐标
        y = r * Sin(t) + y0
        Circle (x, y), r                   '画圆
    Next aifa
End Sub
```

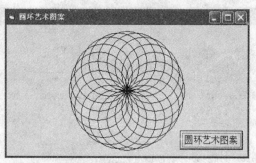

图 9-15　例 9-11 运行结果

9.2.5　其他（Point 和 Cls）方法

1. Point 方法

Point 方法用于返回窗体（Form）或图片框（PictureBox）对象上指定点的 RGB 颜色值，其语法格式为

　　［对象名．］Point（x，y）

如果由（x，y）坐标指定的点在对象客户区外面，则 Point 方法返回值 -1（True）。

2. Cls 方法

CLs 方法可以用来清除窗体（Form）或图片框（PictureBox）上显示的图形和文本，即以背景颜色来填充整个窗体（Form）或图片框（PictureBox）控件对象。其语法格式为

　　［对象名．］Cls

调用 CLs 之后，对象的 CurrentX 和 CurrentY 属性值复位为 0。

9.3　图形控件

Visual Basic 提供了形状（Shape）和直线（Line）两个标准控件。这两个标准控件不支持任何事件，它们只用于窗体界面的设计，既可以在设计时通过设置其属性来显示某种线段或图形，也可以在程序运行过程中设置其属性以动态地显示某种线段或图形。

9.3.1　直线（Line）控件

Line 控件对象表面上跟画一条线段相似，但它不是用绘图方法画出来的线段，它跟命令按钮、文本框等对象一样，是由工具箱中的控件产生的。Line 控件主要用于界面设计。Line 控件的主要属性如表 9-3 所示。

表 9-3　　　　　　　　　　　　　Line 控件的主要属性及其含义

属　性　名	属　性　含　义
X1，Y1	线段的起点坐标
X2，Y2	线段的终点坐标
BorderStyle	线段的样式
BorderWidth	线段的宽度
BorderColor	线段的颜色

【例9-12】在窗体上产生一 Line 控件对象（线段），再设计一命令按钮的事件过程。要求每单击一次该命令按钮，该线段则绕它的起始点旋转若干角度。程序代码如下，运行结果如图9-16 所示。

图 9-16　例 9-12 运行结果

```
Rem 定义模块级变量
Const PAI As Single = 3.1415927    '定义符号常量 PAI（圆周率）
Dim mAngle As Integer              '旋转角度
Dim mColor As Integer              '颜色
Dim mR As Single                   '线长（或半径）
Private Sub Form_Load()
    Dim tx As Single, ty As Single    '定义过程级变量
    tx = Line1.X2 - Line1.X1
    ty = Line1.Y2 - Line1.Y1
    mR = Sqr(tx * tx + ty * ty)       '求线长（Line1 控件对象的长度）
    Line1.X1 = Form1.ScaleWidth / 2#  '置 Line1 对象起始点为窗体中心点
    Line1.Y1 = Form1.ScaleHeight / 2#
    Line1.X2 = Line1.X1 + mR          '把 Line1 对象置于水平方向
    Line1.Y2 = Line1.Y1
    mColor = 0                        '颜色初值
    mAngle = 0                        '角度初值
End Sub
Private Sub Command1_Click()
    Dim t As Single
    mColor = mColor + 1
    If (mColor >= 16) Then mColor = 0    ' QBColor 颜色函数参数取值为 0~15 之间
    mAngle = mAngle + 10
    If (mAngle >= 360) Then mAngle = 0   '角度取值在 0~360 度之间
    t = mAngle * PAI / 180#              '将度数转换为弧度
    Line1.X2 = Line1.X1 + mR * Cos(t)    '设置 Line1 线段的 X2 与 Y2 坐标
    Line1.Y2 = Line1.Y1 + mR * Sin(t)
```

```
        Line1.BorderColor = QBColor(mColor)   '设置 Line1 线段的颜色
End Sub
```
对该程序说明如下。

① 窗体 Form1 上的线段是 Line 控件对象,它与用画图方法画出的线段区别在于它可以移动且不能使用窗体的 Cls 方法擦除,而用画图方法画出的线段不能移动且可以使用窗体的 Cls 方法擦除。

② 上述窗体(代码)使用默认坐标系,在 Form_Load() 事件过程中把 Line1 对象的起始点置于窗体客户区中心,并使 Line1 对象处于水平位置。

③ 在程序执行过程中,每单击一次命令按钮 Command1,就会执行 Command1_Click() 过程并使 Line1 对象绕其起始点旋转 10 度(通过改变 Line1 对象的终点坐标实现)。

④ 注意代码中模块级变量的使用方法(定义、初始化与赋值)。

9.3.2 形状(Shape)控件

Shape 控件是一种图形控件,它通过其 Shape 属性值的设置可以显示成矩形、正方形、椭圆等 6 种不同类型的图形。由于这些图形是封闭区域,所以还可以通过填充样式(FillStyle)和填充颜色属性(FillColor)的设置,显示成各种不同的图案。

Shape 控件跟 Line 控件一样,表面上跟用画图方法画出来的图形相似,但它不是用绘图方法画出来的图形,它跟命令按钮、文本框等对象一样,是由工具箱中的控件产生的。Shape 控件的主要属性如表 9-4 所示,Shape 控件的 Shape 属性的取值范围如表 9-5 所示。

【例 9-13】在窗体上画出 Shape 控件对象能够显示的 6 种图形。程序代码如下,运行结果如图 9-17 所示。

图 9-17 例 9-13 运行结果

表 9-4   Shape 控件的主要属性及其含义

属性名	属性含义
Shape	用于设置控件的形状
BackStyle	决定图形是否透明,透明时 BackStyle 无效
BorderColor	边框颜色
BorderStyle	边框线的样式
FillStyle	填充样式
FillColor	填充颜色
DrawMode	画图模式

表 9-5　　　　　　　　　　Shape 控件的 Shape 属性取值及其含义

Shape 属性值	Visual Basic 符号常量	表示图形
0	vbShapeRectangle	矩形
1	vbShapeSquare	正方形
2	vbShapeOval	椭圆形
3	vbShapeCircle	圆形
4	vbShapeRoundedRectangle	圆角矩形
5	vbShapeRoundedSquare	圆角正方形

```
Private Sub Form_Activate()         '窗体的Activate事件过程
    Dim i As Integer
    Dim x As Integer, y As Integer
    y = Shape1(0).Top               'Shape1是一控件数组,只有一个元素Shape1(0)
    Shape1(0).Shape = 0             '让Shape1(0)为矩形(0表示矩形)
    Shape1(0).BorderWidth = 2       '设置Shape1(0)边线宽度为2个像素
    For i = 1 To 5
        Load Shape1(i)              '给控件数组Shape1生成一个元素,下标为i
        Shape1(i).Shape = i         '确定控件数组元素Shape1(i)的图形类型
        x = Shape1(i-1).Left+Shape1(i-1).Width+200  '确定下一个对象的x坐标
        Shape1(i).Left = x          '确定控件数组元素Shape1(i)在窗体上的位置
        Shape1(i).Top = y
        Shape1(i).Visible = True    '显示控件数组元素Shape1(i)对应的图形
    Next i
End Sub
```

对该程序说明如下。

① 在设计程序界面(窗体)时,在其上要创建一个 Shape 控件的控件数组 Shape1。Shape1 只有一个数组元素 Shape1(0)(Shape 控件对象 Shape1,其 Index 属性值为 0)。

② 当程序运行产生 Activate 事件时,会执行 Form_Activate()事件过程,并把元素 Shape1(0) 的 Shape 属性设置为 0,即让其显示为矩形。

③ 在循环中用 Load 命令依次给 Shape1 控件数组生成 5 个数组元素,下标(Index 值)依次为 1 到 5,设置其为相应的图形类型,并把这些图形显示出来。

9.4　综合应用

要设计一个绘图程序,一般要经过下列步骤。
① 在绘图控件对象(窗体或图片框)上先定义坐标系统(通常采用 Scale 方法)。
② 设置线型、线宽、颜色等绘图属性。见表 9-6。

表 9-6　　　　　　　　　　　　　与绘图有关的属性

绘图属性	用途
AutoRedraw、ClipControls	显示处理
CurrentX、CurrentY	当前绘图位置的 x 与 y 坐标
DrawMode、DrawStyle、DrawWidth	绘图模式、线型、线宽
FillStyle、FillColor	填充的图案、颜色
ForeColor、BackColor	前景颜色、背景颜色

③ 调用绘图方法绘制图形。即利用 PSet、Line 和 Circle 等方法画点、线和圆等图形。

9.4.1　几何图形绘制

几何图形都是由点、线、面等基本图形构成。要画一个复杂的几何图形，就是要画出构成这个复杂几何图形的点、线和面。为此，就要掌握点、线、面等基本几何图形的画法。由于绘图控件上的坐标系统（设备坐标系统）是两维直角坐标系统，所以要在其上画空间平面或者曲面，就要进行三维坐标到两维坐标之间的转换，比较复杂。这里只举例说明点和线在几何图形中的画法。

【例 9-14】画出 0 度到 360 度之间的正弦曲线和余弦曲线。程序代码如下，运行结果如图 9-18 所示。

```
Option Explicit                              '强制变量在使用前定义
Const PAI As Single = 3.1415927              '定义符号常量（圆周率）
Private Sub cmdDrawSin_Click()               '画正弦曲线的事件过程
    Dim angle As Integer
    Dim x As Single, y As Single
    If (cmdDrawSin.Caption = "画正弦曲线") Then
        Call draw_axis(picSin)               '设置并画图片框 picSin 的坐标轴
        For angle = 0 To 360 Step 1          '从 0 度到 360 度画正弦曲线
            x = angle * PAI / 180#           '度转换为弧度
            y = Sin(x)                       '计算 Sin(x)
            picSin.PSet (x, y)               '以前景色（ForeColor）画一点
        Next angle
        cmdDrawSin.Caption = "清除正弦曲线"
    Else
        picSin.Cls                           '清除所画正弦曲线
        cmdDrawSin.Caption = "画正弦曲线"
    End If
End Sub
Private Sub cmdDrawCos_Click()               '画余弦曲线的事件过程
    Dim angle As Integer
    Dim x1 As Single, y1 As Single
    Dim x2 As Single, y2 As Single
    If (cmdDrawCos.Caption = "画余弦曲线") Then
```

```vb
            Call draw_axis(picCos)              '设置并画图片框 picCos 的坐标轴
            x1 = 0# * PAI / 180#                '度转换为弧度
            y1 = Cos(x1)                        '计算 Cos(x)
            For angle = 0 To 360 Step 1         '从 0 度到 360 度画余弦曲线
                x2 = angle * PAI / 180#         '度转换为弧度
                y2 = Cos(x2)                    '计算 Cos(x)
                picCos.Line (x1, y1)-(x2, y2)   '以前景色(ForeColor)画线段
                x1 = x2                         '前一线段终点变为后一线段起点
                y1 = y2
            Next angle
            cmdDrawCos.Caption = "清除余弦曲线"
        Else
            picCos.Cls                          '清除所画余弦曲线
            cmdDrawCos.Caption = "画余弦曲线"
        End If
End Sub
Public Sub draw_axis(obj As Object)             '设置坐标系并画坐标轴及其刻度
    Dim angle As Integer
    Dim x As Single, y As Single, t As Single
    obj.Scale (-2#, 2#)-(8#, -2#)               '定义(设置)坐标系统
    obj.DrawWidth = 2                           '设置线的宽度
    obj.Line (-2#, 0#)-(7.5, 0#)                '画 x 轴(y 坐标值为 0)
    For angle = -90 To 360 Step 90              '在 x 轴上标记刻度,步长 90 度
        x = angle * PAI / 180#                  '度转换为弧度
        obj.Line (x, 0#)-(x, 0.1)               '画刻度线
        obj.CurrentX = x - 0.4                  '确定显示刻度值位置
        obj.CurrentY = -0.1
        obj.Print angle                         '显示刻度值
    Next angle
    obj.Line (7.2, 0.1)-(7.5, 0#)               '画 x 轴方向箭头
    obj.Line (7.2, -0.1)-(7.5, 0#)
    obj.CurrentX = 7.2                          '确定显示 x 轴标志位置
    obj.CurrentY = 0.5
    obj.Print "X"                               '显示字符 X
    obj.Line (0#, -1.9)-(0#, 1.9)               '画 Y 轴
    For t = -1.5 To 1.5 Step 0.5                '在 y 轴上标记刻度,步长为 0.5
        If (Abs(t) > 0.1) Then                  '刻度 0 处不显示刻度值
            obj.Line (0#, t)-(0.1, t)
            obj.CurrentX = 0.2
```

```
                    obj.CurrentY = t + 0.1
                    obj.Print t
                End If
        Next t
        obj.Line (-0.1, 1.7)-(0#, 1.9)           '画 y 轴方向箭头
        obj.Line (0.1, 1.7)-(0#, 1.9)
        obj.CurrentX = 0.3                        '在指定位置输出字符 Y
        obj.CurrentY = 1.9
        obj.Print "Y"
End Sub
```

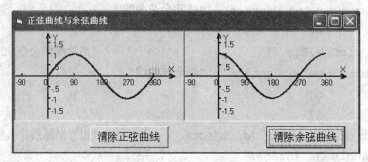

图 9-18 例 9-14 运行结果

对该程序说明如下。

① 该程序在图片框 picSin 上画正弦曲线，在图片框 picCos 上画余弦曲线。

② 画正弦曲线采用画点的方式，即从 0 ~ 360 度每 1 度处画一个点，360 个点就构成了正弦曲线（虽然画的是离散的点，但由于距离很近，视觉上看起来好象连续一样）。

③ 画余弦曲线采用画线段的方式，即从 0 ~ 360 度每两度之间画一条直线段，360 条直线段就构成了余弦曲线（虽然每一段是直线段，但由于其长度很短，视觉上看起来好像曲线一样）。

④ 图片框上坐标系统的设置专门设计了一个过程 draw_axis，它有一个参数 obj，其类型为 Object。调用它设置图片框上的坐标系统时只需把图片框的名称传递给它即可。

9.4.2 简单动画设计

在广告设计或者游戏程序设计中，存在着大量的动画设计。有各种各样的动画设计方法，最简单的莫过于重画原图像方法，即先在一个位置画一幅图像，延迟一段时间再在同一位置用背景颜色画同一幅图像（相当于擦除该图像），然后再在预设好的下一位置画相应图像，然后再擦除，这样在视觉上就形成了动画效果；另一种是采用帧动画原理，即通过一系列静态图片辅之以连续快速变化产生动画效果，即有多张物体处于不同状态的图片，然后按一定速度与顺序连续循环显示这些图片，在视觉上也会产生动画效果。

下面针对第一种方法设计一例程以说明简单动画的实现方法。

【例 9-15】设计一程序模拟地球绕太阳旋转（地球绕太阳的运行轨道是椭圆，可以用 Circle 画出；地球与太阳都是圆形，也可用 Circle 语句画出；地球的运动可采用定时器事件过程来实现。椭圆方程为：$x = r_x*\cos(alfa)$、$y = r_y*\sin(alfa)$，其中：r_x 为椭圆 x 轴方向半径，r_y 为 y 轴方向半径，alfa 为圆心角）。程序代码如下，运行结果如图 9-19 所示。

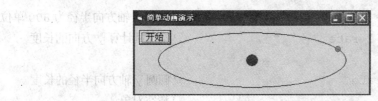

图 9-19 例 9-15 运行界面

```
Option Explicit                              '强制变量在使用前进行定义
Const PAI As Double = 3.1415927              '定义圆周率常量 PAI
Dim m_a As Double                            '椭圆 x 轴方向半径（定义模块级变量）
Dim m_b As Double                            '椭圆 y 轴方向半径
Dim m_r As Double                            '圆的半径
Private Sub Form_Activate()                  '窗体的 Activate 事件过程
    Dim myes As Boolean
    myes = set_coorsSys(frmMoving)           '设置窗体 frmMoving 的坐标系统
    If (Not myes) Then Exit Sub              '设置失败则退出
    Call set_drawEnv(frmMoving)              '设置画图属性
    Call tmrMov_Timer                        '画运动的圆（调用定时器事件过程）
End Sub
Private Sub cmdSS_Click()                    '命令按钮 cmdSS 的 Click 事件过程
    If (cmdSS.Caption = "开始") Then
        tmrMov.Enabled = True                '启动定时器 tmrMov
        tmrMov.Interval = 20                 '设置计时间隔为 20 毫秒
        cmdSS.Caption = "停止"
    Else
        tmrMov.Enabled = False               '停止定时器
        cmdSS.Caption = "开始"
    End If
End Sub
Public Function set_coorsSys(obj As Object) As Boolean   '设置坐标系统
    Dim xMin As Double, xMax As Double
    Dim yMin As Double, yMax As Double
    Dim rate As Double
    If (obj.ScaleHeight <= 0# Or obj.ScaleWidth <= 0#) Then
        MsgBox "对象（如窗体）宽或者高设置不合适！"
        set_coorsSys = False                 '给函数名赋值（即函数返回值）
        Exit Function                        '退出函数过程
    End If
    rate = obj.ScaleHeight / obj.ScaleWidth  '计算对象高宽之比
    xMin = -1000#                            '假定 x 方向长度为 2000 个单位
    xMax = 1000#
```

```
        m_a = 800#                                  '椭圆x轴方向半径为800单位
        yMax = 1000# * rate                         '按比例计算y方向的长度
        yMin = -yMax
        m_b = m_a * rate                            '椭圆y轴方向半径的长度
        obj.Cls                                     '清空对象
        obj.Scale (xMin, yMax)-(xMax, yMin)         '定义坐标系统
        set_coorsSys = True                         '给函数名赋值(即函数返回值)
    End Function
    Private Sub set_drawEnv(obj As Object)          '设置画图属性过程定义
        m_r = IIf(m_a >= m_b, m_b, m_a) / 10#       '计算画圆的半径
        obj.DrawMode = 13                           '设置画图模式为13(CopyPen)
        obj.FillStyle = 0                           '为画大圆设置填充模式
        obj.FillColor = vbRed                       '为画大圆设置填充颜色(红色)
        obj.Circle (0, 0), m_r + m_r, vbRed         '画大圆
        obj.FillStyle = 1                           '设置填充模式为透明方式
        If (m_a >= m_b) Then
            obj.Circle (0, 0), m_a, vbBlue, , , m_b / m_a  '画椭圆轨道
        Else
            obj.Circle (0, 0), m_b, vbBlue, , , m_b / m_a  '画椭圆轨道
        End If
        obj.DrawMode = 7                            '设置画图模式为7(Xor)或6(Invert)
        obj.FillStyle = 0                           '为画小圆设置填充模式
        obj.FillColor = vbRed                       '为画小圆设置填充颜色
    End Sub
    Private Sub tmrMov_Timer()                      '定时器tmrMov的事件过程
        Static angle As Integer, ºag As Boolean     '定义静态变量
        Dim x As Double, y As Double, t As Double
        ºag = Not ºag                               '改变控制标志值
        If ºag Then angle = angle + 2               '根据控制标志值改变圆心角
        If angle > 360 Then angle = 0               '运行一周后重设圆心角为0度
        t = angle * PAI / 180#
        x = m_a * Cos(t)                            '计算运动圆在轨道上的圆心坐标
        y = m_b * Sin(t)
        frmMoving.Circle (x, y), m_r, vbGreen       '画运动的小圆
    End Sub
```

对该程序说明如下。

① 该程序是在窗体 frmMoving 上画图的。为了该程序的通用性，在定义坐标系统时采用按比例确定 x 和 y 方向的坐标范围（参见函数过程 set_coorsSys），并且根据椭圆的 x 和 y 轴半径长度的不同画出不同椭圆（参见过程 set_drawEnv，用 Circle 绘制椭圆时，长短轴比指定的总是

垂直长度和水平长度的实际物理距离之比)。

② 画图模式 13(CopyPen)是指画图时直接按照笔的颜色画出,即用笔的颜色直接替换画图位置处的颜色;画图模式 7(Xor)是指画图时用画图颜色跟所画位置处的颜色进行异或(Xor)运算后所得的颜色进行画图,这样如果用同一颜色在同一位置画两次时就会恢复成原来的颜色;画图模式 6(Invert)是指画图时用画图位置处的颜色相反值进行画图,这样如果在同一位置画两次时也会恢复成原来的颜色。

③ 程序中画的大圆相当于太阳,在过程 set_drawEnv 中画出;小圆相当于地球,在过程 tmrMov_Timer 中画出,而其画图属性在过程 set_drawEnv 中设置。小圆绕着大圆转,每运行一次 tmrMov_Timer 画一次小圆,画小圆所采用的方法是在同一位置画两次(画图模式为 7 (Xor)),控制画两次的方法是采用 tmrMov_Timer 中的静态变量 flag 实现的。

④ 命令按钮 cmdSS 的 Click 事件过程控制小圆的运动与停止。控制方法是根据 cmdSS 的 Caption 属性值来设置定时器 tmrMov 的 Enabled 属性值来确定的。

9.4.3 交通灯模拟

在城市交通中,十字路口的交通灯起着重要的作用。交通灯的熄灭与点亮是有一定规律的:一般来说,当红灯亮一段时间后,红灯熄灭,然后黄灯点亮,并且闪烁,黄灯亮的时间很短,一般为几秒;黄灯熄灭后,绿灯点亮,当绿灯亮一段时间后,绿灯熄灭,黄灯又点亮,并且闪烁,同样黄灯亮的时间也很短;黄灯熄灭后,紧接着又是红灯点亮……依次循环。

【例 9-16】设计一程序模拟交通灯的运行(在窗体界面设计中,红、绿和黄灯可以使用形状 Shape 控件对象,剩余时间长度的显示可以使用文本框)。程序代码如下,运行结果如图 9-20 所示。

```
Option Explicit                              '强制对变量在使用前进行定义
Const RED_ON As Integer = 1                  '红灯亮
Const GREEN_ON As Integer = 2                '绿灯亮
Const YELLOW_ON As Integer = 3               '黄灯亮
Const RGY_ALL_OFF  As Integer = 10           '所有灯熄灭
Const RED_LONG As Integer = 60               '红灯延时 60 秒
Const GREEN_LONG As Integer = 70             '绿灯延时 70 秒
Const YELLOW_LONG As Integer = 5             '黄灯延时 5 秒
Dim m_RGY As Integer                         '表示当前亮灯
Dim m_RGY_Old As Integer                     '记录黄灯亮时前面的亮灯
Dim m_long As Integer                        '灯亮时长(单位为秒)
Private Sub Form_Load()
    Call set_RGYLight(RGY_ALL_OFF)           '熄灭红、绿、黄所有灯
    txtRGY.BackColor = vbBlack               '设置文本框背景色为黑色
    m_RGY = RED_ON                           '初始时让红灯亮
    m_long = RED_LONG                        '设置红灯亮的时间长度
    Call set_RGYLight(m_RGY)                 '设置红灯亮、其他灯熄灭
    tmrRGY.Enabled = True                    '启动定时器 tmrRGY
    tmrRGY.Interval = 100                    '设置计时间隔为 100 毫秒
End Sub
```

```vb
Private Sub set_RGYLight(ByVal rgy As Integer)   '设置灯亮与熄灭
    shpRed.FillStyle = 0                '设置形状 shpRed 的填充样式为 0 (Solid)
    If (rgy = RED_ON) Then               '如果红灯亮
        shpRed.FillColor = vbRed         '设置填充颜色为红色
        txtRGY.ForeColor = vbRed         '设置文本框 txtRGY 的字体颜色为红色
    Else
        shpRed.FillColor = vbBlack       '设置填充颜色为黑色
    End If
    shpGreen.FillStyle = 0               '设置形状 shpGreen 的填充样式为 0 (Solid)
    If (rgy = GREEN_ON) Then             '如果绿灯亮
        shpGreen.FillColor = vbGreen     '设置填充颜色为绿色
        txtRGY.ForeColor = vbGreen       '设置文本框 txtRGY 的字体颜色为绿色
    Else
        shpGreen.FillColor = vbBlack     '设置填充颜色为黑色
    End If
    shpYellow.FillStyle = 0              '设置形状 shpYellow 的填充样式为 0 (Solid)
    If (rgy = YELLOW_ON) Then            '如果黄灯亮
        shpYellow.FillColor = vbYellow   '设置填充颜色为黄色
        txtRGY.ForeColor = vbYellow      '设置文本框 txtRGY 的字体颜色为黄色
    Else
        shpYellow.FillColor = vbBlack    '设置填充颜色为黑色
    End If
End Sub
Private Sub tmrRGY_Timer()               '定时器 tmrRGY 的事件过程
    Static mtime As String               '定义静态变量
    If (m_RGY = YELLOW_ON) Then          '如果黄灯亮时
        Call deal_yellowLight            '处理黄灯,即让黄灯闪烁
    End If
    If (mtime = Time()) Then Exit Sub    '退出事件过程(时分秒相同时)
    mtime = Time()
    m_long = m_long - 1                  '剩余时间长度减 1 秒
    txtRGY.Text = m_long                 '显示剩余时间长度
    If (m_long <= 0) Then                '如果时间长度为 0
        Call change_RGYLight             '红、绿、黄灯切换
        mtime = Time()
    End If
End Sub
Private Sub deal_yellowLight()           '处理黄灯,即让黄灯闪烁
    Static flag As Boolean               '定义静态变量
    If (flag) Then
```

```
            Call set_RGYLight(RGY_ALL_OFF)       '熄灭所有灯
            txtRGY.Text = ""                     '清空文本框 txtRGY
        Else
            Call set_RGYLight(m_RGY)             '点亮黄灯
            txtRGY.Text = m_long                 '显示剩余时间
        End If
        °ag = Not °ag                            '控制闪烁（即交替显示与清空）
End Sub
Private Sub change_RGYLight()                    '红、绿、黄灯切换
        If (m_RGY <> YELLOW_ON) Then             '如果当前亮的不是黄灯
            m_RGY_Old = m_RGY                    '记录当前亮的灯
            m_RGY = YELLOW_ON                    '切换到黄灯
            m_long = YELLOW_LONG                 '设置黄灯亮的时间长度
        ElseIf (m_RGY_Old = RED_ON) Then         '如果前面亮的红灯
            m_RGY = GREEN_ON                     '切换到绿灯
            m_long = GREEN_LONG                  '设置绿灯亮的时间长度
        ElseIf (m_RGY_Old = GREEN_ON) Then       '如果前面亮的绿灯
            m_RGY = RED_ON                       '切换到红灯
            m_long = RED_LONG                    '设置红灯亮的时间长度
        End If
        Call set_RGYLight(m_RGY)                 '根据 m_RGY 的值设置灯亮与熄灭
        txtRGY.Text = m_long                     '在文本框 txtRGY 中显示时间长度
End Sub
```

图 9-20　例 9-16 运行结果

对该程序说明如下。

① 该程序用了 3 个 Shape 控件对象（shpRed、shpGreen 和 shpYellow）分别表示红、绿和黄灯。在过程 set_RGYLight 中根据参数 rgy 的值点亮某个灯而熄灭其余两个灯。

② 灯的点亮顺序为：红→黄→绿→黄→红……当前点亮灯需要熄灭时，即模块级变量 m_long 的值为 0 时，会调用过程 change_RGYLight 切换到要点亮的灯，即设置模块级变量 m_RGY 的值，并设置与该灯对应的时间长度 m_long。

③ 剩余时间长度的显示在定时器事件过程 tmrRGY_Timer 中实现，并且每过 1 秒让变量 m_long 减 1（注意代码中使用的方法）。

④ 注意程序开始定义的多个符号常量，另外还定义了一些模块级变量。阅读程序并理解程序中这样做的原因。

9.5 小结

本章在前面介绍 Visual Basic 程序设计的基础上，进一步介绍在 Visual Basic 开发环境中如何进行图形处理程序的设计，内容包括：图形基础、绘图方法、图形控件以及综合应用等。

在 Visual Basic 中，标准控件窗体（Form）和图片框（PictureBox）可以用于图形绘制，直线（Line）和形状（Shape）可以用于界面设计。

在窗体和图片框上，其默认的坐标系统为：原点 (0,0) 在左上角，x 轴正向向右，y 轴正向向下，坐标单位是缇（Twip）。当然坐标系统可以用窗体和图片框的 Scale 方法进行重新定义。

要想绘制出各种图形，可以设置绘图颜色（属性：ForeColor、BackColor）、线条样式（属性：DrawStyle、DrawWidth）和填充样式（属性：FillStyle、FillColor）等。Visual Basic 中提供了两个产生颜色的函数 RGB() 和 QBColor()。

窗体和图片框控件的绘图方法有：Pset（画点）、Line（画线和矩形）和 Circle（画圆、椭圆、圆弧与扇形）。另外窗体和图片框也有方法 Point（用于返回指定点的 RGB 颜色）和 Cls（用于清除所画图形）。

直线和形状虽然是两个控件，但它们不响应任何事件。通过改变它们的属性可以显示出不同的图形对象（如不同颜色的直线、矩形、椭圆等）。这些图形对象与用画图方法（PSet、Line 等）画出的图形不同，后者不是对象，可以用 Cls 方法清除，前者则不能。

本章最后用 3 个应用实例：几何图形绘制、简单动画设计和交通灯模拟，来进一步讲解这些跟图形有关的控件在应用程序设计中的使用方法。

9.6 习题

① 窗体（Form）和图片框（PictureBox）上的默认坐标系统有何特点？如何在窗体和图片框上建立自定义坐标系统？

② 窗体（Form）的 ScaleHeight、ScaleWidth 属性和 Height、Width 属性有什么不同？

③ RGB 函数中的参数按什么顺序排列？其有效的数值范围为多少？如何用 RGB 函数实现色彩的渐变？

④ 当用 Line 方法画出直线段之后，对应对象的 CurrentX 与 CurrentY 属性的值会受到什么影响？

⑤ 当用 Circle 方法画圆弧和扇形时，若起始角的绝对值大于终止角的绝对值，则圆弧角度在什么范围？

⑥ 如何用 Point 方法来比较两张图片是否相同？

⑦ 如何设置 Line 控件对象的线型、线宽与颜色？

⑧ 设计一程序，画出抛物线 $y=x*x$ 的图像。并思考该图像与 $y=x*x-c$ 和 $y=(x-b)^2$ 的图像的关系。

⑨ 设计一程序，画出三角函数 $y=tg(x)$ 的图像。

⑩ 设计一程序，使用连续循环显示一组静态图片的方法来实现动画效果（提示：设计程序中必须使用一组图片、LoadPicture() 函数、图片框和定时器控件等）。

第 10 章 数据库应用

数据库技术是当今计算机领域中应用最广泛、发展最迅速的技术之一，数据库的应用已经渗透到社会的各个领域。对于大量的数据，使用数据库来存储比通过文件存储具有更高的效率。

Visual Basic 提供了功能强大的数据库管理功能，能够方便、灵活地完成数据应用中涉及的各种操作。本章中，由于考虑到本书主要是面向 Visual Basic 的初级开发者的，所以在此只讨论 Visual Basic 中较为基础的一些数据库知识及其应用。本章在内容安排上比较侧重于基础和应用，首先介绍了数据库的基本概念、SQL 语句和使用 Visual Basic 自带的可视化数据管理器建立数据库，然后介绍使用 Data 控件和数据绑定控件访问数据库。

10.1 数据库基础

数据库技术诞生于 20 世纪 60 年代末，至今已走过了 40 多年的历程，特别是近 20 年来，数据库技术及其应用得到了迅猛的发展。数据库系统从早期的层次数据库和网状数据库，发展到目前占主流地位的关系数据库，已经形成了较为完善的理论体系。

10.1.1 数据库系统组成

一个完整的数据库系统应该由以下几个部分组成。

1. 数据库

所谓数据库（DataBase，DB），是指长期存储在计算机内的、有组织的、可共享的数据集合。数据库中的数据按一定的数据模型组织、描述和存储，具有较小的冗余度、较高的数据独立性和易扩展性，并可为各种用户共享。

2. 数据库管理系统

数据库管理系统（DataBase Management System，DBMS）是对数据进行管理的软件系统，是数据库系统的核心，用于帮助用户建立、使用和管理数据库，是数据库与用户之间的接口。它的基本功能包括以下几个方面。

① 数据定义功能。DBMS 提供数据定义语言（Data Definition Language，DDL），用户通过 DDL 可以方便地对数据库中的数据对象进行定义。

② 数据操纵功能。DBMS 提供数据操纵语言（Data Manipulation Language，DML）。用户通过 DML 操纵数据，实现对数据库的基本操作，如查询、插入、删除和修改。

③ 数据库的事务管理和运行管理。数据库在建立、运行和维护时由 DBMS 统一管理、统一控制，以保证数据的安全性、完整性、多用户对数据的并发使用及发生故障后的系统恢复。

④ 数据库的建立和维护功能。包括数据库初始数据的输入、转换功能，数据库的转储、恢复功能，数据库的重组织功能以及性能监视、分析功能等。

3. 数据库系统

数据库系统（DataBase System，DBS）是指在计算机系统中引入数据库后的系统，或者说数据库系统是指具有管理和控制功能的计算机系统。DBS 一般由数据库、操作系统、数据库管理系统及其工具、应用系统、数据库管理员和用户构成。

10.1.2 关系模型数据库

数据模型是数据库中数据的组织方式，是数据库系统的核心和基础。我们通常所说的数据库都是基于某种数据模型的。目前常用的数据模型有层次模型、网状模型和关系模型，其中，关系模型是最重要、最常用的一种数据模型。关系模型数据库采用关系模型作为数据的组织方式。目前流行的数据库系统，如 Microsoft Access、SQL Server 200、Oracle 等，都是基于关系模型的关系数据库系统。

关系模型把数据用二维表的集合来表示。它通过建立简单表之间的关系来定义数据库结构，而不是根据数据的物理存储方式来建立数据的关系。不管表在数据库文件中的物理存储方式如何，都可以把它看成一组行和列。

在关系数据库中，一个数据库通常由一个或多个二维表组成。图 10-1 所示为一个学生信息表 student。其中，表中的每一行称为一个记录，表中的每一列称为一个字段。字段用于描述它所包含的数据，包括字段名称、数据类型、长度等，记录用于描述每一个学生的具体信息。

关系数据库中，如果表中的某个字段值能唯一地标识一个记录，用以区分不同的记录，则称该字段为候选键。一个表中可以有多个候选键，可以选择其中一个作为主关键字，也称主键。主键可以是表中的一个字段或字段的组合。在图 10-1 所示的 student 表中，由于每个学生的学号是不同的，具有唯一性，所以可以选择“学号”为主键。

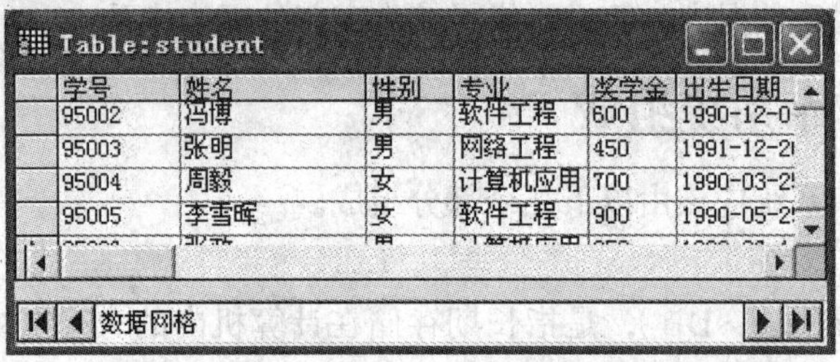

学号	姓名	性别	专业	奖学金	出生日期
95002	冯博	男	软件工程	600	1990-12-0
95003	张明	男	网络工程	450	1991-12-2
95004	周毅	女	计算机应用	700	1990-03-2
95005	李雪晖	女	软件工程	900	1990-05-2

图 10-1 学生信息表 Student

一个数据表中的记录可以按照某种特定的顺序进行排列，如 student 表中的数据可以按照“奖学金”字段数值进行降序排列，也可以按照学生的“学号”升序进行排列，这样就可以为数据表设置索引，通过这些索引，可以提高数据库的查询效率。

10.2 结构化查询语言 SQL

SQL（Structure Query Language，结构化查询语言）是一种数据查询和编程语言，是操作数据库的工业标准语言。自 1981 年 IBM 公司推出 SQL 语言以来，SQL 语言得到了极为广泛的应用，1986 年被美国国家标准协会（ANSI）确定为国家标准，1990 年被国际标准化组织（ISO）确定为国际标准。

SQL 被确定为数据库语言国际标准后，几乎所有的数据库生产厂家都推出了各自的 SQL 软件或与 SQL 的接口软件，使得大多数数据库都采用 SQL 作为共同的数据存取语言和标准接口，使不同数据库系统之间的相互操作有了共同的基础，SQL 已经成为数据库领域中的主流语言。目前，无论是 SQL Server、Sybase、Oracle 这些大型的数据库管理系统，还是 Access、Visual Foxpro 这些桌面数据库管理系统都支持 SQL 语言。

SQL 是一个面向集合操作、非过程化语言。用户只需要提出"做什么"，不需要指明"怎么做"，SQL 语句的操作过程是由系统自动完成的。通过 SQL 命令，可以实现数据库的建立、修改、查询、删除、更新等操作。SQL 的主要语句参见表 10-1。

表 10-1　　　　　　　　　　　　　　　SQL 主要语句

语　　句	分　类	功　能　描　述
SELECT	数据查询	在数据库中查询满足条件的记录
DELETE	数据操作	从数据表中删除记录
INSERT	数据操作	向数据表中插入记录
UPDATE	数据操作	更新数据表中的数据

本小节中主要介绍 SQL 的查询语句，有关更多 SQL 语句，请参考相关书籍。

1. SELECT 语句的基本语法形式

查询是数据库的核心操作。在 SQL 中用于从数据表中查询数据的语句是 SELECT 语句，该语句功能强大、使用灵活，其基本结构为

SELECT [ALL|DISTINCT] < 目标列表达式 > [,< 目标列表达式 >]…
FROM 表名
[WHERE < 条件表达式 >]
[GROUP BY < 分组字段 > [HAVING < 条件表达式 >]]
[ORDER BY < 排序字段 > [ASC|DESC]]

该语句包括 5 个部分，其中 SELECT 子句和 FROM 子句是必需的，其他部分可选。

① SELECT 子句用于表达查询的结果，FROM 子句用于表达数据源，即查询涉及的数据表有哪些。< 目标列表达式 > 指明了查询结果要显示的字段清单，字段之间用逗号分隔。若要显示表中的所有字段，可以使用 "*" 代替而不必逐一列出所有的字段名；若要查询的字段在数据表中没有，需要通过其他字段计算得到结果，则可以在目标列表达式中出现基本的运算符（"+"、"-"、"*"、"/"）；若要将表中的字段名用指定的名称在查询结果中显示出来，或者目标列表达式中有字段计算结果，可以用 "字段名 AS 别名" 为指定字段或计算结果指定别名。如学生成绩表中有"卷面成绩"和"平时成绩"两个字段，则可以通过下面的语句来计算学生的总评成绩。

SELECT 学号，姓名，卷面成绩 *0.7+ 平时成绩 *0.3 AS 总评成绩
FROM 学生成绩表

② DISTINCT 关键字表示将查询结果中的重复记录去掉，而 ALL 关键字表示不去除重复。默认为 ALL。

2. 使用查询条件

WHERE 子句用于对表中的记录进行筛选,将表中符合指定条件的记录显示出来。<条件表达式>可以使用 Visual Basic 大多数内部函数和运算符来(参见表 10-2)进行构造。

表 10-2　　　　　　　　　　　　　　常用的查询条件

分　类	运算符
比较运算	=、>、<、>=、<=、!=、<>、!>、!<,NOT+ 上述运算符
集合运算	IN、NOT IN
范围运算	BETWEEN ... AND ...、NOT BETWEEN ... AND ...
字符匹配	LIKE、NOT LIKE
空　值	IS NULL、IS NOT NULL
逻辑运算	AND、OR、NOT

如,要查询出生日期在 1990 年 1 月 1 日到 1992 年 12 月 31 日之间的所有学生信息,可以使用下面语句。

  SELECT *
  FROM 基本情况表
  WHERE 出生日期 BETWEEN #1990-01-01# AND #1992-12-31#

若要枚举出若干项进行查询,如查询计算机系、经管系、管工系的所有学生信息,可以使用下面语句。

  SELECT *
  FROM 基本情况表
  WHERE 系别 IN("计算机","经管","管工")

3. 使用聚集函数

聚集函数可以对表中的数据进行计算,得到统计结果。在 SQL 中提供的聚集函数参见表 10-3。

表 10-3　　　　　　　　　　　　　SQL 中常用的聚集函数

函数名	功　能
AVG	用于计算指定字段值的平均值
COUNT	用于统计查询结果中的记录个数
MIN	用于查询表中指定字段的最小值
MAX	用于查询表中指定字段的最大值
SUM	用于将表中指定字段值求和

在 SELECT 语句中使用聚集函数,每个函数返回一组记录的单一值,即计算结果形成一条输出记录。例如,若要统计 1990 年以后出生的学生人数,可以使用下面的语句。

  SELECT COUNT(*)AS 学生人数
  FROM 基本情况表
  WHERE YEAR(出生日期)>1990

4. 记录分组

GROUP BY 子句用于将查询结果按指定的字段进行分组,即将指定字段值相同的记录合并成一条记录，若指定字段的取值有 n 种，则最终输出 n 条记录；HAVING 子句用于对分组进行筛选，即将符合条件的分组进行输出。

对查询结果进行分组的目的是为了细化聚集函数的作用对象。若对查询结果没有分组，聚集函数的作用对象是整个查询结果，分组后聚集函数将作用于每一个分组，即相当于每个分组均施加了一次聚集函数。例如，若要统计每个系的学生人数，可以使用下面语句。

  SELECT 系别，COUNT（*）AS 学生人数
  FROM 基本情况表
  GROUP BY 系别

若要对分组后的结果需要进行筛选，可以在 GROUP BY 子句之后使用 HAVING 子句。例如，查询学生人数超过 500 人的所有系，可以使用下面语句。

  SELECT 系别
  FROM 基本情况表
  GROUP BY 系别 HAVING COUNT（*）>500

注意，在 SELECT 语句中 WHERE 子句和 HAVING 子句表达的条件是不同的：WHERE 子句的作用对象是表中的全体记录，而 HAVING 子句的作用对象是每一个分组。若在一个 SELECT 语句中同时出现了 WHERE、GROUP BY、HAVING 子句，则其执行顺序是：先由 WHERE 条件对表中全体记录进行筛选，然后使用 GROUP BY 子句对筛选出的记录进行分组，最后再由 HAVING 条件对分组结果进行筛选，将符合条件的分组输出显示。

5. 查询结果排序

Order By 子句用于将查询结果排序输出，可以指定一个或多个字段为排序字段。当有多个排序字段时，先按第一个字段值排序，当第一个字段值相同时再按第二个字段排序，依次类推。ASC 表示升序，DESC 表示降序。

6. 基于字符串匹配的查询

SQL 中，可以使用 LIKE 来查找指定字段与给定字符串常量匹配的记录，在字符串常量中可以包含通配符从而实现模糊查询。其语法格式为

  [NOT] LIKE '<匹配串>' [ESCAPE '<换码字符>']

其中匹配串可以包含下面两个通配符。

- %（百分号）：代表任意长度（长度可以为 0）的字符。
- _（下划线）：代表任意单个字符。

7. 连接查询

在数据库应用中，经常需要从多个表中提取相关的信息，这样的查询涉及多个表。若一个查询涉及两个或两个以上的表，称为连接查询。其语法格式为

  SELECT 目标列表达式
  FROM 表1，表2
  WHERE 表1.字段 = 表2.字段

其中，"表1.字段 = 表2.字段" 表示两个表之间建立连接。若多个表中有相同字段名，在进行多个表连接查询时，需要在相同字段名前使用 "表名." 作为前缀来说明该字段来自于哪一个表。

10.3　Visual Basic 提供的数据库开发工具

10.3.1　可视化数据管理器 VisData

VisData 是 Visual Basic 为用户提供的功能强大的可视化数据管理器（Visual Data Manager），该工具可以生成多种数据库，如 Microsoft Access、Dbase、Paradox 等，还可以利用 ODBC 驱动程序管理 ODBC 数据库。利用可视化数据管理器可以建立数据库表，对已经建立的数据库表进行添加、删除、编辑、过滤、排序等基本操作，进行安全性管理和对 SQL 语句进行测试等。

1．可视化数据管理器界面

要启动可视化数据管理器，可以通过在 Visual Basic 集成开发环境中选择"外接程序"菜单中的"可视化数据管理器"命令或运行 VB 安装目录下的 VisData.exe 文件，其运行界面如图 10-2 所示。

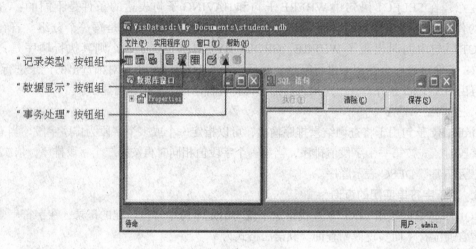

图 10-2　VisData 界面

可视化数据管理的工具条由 3 部分组成："记录类型"按钮组、"数据显示"按钮组以及"事务处理"按钮组。

① "记录类型"按钮组。用于选择不同的记录集类型。

表类型记录集：该方式下，打开数据表中的记录时，增加、删除、修改等操作将直接更新数据表中的数据。

动态集类型记录集：该方式下，可打开数据表或查询返回的数据，增加、删除、修改等操作在内存中进行，速度较快。

快照类型记录集：该方式下，打开的数据表或由查询返回的数据只能进行读操作，不能修改。

② "数据显示"按钮组。用于指定在数据表窗口中使用哪些数据控件来连接数据库。

在新窗体上使用 Data 控件：在显示数据表的窗口中，可以使用 Data 控件来控制记录的滚动。

在新窗体上不使用 Data 控件：在显示数据表的窗口中，不可以使用 Data 控件，但可以使用水平滚动条来控制记录的滚动。

在新窗体上使用 DBGrid 控件：在显示数据表的窗口中，可以使用 DBGrid 控件。

③"事务处理"按钮组。只有在打开数据表时可用,否则会出现错误。

开始事务:开始将数据写入内存数据表中。

回滚当前事务:取消"开始事务"的写入操作。

提交当前事务:确认数据写入的操作,将数据表数据进行更新,原有数据不可以恢复。

2. 使用可视化数据管理器中创建数据库

可视化数据管理器中可以创建多种类型数据库,下面以 Access 数据库为例说明创建数据库的过程。

(1)创建数据库

打开"文件"菜单,依次选择"新建"、"Microsfot Access"、"Verson 7.0 MDB",在打开的对话框中输入要创建的数据库文件名并选择存储路径后,单击"保存"按钮,即可新建一个数据库,如图 10-3 所示。

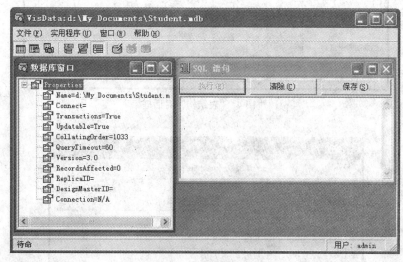

图 10-3 新建数据库

新建的数据库包括两个窗口:数据库窗口用于显示数据库、表、字段等相关信息;SQL 语句窗口用于测试 SQL 语句。

(2)建立数据表

在数据库窗口中单击鼠标右键,选择"新建表"菜单,打开"表结构"对话框,如图 10-4 所示。

单击"添加字段"按钮,打开"添加字段"对话框即可完成数据表的建立,如图 10-5 所示。对话框中各项的含义如下。

名称:用于输入字段名。

类型:用于选择字段的数据类型。字段可以使用普通类型(如整型、字符型等),也可以使用 Binary 和 Memo 类型。Binary 类型用于存放二进制数据,如图形文件、声音文件等。Memo 类型用于存放长段文本。

大小:用于设置字段的大小,以字节为单位。

顺序位置:用于设置字段在表中的相对位置。

验证文本:用于设置当用户输入的字段内容无效时,给用户显示该文本内容作为提示信息。

验证规则:用于验证输入字段时使用的简单规则。

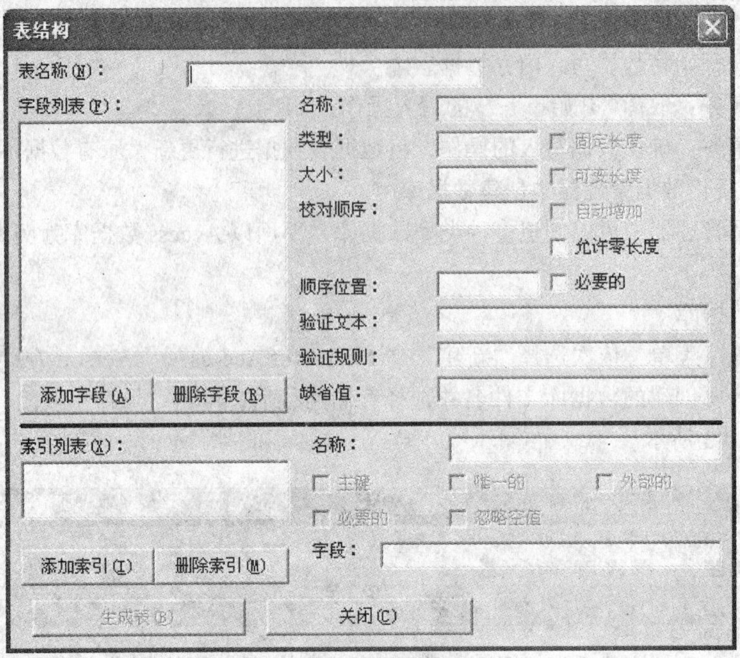

图 10-4 "表结构"对话框

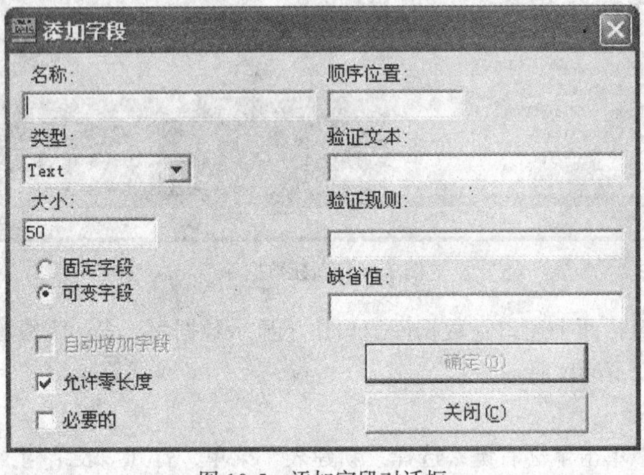

图 10-5 添加字段对话框

缺省值：字段的默认输入值。

固定字段：用于设置字段的长度为定值。

可变字段：用于设置字段的长度可变化。

自动增加：对于一些关键字的字段，可以将其数据类型设置为 Long 类型。若该复选框被选中，则用户每向数据表中添加记录时，该字段的值自动加 1。

允许零长度：设置是否允许零长度字符串为有效输入。

必要的：设置是否允许字段的内容为空（NULL）值。

【例 10-1】利用可视化数据管理器创建学生管理数据库，建立数据表 Student，其表结构如表 10-4 所示。

表 10-4　　　　　　　　　　　　　　　Student 表结构

字段名	字段类型	大小	必要的	允许零长度
学号	Text	5	是	否
姓名	Text	10	是	否
性别	Text	2		
出生日期	Date/Time	8		
所在系	Text	20		
奖学金	Single	4		

启动可视化数据管理器，新建数据库"学生管理"，并建立数据表 Student。结果如图 10-6 所示。

（3）添加索引

使用可视化数据管理器可以给数据表添加索引和删除索引。在数据库窗口中有一个数据索引（Indexes）清单用于显示当前表中所有的索引，如图 10-7 所示。用户可以通过以下两种方法在表中添加索引。

- 在新建一个数据表的"表结构"对话框（见图 10-4）中单击"添加索引"按钮打开添加索引对话框。
- 在数据库窗口（见图 10-6）中，选择需要添加索引的表，用鼠标右击，选择"设计"菜单即可打开图 10-4 所示"表结构"对话框，然后单击"添加索引"打开添加索引对话框。

该对话框中各项及其含义如下。

图 10-6　student 表

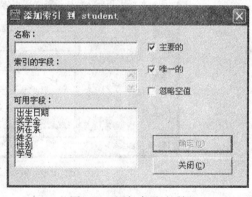

图 10-7　添加索引对话框

名称：用户所要添加的索引的名称。在对 Table 类型的记录集编程时，只需要引用该索引名。

索引的字段：数据表中需要建立索引的字段。当需要添加多个字段时，每个字段之间用逗号隔开。

可用字段：当前表中可以用于建立索引的字段列表，单击其中的字段名，则会将其添加到"索引的字段"列表中。

主要的：选定该复选框表示索引字段是数据表中的关键字。

唯一的：该选项被选中表示强制该字段的值具有唯一性。

忽略空值：该选项表示对索引所用的字段中是否忽略空值（Null）。

在添加索引时，可以为一个数据表添加一个或多个索引，每个索引取不同的索引名称。如将例 10-1 中的 student 表中的学号和姓名分别添加为名称为 sno 和 sname 的索引，如图 10-8 所示。

3. 数据表中数据管理

在可视化数据管理器窗口中，单击"在新窗体上使用 Data 控件"按钮，使其处于按下状态，用鼠标双击数据表或右击数据表选择"打开"菜单，即可打开图 10-9 所示对话框。通过该窗口可以实现数据表中记录的添加、修改、删除等操作。

（1）添加记录

输入记录时，若是新建的空数据表，则在滚动记录条上显示"新记录"，此时可以直接在对话框中的各个文本框中输入记录；对于非空的数据表，可以单击对话框中的"添加"按钮，即可切换到该对话框的输入记录状态。在各个字段对应的文本框中输入记录内容。输入完一条记录后，单击"更新"按钮，即可将输入的记录保存到数据表中去。

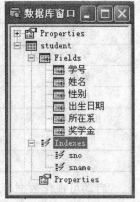

图 10-8　student 索引

（2）修改和删除记录

在图 10-9 所示的对话框中，找到需要修改的记录，直接在要修改的字段对应的文本框中输入新的内容，然后单击"更新"按钮，即可完成记录的修改。若要删除记录，则在找到相应记录后，直接单击"删除"按钮即可。

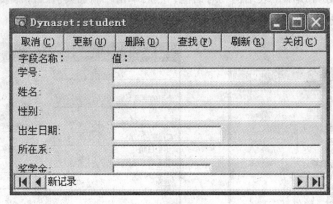

图 10-9　数据管理界面

10.3.2　数据窗体设计器

在可视化数据管理器中，包含一个"数据窗体设计器"工具，它可以根据可视化数据管理器内打开的数据库中的表快速生成一个窗体，并添加到 Visual Basic 工程中。使用数据窗体设计器生成窗体的方法如下。

①新建一个标准 EXE 工程。

②打开可视化数据管理器界面，并打开相应的数据库。

③选择"实用程序"中的"数据窗体设计器"菜单，即可打开图 10-10 所示的对话框。其中："窗体名称"是生成窗体的 Name 属性；"记录源"是用于生成窗体的数据源（可以是一个数据表、查询或 SQL 语句），此下拉列表框列出所在当前数据库的表可供选择，在此我们选择前

面建立的 Student 表;"可用的字段"用于列出记录源所选择的数据表中的所有字段;"包括的字段"是指在生成窗体上要显示的字段列表。

设置完成后如图 10-11 所示。

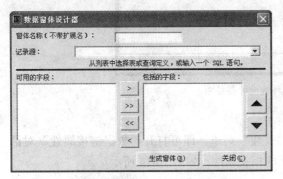
图 10-10 数据窗体设计器

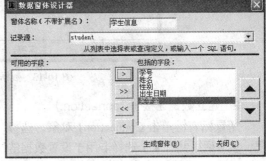
图 10-11 使用数据窗体设计器

④ 单击"生成窗体"按钮,此时在 Visual Basic 集成开发环境中可以看到,在工程中已经添加了一个标题名为"Student"、窗体名为"frm学生信息"的新窗体,如图 10-12 所示。我们可以看到,窗体中对应的程序代码已经由程序自动生成,用户可以根据需要对窗体界面或相应代码进行修改。

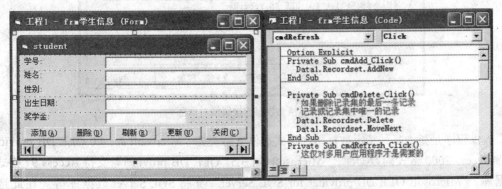
图 10-12 使用窗体设计器生成的窗体及其代码

10.3.3 数据环境设计器

数据环境设计器(Data Environment Designer)也是 Visual Basic 6.0 集成开发环境中用于数据库应用程序开发的重要的辅助工具。使用数据环境设计器可以方便地将数据库连接到程序中,数据环境设计器为程序运行中对数据访问提供了一个可交互的设计环境。

设计时,需要对数据库的数据对象(Connection 及 Command)设置适当的属性以连接到数据库和表中,然后就可以拖动数据对象到窗体或报表中创建数据绑定控件,也可以在 Visual Basic 中编写代码执行各种数据操作。

1. 启动数据环境设计器

单击"工程"菜单下的"Data Environment"菜单,打开数据环境设计器对话框,如图 10-13 所示。此时数据环境设计器中已经有一个数据环境 DataEnvironment1,在该数据环境中具有一个数据链接 Connection1,但该链接还没有连接到数据库。

图 10-13 数据环境设计器界面

2. 建立数据连接（Connection）

用鼠标右键单击 Connection1 对象，选择"属性"菜单，即可打开"数据链接属性"对话框，该对话框共有 4 个选择卡用于设置数据链接的相关属性，如图 10-14 所示。

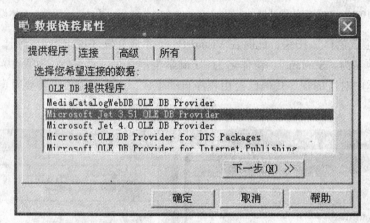

图 10-14 数据连接属性对话框

提供程序是指为某种特定数据结构形式提供支持。如"Microsoft Jet 4.0 OLE DB provider"支持 Access 2000 格式的数据库，"Microsoft Jet 3.51 OLE DB provider"支持 Access 97 格式的数据库，"Microsoft OLE DB provider for SQL Server"支持 SQL Server 数据库等。在此选择"Microsoft Jet 4.0 OLE DB provider"，单击"下一步"按钮，进入"连接"选项卡页面，如图 10-15 所示，单击"选择或输入数据库名称"文本框后的"…"按钮，在打开的"连接 Access 数据库"对话框中选择需要的数据库（在此选择"学生管理.mdb"）。正常情况下，单击"测试连接"按钮后会显示"测试连接成功"对话框。

3. 创建命令（Command）

在数据环境设计器界面（见图 10-13），用鼠标右击"Connection1"选择"添加命令"菜单或者先用鼠标选中"Connection1"，然后单击工具条上的"添加命令"按钮即可为 Connection1 创建一个新的命令"Command1"，如图 10-16 所示。

用鼠标右击 Command1，选择"属性"菜单，打开图 10-17 所示的 Command1 属性对话框。在"数据库对象"下拉列表中选择"表"，"对象名称"中选择 student。此时，Command1 命令可以用来打开 student 表的记录集，结果如图 10-18 所示。

若要对表进行添加或修改操作，还需要将"高级"中的"锁定类型"设置为"3-开放式"，否则不允许对表中的数据进行添加或修改操作。

第 10 章 数据库应用

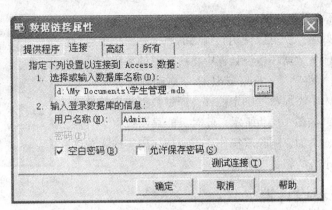

图 10-15 连接选项卡

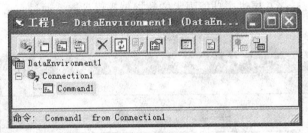

图 10-16 添加命令

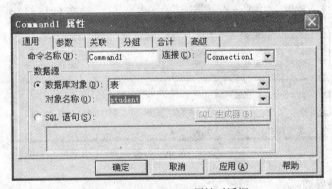

图 10-17 Command1 属性对话框

图 10-18 Command1 属性设计结果

4. 使用数据环境显示数据

数据环境设计好后，就可以使用它提供的数据在窗体上进行显示。可以通过鼠标从数据环境设计器中将所需要的字段拖到窗体上，也可以用鼠标将整个 Command1 命令拖动到窗体上，此时系统会自动在窗体中添加数据绑定控件，通过数据绑定控件可以对数据进行访问，如图 10-19 所示。此时只能显示数据，若需要对数据进行浏览、添加、删除等操作，需要用代码实现，具体方法可参见 10.4.3 小节的相关内容。

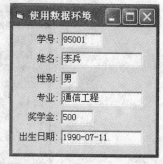

图 10-19　使用数据环境显示数据

10.3.4　报表设计器

报表常用于显示并打印数据库中相关数据，同时还可以对数据进行计算和汇总，如图 10-20 所示。Visual Basic 6.0 提供了功能强大的数据报表设计器，通过它可以快速地完成报表的设计。

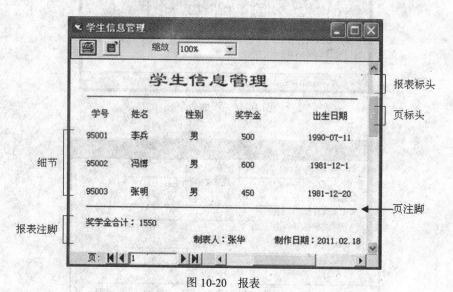

图 10-20　报表

1. 报表设计器界面

创建一个标准 EXE 窗体后，选择"工程"菜单下的"添加 Data Report"菜单，即可打开报表设计器界面。此时，工具箱中会自动出现数据报表专用控件，如图 10-21 所示。

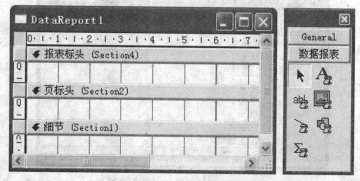

图 10-21　报表设计器界面

报表设计器界面主要由以下部分组成。

① 报表标头。用于显示整个报表的标题。一般只在整个报表中的第一页出现。

② 页标头。一般用于显示有关数据表的结构信息。出现在每页报表的前面。

③ 细节。细节是报表的最重要的部分，用于显示输出数据的详细信息，通常数据库中的字段内容在该部分显示。

④ 页注脚。与页标头对应。可用于显示有关报表的页号、日期、时间等信息，出现在每页报表尾部。

⑤ 报表注脚。与报表标头对应。一般只在整个报表的最后一页出现，可用于报表的总结、结论、报表数据汇总等。

2. 使用报表设计器设计报表

下面通过设计图 10-20 所示报表，简要说明如何使用报表设计器设计报表。在本例中将"学生管理.mdb"数据库中的 student 表中的数据用报表输出。设计方法如下。

（1）新建一个标准的 EXE 工程

（2）打开报表设计器

（3）设置报表的记录源

记录源主要用于向报表提供输出的数据，在此用数据环境作为报表的记录源。将"学生管理.mdb"数据库中的 student 数据表添加到当前的数据环境中（具体方法参见 10.3.3 小节内容）。

报表与数据库中的数据通过报表的 DataSource 属性和 DataMember 属性进行关联：DataSource 属性用于设置报表相关联的数据环境（本例中设置为 DataEnvironment1）；DataMember 属性用于设置数据环境中的哪一个命令对象 Command 作为报表数据的记录源（本例中设置为 Command1）。

（4）设计报表

① 报表标头。添加 RptLabel 控件（报表标签），设置 Caption 属性值为"学生信息管理"，字体为隶书，字号为二号。

② 报表页标头。添加 5 个 RptLabel（报表标签）控件，设置 Caption 属性分别为"学号"、"姓名"、"性别"、"奖学金"、"出生日期"；添加 1 个 RptLine（直线）控件，用于分隔标题与记录信息。

③ 细节。添加 5 个 RptTextBox（报表文本框）控件，用于与 student 表中的相关字段关联，显示表中记录信息。将它们的 DataMember 属性设置为 Command1，DataField 属性分别设置为 student 表中的"学号"、"姓名"、"性别"、"奖学金"、"出生日期"字段。

更快捷的方式是直接将数据环境中的 Command1 用鼠标拖动到细节中，然后再进行调整。

④ 页注脚。添加 1 个 RptLine（直线）控件，用于分隔记录信息。

⑤ 报表注脚。添加 1 个 RptLabel 控件，设置其 Caption 属性为"奖学金合计："；添加一个 RptFunction 控件，该控件用于对表中的数据进行统计，将其 FunctionType 属性设置为"rptFuncSum"，DataMember 属性设置为 Command1，DataField 属性设置为"奖学金"；添加 1 个 RptLabel 属性，将其 Caption 属性设置为"制表人：张华"。

3. 预览设计报表

使用报表设计器完成的报表，需要在窗体中调用进行显示，调用方法与其他窗体一样。在窗体上添加一个 Command 按钮，为其 Click 事件添加如下代码。

```
Private Sub Command1_Click()
```

```
        DataReport1.Show
End Sub
```
运行结果如图 10-20 所示。

10.4　数据控件与数据绑定控件

10.4.1　数据控件

数据控件（Data）是 Visual Basic 提供的访问数据库的标准控件。在窗体上添加 Data 控件并对其相关属性进行设置后，不编写任何代码就可以实现对数据库的访问，从而大大简化了数据库的编程。另外也可以把 Data 控件与 Visual Basic 代码以及 SQL 语言结合起来创建完整的应用程序，为数据处理提供高级的编程控件。

一个窗体中可以同时添加多个 Data 控件，但是每个 Data 控件只能访问一个数据库。在设计阶段需要为 Data 控件指定它所要访问的数据库，而且在运行期间不能更改。

将 Data 控件添加到窗体上，如图 10-22 所示，其中显示的文本由其 Caption 属性决定，各按钮的功能如图所示。

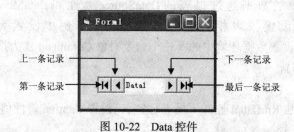

图 10-22　Data 控件

1. Data 控件的常用属性

（1）Connect 属性

Connect 属性用于指定数据库的类型。Visual Basic 支持的数据库类型较多，如 Microsoft Access、Excel、Foxpro 等，默认数据库类型为 Access 数据库。

（2）DatabaseName 属性

DatabaseName 属性用于设置或返回 Data 控件使用的数据库的名称。

（3）RecordSource 属性

一个数据库中可以包含多个数据表。RecordSource 属性用于设置 Data 控件所要操作的数据表。在设置了 DatabaseName 属性后，RecordSource 属性下拉列表框中会显示出当前数据库包含的所有数据表，用户可以从中选择需要的数据表。

（4）RecordsetType 属性

RecordsetType 属性用于设置记录集的类型。记录集有 3 种类型：表（Table）、动态集（Dynaset）和快照（Snapshot）。

Table 类型记录集是数据库中单个的表，Table 类型的记录集的处理速度比其他记录集类型都快，但它需要大量的内存空间。

Dynaset 类型的记录集是一个动态记录集合的本地复本。Dynaset 类型的记录集的记录字段不但可以取自同一个表，还可以取自多个表，这使得它与 Table 类型的记录集相比具有更大的灵活性。尽管 Dynaset 类型的记录集是一个本地副本，存储于本地内存中，但是，Dynaset 类型的记录集是和原始数据库中的表相关联的。因此，用户仍然可以对 Dynaset 类型的记录集进行添加、删除、修改等操作，和 Table 类型的记录集一样，这些操作都会被保存到相应的数据库中。

Snapshot 类型的记录集同 Dynaset 类型的记录集类似，但它是一个静态的本地副本。也就是说用户不能通过 Snapshot 类型的记录集对原始表中的记录进行修改，而只能以只读方式浏览。与 Dynaset 类型的记录集一样，Table 类型的记录集也是存储在本地内存中的。

（5）Exclusive 属性

Exclusive 属性用于设置 Data 控件所连接的数据库文件在运行时是否以独立占方式打开。若该属性值为 True，表示独占，不允许多个用户同时访问该数据库文件。

（6）ReadOnly 属性

ReadOnly 属性用于设置数据库中的数据是否允许编辑。值为 True 表示允许；False 表示不允许。

（7）BOFAction 与 EOFAction 属性

BOFAction 与 EOFAction 属性用于设置当记录的移动超出记录的有效范围时，Data 控件要执行的操作，它们的取值及含义如表 10-5 所示。

表 10-5　　　　　　　　　　BOFAction 与 EOFAction 属性的取值及其含义

属　性	取　值	含　义
BOFAction	0-Move First	定位到第一条记录
	1-BOF	定位到 BOF，触发 Data 控件的 Validate 事件
EOFAction	0-Move Last	定位到最后一条记录
	1-BOF	定位到 EOF，触发 Data 控件的 Validate 事件
	2-Add New	执行 Data 控件的 AddNew 方法向记录集中添加新的空记录

2．Data 控件常用的事件

（1）Error 事件

Error 事件是数据库常用的验证事件。当数据库没有执行代码，数据库存取发生错误时触发该事件。

（2）Reposition 事件

Reposition 事件是当用户单击数据控件上某个箭头按钮或在代码中使用了某个 Move 方法使某条记录成为当前记录后，触发该事件。

（3）Validate 事件

Validate 事件是在一条不同的记录成为当前记录之前触发该事件。如在 Update 方法之前（用 UpdateRecord 方法保存数据时除外）以及 Delete、Unload 或 Close 操作之前都会发生 Validate 事件。

3．Data 控件常用的方法

（1）Refresh 方法

Refresh 方法用于建立或重新显示与数据控件相连接的数据库记录集。其语法格式为

　　　数据对象名.Refresh

（2）UpdateRecord 方法

UpdateRecord 方法用于将数据绑定控件中的当前内容写入到数据库表中。其语法格式为

　　　数据对象名.UpdateRecord

10.4.2 数据绑定控件

Data 控件能够对数据库进行操作，但控件本身是不能直接显示数据库中的数据。在编写数据库应用程序时，需要使用其他控件（如文本框控件）来显示数据，即将其他控件与 Data 控件关联起来，使它们成为 Data 控件的数据绑定控件。

在 Visual Basic 中，绑定控件是指所有具有 DataSource 属性的控件。如文本框、标签、图片框等都可以作为数据绑定控件。另外，Visual Basic 还提供了专用的数据绑定控件，如 DBGrid（数据网格）、DBList（数据列表框）、DBCombo（数据组合框）等。

一般情况下，可以通过设置以下两个属性来实现绑定控件与 Data 控件的绑定。

① DataSource 属性。该属性用于指定与控件绑定的 Data 控件。

② DataField 属性。设置绑定控件所连接的数据库中对应字段的名称。

【例 10-2】显示学生管理数据库中的数据。

本例创建一个简单的数据库应用程序，可以用于浏览学生管理数据库中的记录。新建一个窗体，分别添加 5 个 Label、5 个 TextBox 和 1 个 Data 控件，各对象的属性设置如表 10-6 所示。设置结果如图 10-23 所示。

程序运行后(见图 10-24)，可以使用 Data 控件对象上的 4 个按钮可以浏览表中的全部记录。另外，本例还可在浏览记录的同时编辑表中的数据。如果改变了某个字段的值，只要移动记录，即可将修改后的数据存入数据库中。

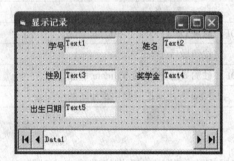
图 10-23　例 10-2 设计界面

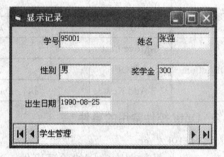
图 10-24　例 10-2 运行界面

10.4.3 记录集对象

在 Visual Basic 中，数据库中的表不允许直接访问，只能通过记录集对象 Recordset 对记录进行浏览和操作。对记录集的控制是通过它的属性和方法来实现的，其各控件属性如表 10-6 所示。下面介绍 Recordset 的属性及方法。

表 10-6　　　　　　　　　　　　各控件的属性设置

对象	属性	属性值
Form1	Caption	显示记录
Data 控件	Name	Data1
	Caption	学生管理
	Align	1-Align Bottom
	DatabaseName	d:\My Documents\学生管理.mdb
	RecordSource	student

续表

对　象	属　性	属性值
Label1 ~ Label5	Caption	参见图 10-23
Text1 ~ Text5	DataSource	Data1
	DataField	分别设置为 student 表的学号、姓名、性别、奖学金、出生日期字段

1. Recordset 对象的常用属性

（1）AbsoloutPosition 属性

AbsoloutPosition 属性用于返回当前记录的指针值。

（2）BOF 属性和 EOF 属性

BOF 属性用于判断当前记录指针是否在第 1 条记录之前，若 BOF 为 True，则当前指针位置位于记录集的第 1 条记录之前。与此类似，EOF 属性用于当前记录指针是否在最后一条记录之后。

需要注意的是，BOF 属性和 EOF 属性与 AbsoloutPosition 属性相关。若当前记录指针位于 BOF，则 AbsoloutPosition 属性返回 AdPosBOF（-2）；若当前记录指针位于 EOF，则 AbsoloutPosition 属性返回 AdPosEOF（-3）；若记录集为空集，则 AbsoloutPosition 属性返回 AdPosUnknown（-1）。

（3）RecordCount 属性

RecordCount 属性返回 Recordset 记录集对象中的记录数，该属性为只读属性。

2. Recordset 对象的常用方法

（1）与浏览相关的方法

使用 Move 方法可以使用代码实现 Data 控件对象的 4 个箭头按钮的操作来浏览整个记录集。5 种 Move 方法如下。

- MoveFirst 方法：移动到第一条记录。
- MoveLast 方法：移动到最后一条记录。
- MoveNext 方法：移动到下一条记录。
- MovePrevious 方法：移动到上一条记录。
- Move[n] 方法：向前或向后移动 n 条记录。n 为指定数值。若 n 大于零，则从当前记录位置向后移动；若 n 小于零，则从当前记录位置向前移动。

需要注意的是，在使用 Move 方法将记录向前或向后移动时，需要考虑 Recordset 对象的边界，如果超出边界，会引起一个错误。可以在程序中使用 BOF 属性和 EOF 属性检测是否移动到了记录集的首尾边界，若记录指针位于边界（此时 BOF 属性或 EOF 属性值为 True），则使用 MoveFirst 方法定位到第一条记录或使用 MoveLast 方法定位到最后一条记录。

（2）与编辑相关的方法

AddNew 方法：用于在记录集中增加一条新记录。

Update 方法：用于将修改或添加记录写入数据库。对于 Data 控件来说，若修改了表中的数据，单击 Data 控件的箭头按钮，将自动调用 Updata 方法更新表中的数据。

Delete 方法：用于删除当前记录。删除一条记录后，它并不会自动从数据绑定控件中消失，需要调用 Refresh 方法刷新记录集以反映最新的变化。

CancelUpdate 方法：用于取消未调用 Update 方法前对记录所做的修改。

一般情况下，若在表中增加一条新记录需要经过以下步骤。

① 调用 AddNew 方法，在记录集中增加一条空记录。

② 给新记录的各个字段赋值。可以通过绑定控件直接输入，也可以使用代码给字段赋值，其格式为

　　Recordset.Fields（"字段名"）= 值

③ 调用 Update 方法，确定所做的添加，并将数据写入数据库。

下面通过一个例子来说明数据库应用程序中增加、删除、修改功能的实现。

【例 10-3】在例 10-2 的基础上，建立图 10-25 所示界面，通过对按钮的编程来实现数据的管理。

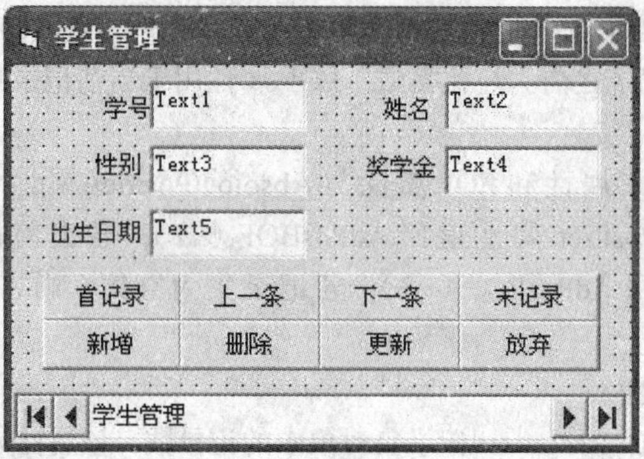

图 10-25　例 10-3 设计界面

本例中，添加了 8 个命令按钮，各按钮的 Caption 属性设置参见图 10-25。

其中："首记录"、"上一条"、"下一条"、"末记录"4 个按钮（command1 ~ command4）的 Click 事件调用 Move 方法用来移动记录指针；"新增"按钮（command5）的 Click 事件调用 AddNew 方法在记录集中增加一个新行；"删除"按钮（command6）的 Click 事件调用 Delete 方法删除当前记录；"更新"按钮（command7）的 Click 事件调用 Update 方法将新增或修改后的数据写入数据库；"放弃"按钮（command8）的 Click 事件调用 CancelUpdate 方法，取消未调用 Update 方法前对记录所做的修改。

各按钮的 Click 事件过程代码为

```
Option Explicit
Private Sub Command1_Click()
    Data1.Recordset.MoveFirst
    Command1.Enabled = False
End Sub
Private Sub Command2_Click()
    Data1.Recordset.MovePrevious
    If Data1.Recordset.BOF = True Then
        MsgBox（"已是第一条记录"）
        Data1.Recordset.MoveFirst
    End If
```

```
End Sub
Private Sub Command3_Click()
    Data1.Recordset.MoveNext
    If Data1.Recordset.EOF = True Then
        MsgBox ("已是最后一条记录")
        Data1.Recordset.MoveLast
    End If
End Sub
Private Sub Command4_Click()
    Data1.Recordset.MoveLast
End Sub
Private Sub Command5_Click()
    Data1.Recordset.AddNew
    Text1.SetFocus
End Sub
Private Sub Command6_Click()
    Dim ask As Integer
    ask = MsgBox("删除当前记录？", vbYesNo)
    If ask = 6 Then
        Data1.Recordset.Delete
        Data1.Refresh
    End If
End Sub
Private Sub Command7_Click()
    Data1.Recordset.Update
End Sub
Private Sub Command8_Click()
    Data1.Recordset.CancelUpdate
End Sub
```

10.5 使用 ADO 数据控件访问数据库

ADO（ActiveX Data Objects）数据访问技术是 Microsoft 公司处理数据库信息的最新技术，采用的是 OLE DB 访问技术。它能使应用程序通过任何 OLE DB 提供者来访问和操作数据库中的数据，是数据访问对象 DAO、远程数据对象 RDO 和开放数据库互连 ODBC 3 种方式的扩展。

ADO 实质上是一种提供访问各种数据类型的连接机制。它通过其内部的属性和方法提供统一的数据访问接口。为了方便用户使用，Visual Basic 6.0 提供了一个图形控件 ADO Data Control，用户可以使用它快速建立数据库连接，并通过它方便地操纵数据库。

10.5.1 ADO 对象模型

ADO 对象模型定义了一个可以编程的分层对象集合，主要由 3 个对象成员 Connection、Command 和 Recordset 对象以及几个集合对象 Errors、Parameters 和 Fields 等组成，如图 10-26 所示。

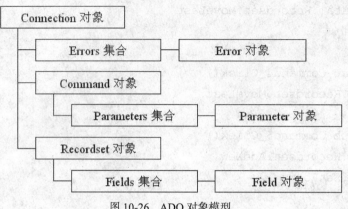

图 10-26 ADO 对象模型

对象说明如下。

Connection 对象：主要用于使应用程序与要访问的数据源之间建立连接，包含用于与数据源连接的相关信息。

Command 对象：从数据源获取所需数据的命令信息，一般是 SQL 语句。

Error 对象：在访问数据时，由数据源所返回的错误信息。

Recordset 对象：所获取的一组记录组成的记录集。在获取数据集之后，该对象可用于导航、编辑、增加及删除其记录。

Parameter 对象：与命令对象相关的参数。

Field 对象：包含了记录集中的某个字段信息。

10.5.2 ADO 数据控件的主要属性、事件和方法

ADO 数据控件的事件和方法与 Data 控件对应的事件和方法基本一致，可参见 10.4 节相关内容。在此只介绍 ADO 控件的主要属性。

1. ConnectionString 属性

ADO 控件没有 DatabaseName 属性。它使用 ConnectionString 属性建立到数据源的连接。该属性是一个字符串，包含了用于与数据源建立连接的相关信息。在设置时，可以将 ConnectionString 属性设置为一个有效的连接字符串，也可以将其设置为定义连接的文件名。该属性带有 4 个参数。

① Provide：指定数据源的名称。
② FileName：指定数据源所对应的文件名。
③ RemoteProvide：远程数据的数据源名称（数据提供者名称）。
④ RemoteServer：远程数据库服务器名称。

2. BOFAction 属性和 EOFAction 属性

当移动数据库记录指针时，若记录指针移动到记录集对象的开始（第一条记录之前）或结

束（最后一条记录之后）时，数据控件的 BOFAction 属性值和 EOFAction 属性值决定了数据控件要采取的操作。具体取值及含义参见表 10-7 和表 10-8。

表 10-7　　　　　　　　　　　　　　BOFAction 属性取值及其含义

值	常　　量	含　　义
0	adDoMoveFirst	移动记录指针到第一条记录
1	adStayBOF	移动记录指针到记录集对象的开始

表 10-8　　　　　　　　　　　　　　EOFAction 属性取值及其含义

值	常　　量	含　　义
0	adDoMoveLast	移动记录指针到最后一条记录
1	adStayEOF	移动记录指针到记录集对象结束
2	adDoAddNew	记录指针移动记录集对象对事处，自动执行 AddNew 方法，在记录集最后添加一条空记录

3. RecordSource 属性

RecordSource 属性用于设置具体可访问的数据来源。这些数据构成记录集对象 Recordset。该属性值可以是数据库中的单个表名、视图名、一个存储过程等，也可以是使用 SQL 查询语句的一个查询字符串。例如：要指定记录集对象为"学生管理 .mdb"数据库中的 student 表，则设置 RecordSource="student"；若要用"1980 年 2 月 18 日以后出生的学生"数据构成记录集对象，则设置 RecordSource="Select * From student Where 出生日期 >'1980-02-18'"。

4. CommandType 属性

CommandType 属性指定用于获取记录源 RecordSource 的命令类型，其取值及含义参见表 10-9。

5. Recordset 属性

产生 ADO 数据控件实际可操作的记录集对象。记录集对象是一个类似电子表格结构的集合。记录集对象中的每个字段值用 Recordset.Fields(" 字段名 ") 获得。

表 10-9　　　　　　　　　　　　　CommandType 属性取值及其含义

值	常　　量	含　　义
1	adCmdText	RecordSource 设置为命令文本，通常使用 SQL 语句
2	adCmdTable	RecordSource 设置为单个数据表名
4	adCmdStoredProc	RecordSource 设置为存储过程名
8	adCmdUnknown	命令类型未知，RecordSource 通常设置为 SQL 语句

6. ConnectionTimeout 属性

ConnectionTimeout 属性用于数据连接的超时设定。若在指定的时间内连接不成功，则显示超时信息。

10.5.3　设置 ADO 数据控件的属性

ADO 数据控件是一个 ActiveX 控件，包含在"Microsoft ADO Data Control 6.0（OLE DB）"部件中，使用时需要先将 ADO 数据控件（Adodc）添加到工具箱中，其图标为"🔹"。

下面通过使用 ADO 数据控件连接"学生管理.mdb"数据库来说明 Adodc 控件属性的设置方法。

① 在窗体上添加 ADO 控件 Adodc，控件默认名为"Adodc1"。

② 右击 ADO 控件，选择"ADODC 属性"菜单，打开图 10-27 所示"属性页"对话框。

③ "通用"选项卡中可以设置 3 种连接数据源的方式。

- 使用 Data Link 文件：通过一个连接文件完成连接。
- 使用 ODBC 数据源名称：通过选择某个创建好的 ODBC 数据源作为连接数据源。
- 使用连接字符串：使用 ConnectionString 字符串连接数据源。

在此使用第 3 种连接方式。单击"生成"按钮，打开图 10-28 所示的"数据链接属性"对话框。

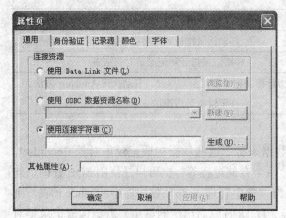
图 10-27　ADO 控件"属性页"对话框

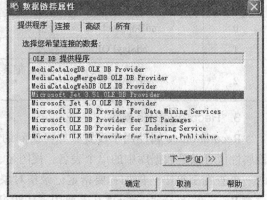
图 10-28　"数据链接属性"对话框

④ 在"数据链连接属性"对话框的"提供程序"选项卡中选择一个合适的 OLE DB 数据源，本例选择"Microsoft Jet 3.51 OLE DB Provider"，单击"下一步"按钮，进入"数据链接属性"对话框的"连接"选项卡，如图 10-29 所示。

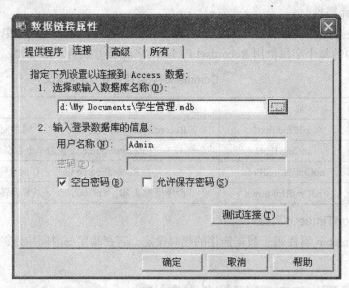
图 10-29　"数据链接属性"的"连接"选项卡

单击"选择或输入数据库名称"的"…"按钮，在打开的"选择 Access 数据库"对话框中选择"学生管理.mdb"数据库。

单击"测试连接"按钮，验证连接的正确性。最后单击"确定"按钮，完成 ConnectionString 属性的设置。完成设置后，ConnectionString 属性中自动产生如下的连接字符串。

Provider=Microsoft.Jet.OLEDB.3.51;Persist Security Info=False;Data Source=d:\My Documents\学生管理.mdb

⑤打开 ADO 控件属性页的"记录源"选择卡，设置记录源命令类型为 2-adCmdTable（表类型），设置"表或存储过程名称"为 student，结果如图 10-30 所示。

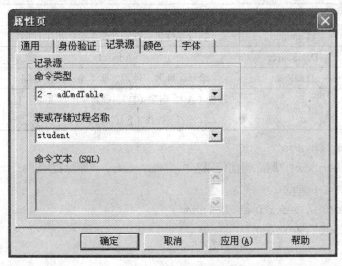

图 10-30　ADO 控件属性页的"记录源"选择卡

10.5.4　ADO 数据控件访问数据库举例

在 Visual Basic 中，使用 ADO 数据控件实现数据库访问，通常需要经过以下几个步骤。
①在窗体上添加 ADO 数据控件。
②使用 ADO 连接对象建立与数据提供者之间的连接。
③使用 ADO 命令对象操作数据源，从数据源中产生记录集并存放在内存中。
④建立记录集与数据绑定控件的关联，在窗体上显示数据。

【例 10-4】设计图 10-31 所示界面，使用 ADO 数据控件实现对数据库的访问，完成数据的添加、删除、更新、查找等功能。

本例用户界面涉及 1 个窗体、5 个标签、5 个文本框、6 个命令按钮及 1 个 ADO 数据控件，各对象的属性及值的设置参见表 10-10。

各命令按钮的 Click 事件过程为
```
Private Sub Command1_Click()
    Adodc1.Recordset.AddNew
    Text1.SetFocus
End Sub
Private Sub Command2_Click()
```

图 10-31　例 10-4 设计界面

表 10-10　　　　　　　　　　　　　　　对象属性及其值

对象	属性	属性值	说明
Adodc1	Align	2-Align Bottom	设置对象位置
	ConnectionString	Provider=Microsoft.Jet.OLEDB.4.0; Data Source=d:\My Documents\ 学生管理 .mdb; Persist Security Info=False	连接数据源
	RecordSource	student	连接数据表
Label1～Label5	Caption	学号、姓名、性别、奖学金、出生日期	
Text1～Text5	DataSource	Adodc1	设置数据源
	DataField	学号、姓名、性别、奖学金、出生日期	绑定控件
Command1～Command6	Caption	添加（A）、删除（D）、刷新（R）、更新（U）、查找（F）、关闭（X）	

```
    Dim ask As Integer
        ask = MsgBox("删除当前记录？", vbYesNo, "删除提示")
        If ask = 6 Then
            Adodc1.Recordset.Delete
            Adodc1.Refresh
        End If
    End Sub
    Private Sub Command3_Click()
        Adodc1.Refresh
    End Sub
    Private Sub Command4_Click()
        Adodc1.Recordset.Update
        Adodc1.Recordset.MoveFirst
    End Sub
    Private Sub Command5_Click()
        Dim sno As String
        sno = InputBox("请输入学号")
        If Len(Trim(sno)) <> 0 Then
            Adodc1.Recordset.Find "学号 = '" & sno & "'", , , 1
        Else
            MsgBox "没有输入学号，请输入后再查！", , "提示"
        End If
        If Adodc1.Recordset.EOF = True Then
            MsgBox "无此学号！", , "提示"
            Adodc1.Recordset.MoveFirst
        End If
    End Sub
```

```
Private Sub Command6_Click()
    Unload Me
End Sub
```
程序运行结果如图 10-32 所示。

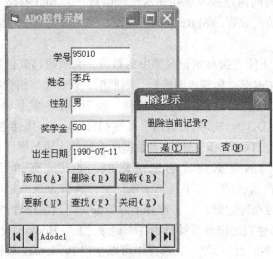

图 10-32 例 10-4 运行结果

10.6 小结

所谓数据库，简单地说就是按照数据结构来组织、存储和管理数据的仓库。常用的数据库模型为关系模型，即将数据用二维表格（关系）的形式来表示，其中表中的一行被称为一条记录，表中的一列被称为一个字段。数据库可以由多个表组成，表与表之间可以使用不同的方式相互关联。

SQL 语言是数据库中一种通用的语言，是操作数据库的工业标准。目前，无论是 SQL Server、Sybase、Oracle、MySQL 这些大型的数据库管理系统，还是 Access、Visual Foxpro 这些桌面数据库管理系统，都支持 SQL 语言。通过 SQL 语言可以完成数据库的各种操作。

ADO(ActiveX Data Object) 数据访问接口是 Microsoft 处理数据库信息的最新技术。它是 ActiveX 对象，具有 3 个可编程的分层对象 Connection、Command 和 Recordset 对象，以及几个集合对象 Errors、Parameters 和 Fields 等所组成。ADO 实质上是一种提供访问各种数据类型的连接机制。它通过其内部的属性和方法提供统一的数据访问接口，适用于 SQL Server、Oracle、Access 等关系数据库。

利用 ADO Data 控件可以快速建立数据绑定控件和数据提供者之间的连接，具有易于使用的界面。它使得设计人员可以使用最少的代码来创建数据库应用程序，可以实现连接一个本地数据库或远程数据库、打开一个指定的数据库表、将数据字段的数据传递给数据绑定控件以及添加新记录等。

使用 ADO 控件，必须先通过"工程|部件"菜单命令选择"Microsoft ADO Data Control 6.0(OLEDB)"选项，将 ADO 数据控件添加到工具箱。

ADO 数据控件的基本属性有以下几种。① ConnectionString 属性。该属性用于与数据库建立连接，包含了用于与数据源建立连接的相关信息。② RecordSource 属性。该属性确定具体可访问的数据，这些数据构成记录集对象 Recordset。该属性值可以是数据库中的单个表名，也可以是使用 SQL 查询语言的一个查询字符串。③ ConnectionTimeout 属性。该属性用于数据连接的超时设置，若在指定时间内连接不成功显示超时信息。④ MaxRecords 属性。该属性定义从一个查询中最多能返回的记录数。⑤ Recordset 属性。该属性为 ADO 数据控件实际可操作的记录集对象。

ADO 数据控件本身不能直接显示记录集中的数据，必须通过其他的控件来实现。与 ADO 数据控件绑定的控件有文本框、标签、图像框、图形框、列表框、组合框、复选框、网格、DB 列表框、DB 组合框、DB 网格和 OLE 容器等控件。所谓绑定，就是将控件与具体的数据关联起来。若将控件绑定在 ADO 上，必须设置两个属性：DataSource 属性通过指定一个有效的数据控件连接到一个数据库上；DataField 属性设置数据库有效的字段与绑定控件建立联系。

由 RecordSource 访问的数据构成的记录集 Recordset 具有如下常用的属性和方法。AbsolutePosition 返回当前指针值，如果是第 1 条记录，其值为 0，该属性为只读属性。Bof 属性用于判定记录指针是否在首记录之前，若 Bof 为 True，则当前位置位于记录集的第 1 条记录之前。与此类似，Eof 属性判定记录指针是否在末记录之后。Bookmark 属性的值采用字符串类型，用于设置或返回当前指针的标签。在程序中可以使用 Bookmark 属性重定位记录集的指针，但不能使用 AbsolutePostion 属性。Nomatch 属性用于在记录集中进行查找时，如果找到相匹配的记录，则 Recordset 的 NoMatch 属性为 False，否则为 True。该属性常与 Bookmark 属性一起使用。RecordCount 属性用于对 Recordset 对象中的记录计数，该属性为只读属性。Move 方法组可代替对数据控件对象的 4 个箭头按钮的操作遍历整个记录集。5 种 Move 方法是 MoveFirst 方法、MoveLast 方法、MoveNext 方法、MovePrevious 方法和 Move [n] 方法。Find 方法可在指定的 Dynaset 或 Snapshot 类型的 Recordset 对象中查找与指定条件相符的一条记录，并使之成为当前记录。4 种 Find 方法是 FindFirst 方法、FindLast 方法、FindNext 方法以及 FindPrevious。4 种 Find 方法的语法格式均为数据集合 .Find 方法。

使用 ADO 控件实现数据库访问的步骤如下。① 在窗体上添加 ADO 数据控件。② 使用 ADO 连接对象建立与数据提供者之间的连接。③ 使用 ADO 命令对象操纵数据源，从数据源中产生记录集并存放在内存中。④ 建立记录集与数据绑定控件的关联，在窗体上显示数据。

10.7　习题

① 什么是关系型数据库？
② 使用 ADO 控件实现数据访问的过程通常需要哪些步骤？
③ 举例说明，如何使用 ADO 数据控件连接 Student.mdb 数据库。
④ 简述 ADO 访问数据库的过程。
⑤ 什么是数据绑定？如何实现数据绑定？
⑥ 在 ADO 中，如何使用代码实现记录指针的移动？
⑦ 如何实现对数据库的增加、删除、修改功能？

第 11 章
Visual Basic.NET 介绍

11.1 Visual Basic.NET 概述

11.1.1 什么是 Microsoft.NET

.NET 代表了一个集合、一个环境、一个编程的基本结构，作为一个平台来支持下一代的互联网。.NET 也是一个用户环境，是一组基本的用户服务，可以作用于客户端、服务器端或任何地方，与改编成的模式具有很好的一致性，并有新的创意。因此，它不仅是一个用户体验，而且是开发人员体验的集合。这就是对 .NET 的概念性的描述。

.NET 是继 DOS 开发平台、Windows 开发平台之后，以互联网为开发平台的所谓第三波的改变。

在 .NET 环境下，程序设计人员不必担心程序设计语言之间的差异。不同语言开发出来的程序，彼此可直接利用对方的源代码，一种语言与另一种语言之间还可以通过原始代码相互继承。在程序开发设计中，设计人员可根据功能需求不同，随心所欲地选择不同的语言，大大地提高了软件开发的效率。另外，在 .NET 环境下，由于采用了标准通信协议，可以实现应用程序在不同平台上的沟通。.NET 的核心是 .NET 框架，它是构建于以互联网为开发平台的基础工具。其框架结构如图 11-1 所示。

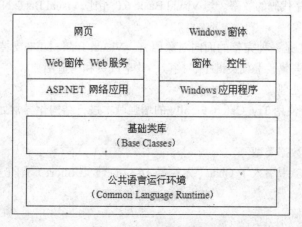

图 11-1 .NET 框架结构

1. 框架最上层是应用程序

可大致分为网络应用的 ASP.NET 程序和面向 Windows 系统的 Windows 应用程序。这两类应用程序均可使用 Visual Basic.NET、VC＋＋.NET、C#.NET 等来编写。

2. 框架的中间一层是基础类库

提供一个可以供不同编程语言调用的、分层的、面向对象的函数库。

在传统的开发环境中,各种程序设计语言都有自己的函数库,但由于各种编程语言的编程方式不同,各个函数库以及对其的调用方法都不同,这样就使得跨语言编程比较困难。

.NET 框架提供了一个各种基于 .NET 的程序设计语言都可以调用的基础类库,使得各种语言的编程有了一致性的基础,减少了语言间的界限。基于 .NET 的程序设计语言的调用方式都相同。

3. 框架最底层是公共语言运行环境

提供了程序代码可以跨平台执行的机制。

11.1.2 什么是 Visual Basic .NET

Visual Basic .NET 是 Microsoft 公司最新推出的 Visual Studio.NET 可视化应用程序开发工具组件中一个重要成员。Visual Studio.NET 包括 Visual Basic.NET、Visual C＋＋.NET、Visual C#.NET 等开发工具。这几种工具通过公共语言运行环境紧密地集成在一起,共同使用一个集成环境 IDE,并使用同一个基础类库,大大简化了应用程序的开发过程,为开发人员快速创建分布式应用程序提供了有力的支持。

1991 年,微软公司推出了 Visual Basic 1.0 版,这个版本功能较少,是第一个可视化编程软件。随后又出现了 Visual Basic 2.0、Visual Basic 3.0、Visual Basic 4.0、Visual Basic 5.0、Visual Basic 6.0,从 Visual Basic4.0 开始引入了面向对象的程序设计思想。现在是 Visual Basic.NET。此语言既具有简单、易学易用的特点,又兼顾了高级编程技术,是一种真正的专业化软件开发工具。

11.1.3 Visual Basic .NET 的新发展

1. 新特性

Visual Basic .NET 是当今最流行的软件开发工具之一,它强大的功能大大加速了程序员的开发工作,提高了程序代码的效率。与 Visual Basic 6.0 相比,Visual Basic.NET 具有以下新特性。

(1)完全面向对象

Visual Basic.NET 是一种完整的面向对象语言。Visual Basic.NET 支持许多新型面向对象语言的特性,如继承、重载、重载关键字、接口、共享成员和构造函数。

(2)结构化异常处理

Visual Basic 支持使用 Try_Catch_Finally 的增强版本进行结构化异常处理,使得程序更加稳固而不会轻易崩溃。

(3)增加了新的数据类型

Visual Basic .NET 中引入了 Char(无符号 16 位整数)、Short(有符号 16 位整数)等新的数据类型。

(4)引入了新的概念

Visual Basic .NET 使用了引入、名称空间、部件、标志等新概念。

（5）自由线程处理

Visual Basic .NET 可以编写独立执行多个任务的应用程序。自由线程处理使得应用程序对用户输入的响应变得更加灵敏。

（6）Visual Basic .NET 中的语言更新

Visual Basic .NET 主要修改了与其他主流编程语言间的差别，来提供更完备的语言互用性、代码可读性与可靠性，以及与 .NET 框架的无缝兼容性。

（7）采用了新的 IDE 开发环境

Visual Basic .NET 采用与 VC++ .NET、VC# .NET 相同的集成开发环境。

上述新特性使 Visual Basic.NET 更适应现代计算机网络化、运行速度快及加强数据传输的趋势，使之成为软件开发的首选工具。

2. 集成开发环境的新改进

Visual Basic .NET 与 Visual C# .NET 使用相同的用户界面，即 Visual Studio .NET 的集成开发环境（Integrated Development Environment，IDE）。使用同一个 IDE，为开发者提供了很大的方便。Visual Studio 具有包括源码创建、资源编辑、编译、链接和调试等在内的许多功能。

（1）通用集成开发环境工具

Visual Studio .NET 中新增加的工具为开发者提供了很大方便。

① Web 浏览器。

Visual Studio.NET 的 IDE 能够直接显示网页。要使 Web 浏览器在 IDE 中出现，只要选择"视图"菜单中的"Web 浏览器"选项即可。

② Visual Studio 起始页。

在默认情况下，每次 Visual Studio 启动时，Visual Studio 起始页都显示在其用户界面的 Web 浏览器窗口中。它提供了设置诸如 IDE 行为、键盘类型、窗口布局等用户参数，以及进行打开、新建项目等操作的快捷途径。通过起始页，还能查看新增功能、标题新闻、下载和联机搜索等。

③ 命令窗口。

命令窗口具有两个模式：命令模式和即时模式。在命令模式下，用户能在右尖括号 ">" 后输入 IDE 命令名。

（2）窗口管理

Visual Studio .NET 对窗口管理的改进，使得屏幕一次能够打开许多窗口。图 11-2 为 Visual Studio .NET 中的窗口布局，其中包括集成开发环境中的主要窗口。

① 标签化文档。

标签化文档功能自动在 IDE 中为文档窗口设置标签。例如默认情况下，"类视图"、"资源视图"和"解决方案资源管理器"使用同一窗口，通过切换底部的标签可以在此窗口中查看不同视图中的内容，如图 11-2 右下角所示。用户在编辑器或设计器中编辑多个文档时，它们将全部显示于多文档界面（MDI）区域中。虽然一次只能显示一个文档中的内容，但通过顶部/底部标签可以方便地浏览其他文档中的内容。

② 自动隐藏。

在窗口标题栏处单击鼠标右键，在弹出的快捷菜单中选择"自动隐藏"命令，可以实现自动隐藏。自动隐藏允许用户最小化工具窗口，例如解决方案资源管理器和工具箱，并将其排列在 IDE 边缘，从而节省了宝贵的屏幕空间，提高了编辑器的可视面积。

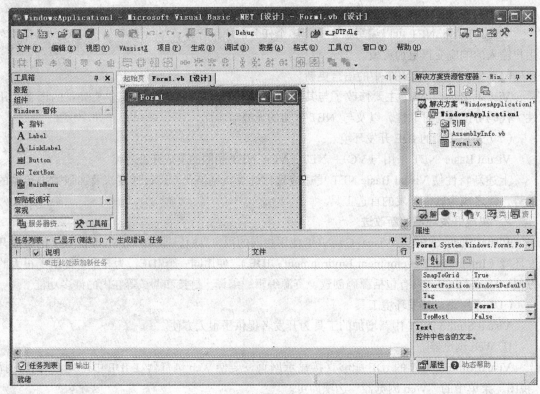

图 11-2　Visual Basic.NET 窗口布局

③ 前进 / 后退导航。

前进 / 后退导航允许用户在打开的窗口，或同一文件中的被选文本和光标位置中进行切换。

（3）采用应用程序模板

Visual Studio .NET 通过模板为应用程序提供了结构化控制。通过使用企业模板，可以降低开发难度和成本。

（4）编辑工具

Visual Studio .NET 的所有产品都使用同样的搜索和替换工具检索文本、帮助和对象。

① 代码编辑器。

Visual Studio .NET 中所有的语言都使用统一的代码编辑器。编辑器具有新的增强功能，例如字回绕、增量搜寻、代码纲要和书签功能等。编辑器的另一个强大的功能是拥有剪贴板循环（Clipboard Ring），它能够存储系统剪贴板中被复制或剪切的最后 20 个条目。

② 编辑 HTML。

HIML 设计器有设计和 HTML 两个视图，从而保证了网页设计的灵活性。

③ 编辑层叠样式表。

创建样式表时，可以使用样式菜单选择创建风格。风格创建器将给出为不同 HTML 元素构造不同风格准则的方法。在 CSS 编辑器的主窗口中编辑表单时，可以使用风格创建器或手动输入 CSS 风格准则。

④ 编辑 XML。

XML 编辑器允许用户在 IDE 中创建 XML 纲要、数据集和文档。在编辑 HTML 和 XML 文档时，用户可以制定将使用的 XML 纲要定义。

11.2　Visual Basic.NET 集成开发环境

Visual Basic.NET 集成开发环境在 Visual Basic 6.0 集成开发环境上改进了不少地方。对于标题栏、菜单栏及工具栏与 Visual Basic 6.0 类似的部分，本节不予介绍。本节介绍 Visual Basic.NET 集成开发环境的主要几个窗口。

11.2.1　设计器窗口

设计器窗口用于进行项目的界面设计。图 11-3 是一个新建项目的初始界面，只有一个窗体 Form1。在该界面上，可以放置从打开的工具箱窗口中选择的控件对象。

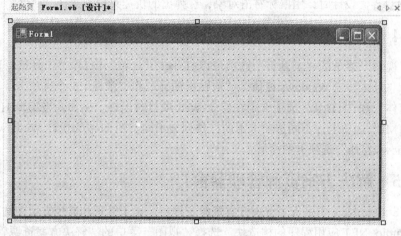

图 11-3　设计器窗口

放置从打开的工具箱窗口中选择的控件对象的过程就是项目界面设计的过程。

通常，打开设计器窗口有下面两种方法。

- 选择"视图"菜单的"设计器"选项可以打开设计器窗口。
- 选择选项卡。

11.2.2　代码编辑器窗口

开发应用程序的源代码的编辑工作都是在代码编辑器窗口中进行的。代码编辑器窗口如图 11-4 所示。

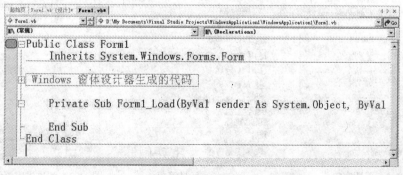

图 11-4　代码编辑窗口

通常，打开代码编辑器窗口使用的方法如下。
- 选择"视图"菜单的"代码"选项可以打开代码编辑器窗口。
- 选择选项卡。
- 双击窗体上的对象，例如窗体、命令按钮等。

11.2.3 属性窗口

使用属性窗口，可以在设计时查看和修改编辑器与设计器中所选对象的属性。窗体对象的属性窗口如图 11-5 所示。在界面设计时，选择不同的控件对象将显示相应的"属性"窗口。

打开"属性"窗口通常使用下面两种方法。

① 选择"视图"菜单的"属性窗口"选项。

② 在项目界面设计时，用鼠标右击对象，在弹出的快捷菜单中选择"属性"选项。

11.2.4 工具箱窗口

选择"视图"菜单的"工具箱"选项可以打开"工具箱"窗口。"工具箱"窗口中一般包括"数据"、"组件"、" Windows 窗体"、"剪贴板循环"和"常规" 5 个选项卡。其他选项卡例如"Web 窗体"和"HTML"选项卡则在建立 Web 项目时出现。例如，当编辑 HTML 文档时，将显示"HTML"选项卡。不同选项卡下的控件列表不同。图 11-6 为设计 Windows 应用程序时选择"Windows 窗体"选项卡的情形。

11.2.5 解决方案资源管理器窗口

Visual Studio .NET 中引入了解决方案资源管理器，用于管理和监控方案中的项目。项目就是 Visual Studio .NET 应用程序的构造块。选择"视图"菜单的"解决方案资源管理器"选项，可以打开项目的"解决方案资源管理器"窗格，如图 11-7 所示。

图 11-5 属性窗口

图 11-6 工具箱窗

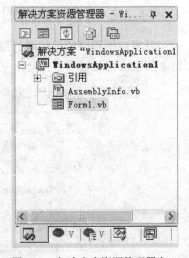
图 11-7 解决方案资源管理器窗口

一个解决方案中可以包含多个项目,它使用户能够方便地组织需要开发和设计的项目及文件,以及配置应用程序或组件。解决方案资源管理器中显示方案及其中项目的层次结构。方案中包含项目及项目中的条目,此外还包含两种可选文件,即共享方案条目文件和杂项文件。

双击解决方案资源管理器窗口内的项目可以进入设计器。

11.3 Visual Basic.NET 帮助菜单

Visual Basic.NET 向用户提供了很好的帮助和自学功能,这为读者学习和使用 Visual Basic.NET 带来了很大的方便。使用 Visual Basic.NET 的帮助功能,不仅可以引导初学者入门,而且它给出的大量详细信息,可以帮助各种层次的用户完成应用程序的设计。

1. 动态帮助

在设计状态打开"动态帮助"窗口,如图 11-8 所示,即显示当前焦点状态的项目对象的相关知识的列表。单击列表项目,可以获得相关项目的详细说明。

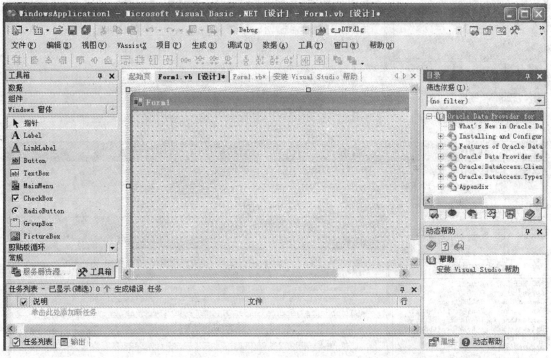

图 11-8 动态帮助窗口

2. 目录

打开目录帮助系统,即显示树型目录列表,如图 11-9 所示。单击列表项目,可以获得相关项目的详细说明。

3. 索引

打开索引帮助,即显示"索引"窗口,如图 11-10 所示。单击列表项目,可以获得相关项目的详细说明。

4. 搜索

打开搜索帮助系统，即显示"搜索"窗口，如图 11-11 所示。在"搜索"窗口的"查找"框内输入关键字，在"筛选依据"框内选择查找范围（例如 Visual Basic 及相关内容），单击"搜索"按钮可以获得相关项目的详细说明。

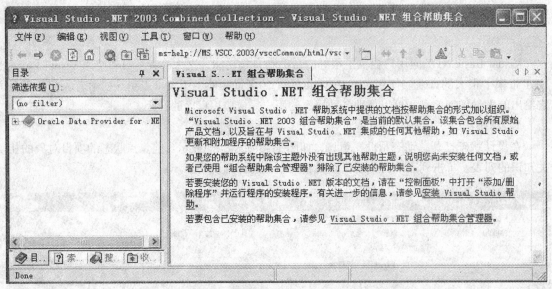

图 11-9　目录窗口

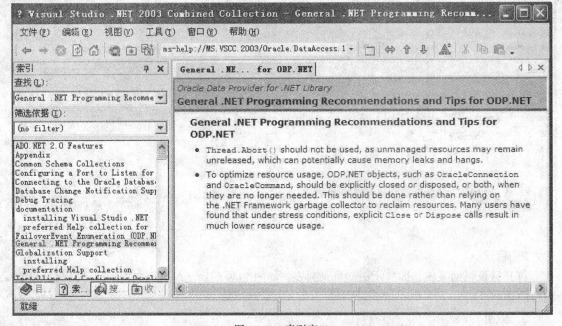

图 11-10　索引窗口

第 11 章 Visual Basic.NET 介绍

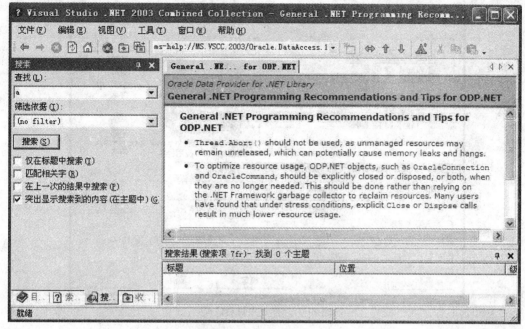

图 11-11 搜索窗口

11.4 创建应用程序

11.4.1 创建应用程序的步骤

本节以一个简单实例介绍 Visual Studio.NET 中创建应用程序的步骤。
在 Visual Studio .NET 中创建 Windows 应用程序项目的步骤如下。
① 打开 Visual Studio .NET。
在"文件"菜单中的"新建"选项，选择该子菜单中的"项目"选项，打开"新建项目"对话框，如图 11-12 所示。在"新建项目"对话框中的"项目类型"列表框中选择"Visual Basic 项目"，在"模板"框中选择"Windows 应用程序"，然后依次填写应用程序的名称和位置。
Visual Basic 项目常用应用程序模板说明如下。
- Windows 应用程序：用于创建 Windows 窗体应用程序。
- 类库：创建包含 Visual Basic 类的项目。
- Windows 控件库：该模板所创建的项目可以用于开发 Windows 应用程序的用户界面控件，这些控件同样具有可重用性。
- 智能设备应用程序。
- ASP .NET Web 应用程序：用于创建 ASP .NET 项目，创建的新项目将包含一些简单 Web 应用程序必需的文件。
- ASP .NET Web 服务应用程序：用于创建特殊类型的 Web 应用程序。

当创建新的 Visual Basic .NET 项目时，首先要做的就是选择应用程序模板。
② 单击"确定"按钮，显示项目设计界面，系统处于设计状态，如图 11-13 所示。

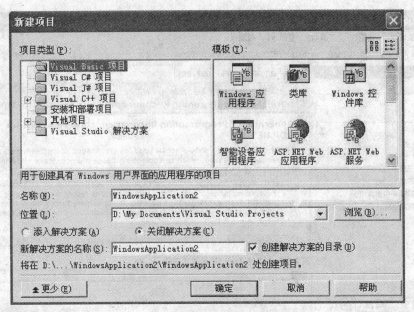

图 11-12　新建项目对话框

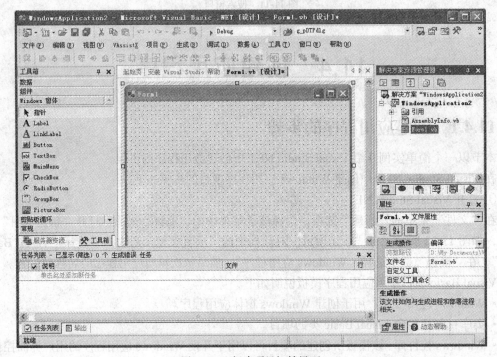

图 11-13　新建项目初始界面

③ 在工具箱上拖动两个文本框（textbox）和两个标签（label）控件放置到窗体上，如图 11-14 所示，更改标签的 text 属性如图所示。

④ 双击窗体进入代码编辑窗口，单击窗口上部左侧的下拉按钮，在其下拉列表中选择 textbox1 选项，然后单击窗口上部右侧的的下拉按钮，在其下拉列表中选择 TextChanged 事件，则在代码编辑器窗口内显示窗体的事件过程，如图 11-15 所示。

⑤ 编写 TextBox1_TextChanged 事件过程代码。

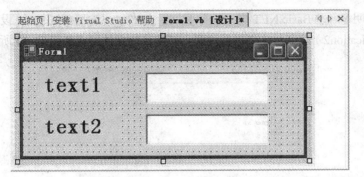

图 11-14　界面设计

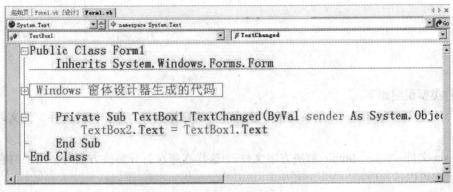

图 11-15　代码窗口

代码为
```
Private Sub TextBox1_TextChanged(ByVal sender As Object, ByVal e As
System.EventArgs) Handles TextBox1.TextChanged
    TextBox2.Text = TextBox1.Text
End Sub
```
该代码将文本框 1 的值赋给文本框 2。

⑥ 选择"调试"菜单的"启动"命令，系统进入运行状态，在文本框 1 中输入的任何字符都会在文本框 2 中同步显示，屏幕显示如图 11-16 所示。

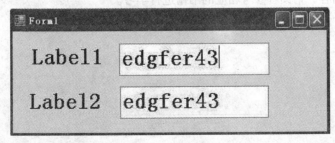

图 11-16　运行界面

⑦ 保存文件，单击文件菜单下的另存为 FORM1.vb 可以保存程序到用户指定的文件夹中。

11.4.2 项目文件

为了说明 Visual Basic.NET 应用项目的文件,这里以一个设计上例项目(WindowsApplication2)的文件为例进行说明。该项目的文件组成如图 11-17 所示。

图 11-17 项目文件

文件类型说明如下。

① .vb 文件:Visual Basic 项目文件。表示项目的窗体文件、用户控件文件、类文件和模块文件。

② .sln 文件:Visual Studio 解决方案文件。这样在每次打开解决方案时,用户对它所做的任何设置都可以得到应用。

③ .suo 文件:解决方案用户选项文件。此类文件用于记录解决方案涉及的所有选项。

④ .vbproj 文件:Visual Basic 项目文件。表示属于多项目的窗体文件、用户控件文件、类文件和模块文件。

11.5 小结

本节向读者介绍了 Visual Basic.NET 的基本知识,开发工具的主要窗口,并以一个简单的实例向读者介绍了 Visual Basic.NET 开发应用程序的步骤和方法。限于篇幅,关于 Visual Basic.NET 的高级开发内容,请读者参考相应的书籍进行学习。

附录 A

A.1　Visual Basic 的工作模式

从设计到执行,一个 Visual Basic 应用程序处于不同的模式之中。Visual Basic 有以下 3 种模式:设计模式、运行模式和中断模式。

1. 设计模式

启动 Visual Basic 后,打开一个工程窗口,此时就进入了 Visual Basic 的设计模式,在主窗口的标题栏上显示"设计"字样。如图 A-1 所示。

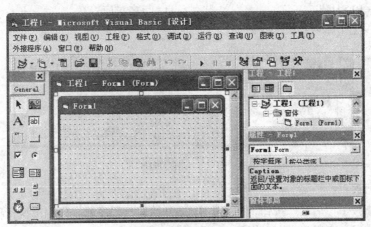

图 A-1　设计模式窗口

创建一个 Visual Basic 应用程序的所有工作都是在设计模式下完成的。设计模式下,程序不能执行操作,也不能使用调试工具对之进行调试,但可以设置断点(breakpoint)和添加监视(Add Watch)。

2. 执行模式

选择"运行"菜单中的"启动"命令,或直接按 F5 键,都可使得 Visual Basic 应用程序进入到执行模式。此时,图 A-1 中的"设计"字样将变成"运行"字样。在运行模式下,用户不能修改 Visual Basic 代码,可以查看程序运行结果。

3. 中断模式

在中断模式下,图 A-1 中的"设计"字样将变成"break"字样。有如下几种方式进入中断模式。

①选择"运行"菜单中的"中断"命令。

②在设计模式下，对程序代码进行了断点（breakpoint）的设置，当程序执行到此断点时就进入了中断模式。

③在程序执行过程中，如出现错误，Visual Basic 将自动进入到中断模式中。

A.2 错误类型

编写和执行 Visual Basic 代码时，通常会出现各种错误。Visual Basic 程序的错误大致分为语法错误、运行错误和语义错误。

1. 语法错误

语法错误包括编辑错误和编译错误。

（1）编辑错误

在编辑代码时，Visual Basic 会对键入的代码直接进行语法检查。当发现代码存在打字错误、遗漏关键字或标点符等语法错误，例如，遗漏了配对的语句（如 For …Next 语句中的 For 或 Next），违反了 Visual Basic 的语法规则（如拼写错误、少一个分隔点或类型不匹配等）。Visual Basic 在 Form 窗口中弹出一个子窗口，提示出错信息，出错的那一行变成红色。这时，用户必须单击"确定"按钮，关闭出错提示窗，然后对出错行进行修改。

例如 lable1.caption=" 姓名 "　　　　　'label1 拼写错误

　　　For t=1 to 1000　　　　　　　　'没有 next t 与之对应

图 A-2 为发生了输入错误 "a=a+b-"。

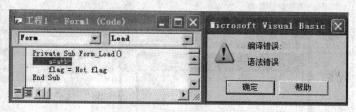

图 A-2　编辑错误

（2）编译错误

编译错误指按了"启动"按钮，Visual Basic 开始运行程序前，先编译执行程序段时，产生的错误。此类错误由于用户未定义变量、遗漏关键字等原因产生。这时，Visual Basic 也弹出一个子窗口，提示出错信息，出错的那一行被高亮度显示。

如图 A-3 所示，flag 被要求强制声明定义，发生了输入错误 "flag = Not flag"。

图 A-3　编译错误

2. 运行错误

运行时的错误是指应用程序在运行期间执行了非法操作所发生的错误。例如，除法运算中除数为零，访问文件时文件夹或文件找不到等。这种错误只有在程序运行时才能被发现。例如，下面例子中的下标越界，如图 A-4 所示。

```
Private Sub Form_Load()
    Dim d(10) As Integer
    Dim i As Integer
    For i = 1 To 20
      d(i) = i * i
    Next i
End Sub
```

图 A-4 运行错误

3. 语义错误

语义错误又称逻辑错误，是指程序运行的结果和所期望的结果不同。语义错误是在语法错误的基础上产生的一类错误，这类错误往往由程序存在逻辑上的缺陷所引起。例如，运算符使用的不合理、语句的次序不对、循环语句的起始、终值不正确等。

通常，语义错误较难排除，Visual Basic 可以发现大多数语法错误，准确的定位语法错误的位置。但是，通常无法发现语义错误，因此也不会产生错误提示信息。需要读者自己去分析程序序，发现语义错误。虽然，Visual Basic 不能找出语义错误，但是它提供了 3 种调试工具，可以帮助读者去分析程序代码，观察程序代码的执行过程和运行步骤。

A.3 三种调试工具

为了方便用户对程序进行调试，Visual Basic 提供了一组调试工具。可通过"调试"菜单和"调试"工具栏来调用这些调试工具，在"视图"菜单中选择"工具栏"的"调试"命令，就会出现图 A-5 所示的"调试"工具栏。

图 A-5 "调试"工具栏

"调试"工具栏从左到右，依次为"启动"、"中断"、"结束"、"切换断点"、"逐语句"、"逐过程"、"跳出"、"本地窗口"、"立即窗口"、"监视窗口"、"快速监视"和"调用堆栈"。其功能参见表 A-1。

表 A-1　　　　　　　　　　　　　调试工具的功能

工　具	功　　能
启动	启动应用程序
中断	中断程序
结束	结束应用程序的运行
切换断点	在光标所在行设置断点
逐语句	单步执行
逐过程	单步执行语句，但不单步执行调用过程中的语句
跳出	执行该过程的剩余代码，在下一个过程的第一行中断
本地窗口	显示本地变量的值
立即窗口	在程序中断的方式下，可以执行代码或查询值
监视窗口	显示选中的表达式的值
快速监视	在程序中断的方式下，列出表达式的当前值
调用堆栈	在程序中断的方式下，显示所有被调用而未返回的过程

在这些众多的 Visual Basic 调试工具中，我们特别需要学习如下 3 种调试工具：单步运行、设置断点和监视变量。这 3 种调试工具的有机的组合使用，可以帮助读者分析思考程序，找到语义错误。3 种调试工具如图 A-6 所示。

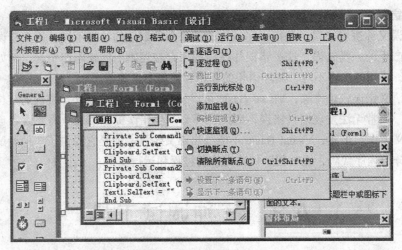

图 A-6　"调试"的三种工具

1. 逐语句（trace into）

逐语句又名单步运行，顾名思义，它可以使程序一步一步地，一行一行地执行，Visual Basic 用黄色光带来表示程序当前运行的位置。只有每次按下"逐语句"（F8），程序才能前进一行，黄色光带才能往下移动一行，不按 F8，黄色光带停止不动，程序就不运行。如图 A-7 所示。

2. 添加监视 (Add Watch)

添加监视 (Add Watch) 用于监视变量。在设计模式下，在"调试"的"添加监视"中输入所要监视的变量，然后按 F8 键运行程序，通过监视框动态查看变量在运行过程中的值，随着逐语句被一步一步地执行，观察变量是如何一步一步地改变。如图 A-8 所示。

附录 A

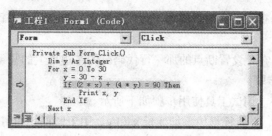

图 A-7　单步运行程序

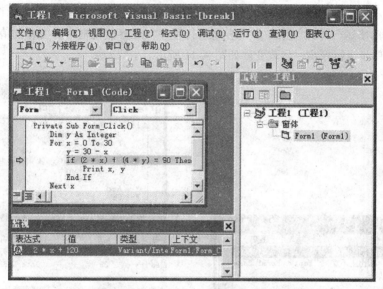

图 A-8　添加"监视"窗口

3. 设置断点 (breakpoint)

断点，顾名思义，程序运行到断点处，就停止了，就"断"了，不能再往下执行了。断点是 Visual Basic 挂起程序执行的一个标记，在设计模式下，Visual Basic 用棕色光带来表示程序的断点位置，当按 F5 键运行程序，执行到断点处，则程序自动暂停，不再往下执行，棕色光带变成黄色光带，进入中断模式，此时可以采用单步运行和添加监视来分析程序代码。如图 A-9 所示。

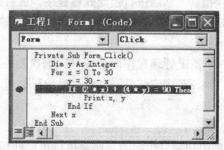

图 A-9　设置断点

设置断点的方法主要有以下几种。

① 在代码窗口中，单击要设置断点的那一行代码，然后按 F9 键。

285

② 在代码窗口中，在要设置断点的那一行代码行上，单击鼠标右键并选择"插入断点"命令。

③ 在代码窗口中，在要设置断点的那一行代码行的左边界上的竖条上单击。

4. 调试工具使用步骤

【例 A-1】调试程序。调试工具使用步骤如下所示。

步骤 1：添加监视，在监视框中添加变量 x 和 y，用于监视。如图 A-10 所示。

步骤 2：在代码窗口中设置断点。为了了解循环过程中变量 x 和 y 值的变化情况，可在语句"If(2*x)+(4*y)=90 Then"处设置断点。如图 A-9 所示。

步骤 3：启动运行程序（F5），程序运行到断点处自动停止，棕色光带变成了黄色光带。

步骤 4：单步运行（F8）来一步一步地运行程序，观察监视框中的变量的值是多少，变量的值如何随着单步运行一步一步改变。如图 A-11 所示。

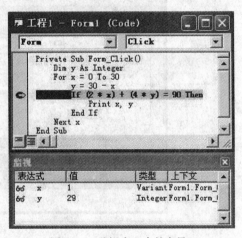

图 A-10 添加监视　　　　　　　　　　图 A-11 监视窗口中的变量

A.4 错误处理

Visual Basic 提供了一些错误处理的语句，用于中断运行中的错误，并进行处理。错误处理过程一般先设置错误陷阱捕获错误，然后进行错误处理程序，最后退出错误处理。

Visual Basic 提供了 On Error 语句设置错误陷阱，捕获错误。该语句的使用语法为

On Error GOTO ErrorHandler

其中，ErrorHandler 是一个错误处理程序段的标号，当执行一条语句产生一个可捕获的错误时，该语句可以中断错误，跳转到指定标号处，对错误进行处理。

On Error 语句有如下 3 种方式。

（1）On Error GoTo 语句标号

在发生运行错误时，转到语句标号指定的程序块执行错误处理程序。指定的程序块必须在同一过程中，错误处理程序的最后必须加上 Resume 语句，以告知返回位置。

（2）On Error Resume Next

在发生运行错误时，忽略错误，转到发生错误的下一条语句继续执行。

（3）On Error GoTo 0

停止错误捕获，由 Visual Basic 直接处理运行错误。

在错误处理程序中，当遇到 Exit Sub、Exit Function、End Sub、End Function 等语句时，将退出错误捕获。

在错误处理程序结束后，要恢复运行，可用 Resume 语句。Resume 语句应放置在出错处理程序的最后，以便错误处理完毕后，指定程序下一步的错误。

Resume 语句有如下 3 种方式。

（1）Resume 语句标号

返回到标号指定的行继续执行，若标号为 0，则表示终止程序的执行。

（2）Resume Next

跳过出错语句，到出错语句的下一条语句继续执行。

（3）Resume

返回到出错语句处重新执行。

【例 A-2】错误处理举例。从键盘上输入两个整数，计算并输出相除的商和余数。代码如下。

```
Private Sub Form_Click()
    a = InputBox("请输入被除数")
    b = InputBox("请输入除数")
    c = a / b
    d = a Mod b
    Print "商是"; c
    Print "余数"; d
End Sub
```

当程序运行时，如果给除数输入的值为 0，则会出现图 A-12 所示的界面。

利用 Visual Basic 的错误陷阱，代码如下。

```
Private Sub Form_Click()
    On Error GoTo handler
    begin:
    a = InputBox("请输入被除数")
    b = InputBox("请输入除数")
    c = a / b
    d = a Mod b
    Print "商是"; c
    Print "余数"; d
    Exit Sub
handler:
    Print "注意：除数不能为零！！！";
    Resume begin
End Sub
```

图 A-12　除数为 0 时的出错信息

附录 B

关键字又称保留字，它们在语法上有着固定的含义，是语言的组成部分，往往表现为系统提供的标准过程、函数、运算符、常量等。在 Visual Basci 中约定关键字的首写字母为大写。当用户在代码编辑窗口键入关键字时，不论大小写字母，系统同样能识别，并自动转换成为系统标准形式。下面列出一些常用的关键字，全部的关键字可以从联机帮助文件中查找。

Abs AddItem And Any As Beep Byval Call Case Chr Circle Clear Close Cls Command Const Cos Currency Date Day Deftype Dim Dir Do…Loop DoEvents Double Else End Eof Eqv Error Exit Exp False FillAttr FileCopy FileLen For…Next Format FreeFile Function Get GetAttr GetData GetFormat GetText Global GoSub GoTo Hide Hour If…Then…Else Imp InputBox Int Integer Kill Left Len Let LineInput Line Load LoadPicture Loc Lock LOF Log Long Mid Month Move MsgBox Name New NewPage Next Not Now On Open OptionBase Or Point Print PrintForm Put QBColor ReDim Refresh Rem RemoveItem RGB Right EmDir Rnd Scale Second Seek SendKeys SetAttr SetDate SetFocus SetText Sgn Shell Show Sin Single Space Spc Sqr Static Step Tab Tan TextHeight TextWidth Time Timer TimeSerial TimeValue True Type UBound UCase UnLoad UnLock Val Variant VarType WeekDay While… Wend Width Write Xor Year Zorder

参 考 文 献

[1] 龚沛曾，杨志强，陆慰民. Visual Basic 程序设计 [M]. 北京：高等教育出版社，2007.

[2] Microsoft Corporation 著，微软（中国）有限公司译 [M]. Basic 6.0 中文版语言参考手册，北京：北京希望电脑公司，1998.

[3] 赛奎春，高春艳，笪淑娥等. Visual Basic 精彩编程 200 例 [M]. 北京：机械工业出版社，2003.

[4] 计算机职业教育联盟. Visual Basic 程序设计基础教程与上机指导 [M]. 北京：清华大学出版社，2003.

[5] Michael Halvorson. Microsoft Visual Basic 6.0 Professional Step by Step[M]. 北京：北京希望电子出版社. 1999.

[6] Microsoft 公司. Microsoft Visual Basic 6.0 控件参考手册 [M]. 北京：北京希望电子出版社. 1999.

[7] 周蔼如，官士鸿. Visual Basic 程序设计 [M]. 北京：清华大学出版社，2001.

[8] 李春葆，张植民. Visual Basic 数据库系统设计与开发 [M]. 北京：清华大学出版社，2003.

[9] 恒扬科导. Visual Basic 6.0 程序设计学与用 [M]. 北京：机械工业出版社，2003.

[10] 李兰友，刘炜，江中. Visual Basic 高级图形应用程序设计. 北京：清华大学出版社，2003.

[11] 北京科海培训中心. 新编 Visual Basic 6.0 教程 [M]. 北京：北京科海电子出版社，2002.

[12] 沈大林. 中文 Visual Basic 6.0 案例教程 [M]. 北京：人民邮电出版社，2005.